雷达探测感知前沿技术丛书

Theory and Application of Open Phased Array System

开放式相控阵理论与应用

胡明春 ◎ 著

国防工业出版社

·北京·

内 容 简 介

本书将传统相控阵与开放式系统相融合,首次全面系统地阐述开放式相控阵的具体概念内涵和系统架构。全书共 6 章,包括开放式相控阵系统架构、开放式相控阵天线、开放式相控阵资源调度、开放式相控阵功能实现、开放式相控阵微系统技术以及未来发展等内容。

本书适合于有一定相控阵知识基础的读者阅读,主要面向相控阵系统研究和研制的工程技术人员,也可作为雷达、通信、电子战、综合射频系统等专业高等院校教师和硕士、博士研究生的参考书。

图书在版编目(CIP)数据

开放式相控阵理论与应用/胡明春著.—北京:
国防工业出版社,2024.5
ISBN 978-7-118-13233-5

Ⅰ.①开⋯　Ⅱ.①胡⋯　Ⅲ.①相控阵雷达-研究
Ⅳ.①TN958.92

中国国家版本馆 CIP 数据核字(2024)第 064278 号

※

国防工业出版社出版发行
(北京市海淀区紫竹院南路 23 号　邮政编码 100048)
三河市天利华印刷装订有限公司印刷
新华书店经售

*

开本 710×1000　1/16　印张 18¾　字数 345 千字
2024 年 5 月第 1 版第 1 次印刷　印数 1—1500 册　定价 118.00 元

(本书如有印装错误,我社负责调换)

国防书店:(010)88540777　　书店传真:(010)88540776
发行业务:(010)88540717　　发行传真:(010)88540762

前 言

开放式相控阵是将传统相控阵与开放式系统两个学科交叉融合后提出的,它顺应了相控阵系统适应任务、目标、环境和平台等方面"功能重构、规模扩展、环境适应"的发展需求,已成为相控阵发展主流,并将引领下一代相控阵发展潮流。

现代战场中,为完成不同类型的作战任务、适应复杂多变的环境、适配不同的作战平台,电子信息系统需满足积木化、可重构、轻量化、共形化、网络化、智能化、多功能一体化等要求。相控阵系统作为电子信息系统的重要组成部分,经历了无源相控阵、有源相控阵和数字相控阵等发展阶段,系统自由度显著增加,作用距离、抗干扰能力、可靠性等性能不断提升。然而,在相控阵不断演进的过程中,战争形态、作战任务、工作环境、搭载平台也发生了翻天覆地的变化,单纯依靠射频前端从无源到有源,再到数字化的演进路径无法适应这些变化,相控阵整体架构亟须进行一场全面深刻的变革。开放式系统具有软硬件分层解耦、模块化、标准化、互操作等特点,恰好满足了相控阵的上述需求,对相控阵技术的发展产生了深远影响。

全书共 6 章。第 1 章开放式相控阵系统架构,介绍开放式相控阵系统发展的历史背景和概念内涵,分析开放式架构给相控阵系统带来的优势,总结开放式相控阵系统的发展历程,并提出开放式相控阵系统架构,详细介绍层次化设计理念及各层组成与功能。第 2 章开放式相控阵天线,介绍开放式相控阵天线的基本设计原则、积木化有源设计、可重构设计、工程实现设计以及需要重点关注的关键技术。第 3 章开放式相控阵资源调度,介绍开放式相控阵资源调度框架,并对资源表征、优化建模及求解方法进行阐述。第 4 章开放式相控阵功能实现,首先介绍开放式相控阵功能实现框架,在此基础上,从自适应干扰对抗和智能目标识别两个方面介绍开放式相控阵典型应用。第 5 章开放式相控阵微系统技术,对开放式相控阵中所用微系统技术内涵及体系进行系统性总结,介绍封装天线、系统封装、片上系统等微系统技术在开放式相控阵天线系统中的典型架构,以及在设计仿真、热管理、测试等方面所面临的挑战,提出实现这些技术的工艺。第 6 章未来发展展望,提出开放式相控阵系统将向一体化、智能化、网络化、共形化以及频段扩展等方向发展,开放式相控阵系统的内涵进一步扩充。

本书立足面向未来需求、面向技术前沿、面向行业标杆三大定位，深入思考未来场景开放式相控阵发展需求，提出层次化设计、可重构设计、资源虚拟化、大小闭环反馈等新理念新思路，而没有囿于当前装备设计理念和实现框架，因此，本书不仅可以用作解决相控阵系统设计的实用性工具书，还可作为下一代相控阵系统设计理念和思路的指南。为清晰准确地表达编者的设计思想，本书绘制了大量架构图和原理框图，方便读者理解。

本书在出版过程中得到了中国电子科技集团公司第十四研究所领导和专家的大力支持，在此向他们表示衷心的感谢。中国电子科技集团公司第十四研究所王建明所长、江涛副所长、李品副所长等领导高度重视本书的出版工作，试图以本书为契机，厘清相控阵未来形态，推动相控阵行业发展。本书编写过程中，作者就开放式相控阵系统架构、设计理念、处理架构、资源虚拟化、功能实现等核心问题，以及开放式相控阵天线、微系统等关键技术，与夏凌昊、刘炳奇、王侃、桂佑林、杨予昊、于大群、邓大松、魏耀、张锐、冯爽、李路野、陈建军、周伟奇、王宁、王力、王亚峰、梁志伟、韩长喜、陈泳、王建卫、盛世威、凌天庆、许先哲、马兴胜、夏侯海、刘明敬、陈原、孙勇、连迎春、谢苏道、王虎等专家进行了深入交流，获得了大量宝贵的意见和建议；国防工业出版社熊思华、王京涛等同志对全书进行了全面细致的审读，提出了许多有价值的修改建议，在此向所有为本书出版付出心血的人员表达诚挚的谢意！

虽然几易书稿，但其中缺点、不妥在所难免，敬请广大读者批评指正。

作 者

2023 年 10 月

目 录

第1章 开放式相控阵系统架构 ... 1
1.1 开放式相控阵概念内涵 ... 1
1.1.1 开放式相控阵发展背景 ... 1
1.1.2 开放式相控阵概念 ... 4
1.2 开放式相控阵技术发展历程 ... 5
1.2.1 概念萌芽阶段 ... 5
1.2.2 概念形成阶段 ... 8
1.2.3 创新发展阶段 ... 12
1.3 开放式相控阵系统架构 ... 15
1.3.1 层次化架构 ... 15
1.3.2 硬件层 ... 16
1.3.3 资源层 ... 26
1.3.4 应用层 ... 34
参考文献 ... 38

第2章 开放式相控阵天线 ... 39
2.1 基本设计原则 ... 39
2.2 积木化有源设计 ... 40
2.2.1 横向可扩展设计 ... 40
2.2.2 纵向叠层式设计 ... 41
2.3 可重构设计 ... 43
2.3.1 开放式天线可重构设计系统组成 ... 44
2.3.2 孔径重构设计 ... 46
2.3.3 频域重构设计 ... 47
2.3.4 波形重构设计 ... 52
2.3.5 极化重构设计 ... 53
2.4 开放式相控阵天线工程设计 ... 56
2.4.1 开放式链路设计与实现 ... 56
2.4.2 测试与测评技术 ... 78

2.5 重点关键技术 …… 96
   2.5.1 宽带宽角辐射单元技术 …… 96
   2.5.2 阵面信号综合传输技术 …… 105
   2.5.3 宽带收发射频技术 …… 115
   2.5.4 宽带数字收发技术 …… 120
   2.5.5 超宽带链路幅相特性数字修调技术 …… 123
   2.5.6 高精度时频相参技术 …… 130
   2.5.7 同时同频全双工技术 …… 132
   2.5.8 共形可承载技术 …… 138
   2.5.9 微波光子技术 …… 143
参考文献 …… 148

第3章 开放式相控阵资源调度 …… 150
3.1 资源调度框架 …… 150
   3.1.1 架构设计 …… 150
   3.1.2 流程设计 …… 152
3.2 资源表征与优化问题建模 …… 153
   3.2.1 开放式相控阵资源数学表征 …… 153
   3.2.2 资源调度优化准则 …… 156
   3.2.3 资源调度优化问题建模 …… 158
3.3 资源调度优化算法与求解 …… 159
   3.3.1 资源调度优化算法 …… 159
   3.3.2 资源优化问题求解 …… 163
   3.3.3 多雷达协同跟踪调度应用 …… 167
参考文献 …… 171

第4章 开放式相控阵功能实现 …… 173
4.1 开放式相控阵功能实现框架 …… 173
   4.1.1 功能实现框架 …… 173
   4.1.2 功能模块工作原理 …… 176
4.2 典型应用 …… 186
   4.2.1 自适应干扰对抗 …… 186
   4.2.2 智能目标识别 …… 202
参考文献 …… 214

第5章 开放式相控阵微系统技术 …… 215
5.1 有源子阵微系统集成架构 …… 215

- 5.1.1 有源子阵微系统集成架构 ……………………………… 215
- 5.1.2 有源子阵微系统集成特点 ……………………………… 219
- 5.1.3 微系统集成技术 ………………………………………… 219

5.2 微系统 AiP 集成技术 …………………………………………… 221
- 5.2.1 AiP 技术概述 …………………………………………… 221
- 5.2.2 AiP 集成设计 …………………………………………… 222
- 5.2.3 AiP 集成测试 …………………………………………… 229

5.3 微系统 SiP 集成技术 …………………………………………… 233
- 5.3.1 SiP 技术概述 …………………………………………… 233
- 5.3.2 SiP 集成形式 …………………………………………… 234
- 5.3.3 SiP 集成设计 …………………………………………… 237

5.4 微系统 SoC 集成技术 …………………………………………… 242
- 5.4.1 SoC 技术概述 …………………………………………… 243
- 5.4.2 SoC 集成架构 …………………………………………… 243
- 5.4.3 SoC 集成设计 …………………………………………… 251

5.5 三维异构集成技术 ……………………………………………… 257
- 5.5.1 高密度封装功能基板制造工艺 ………………………… 257
- 5.5.2 三维异构集成技术 ……………………………………… 271
- 5.5.3 晶圆级相控阵集成技术 ………………………………… 278

5.6 有源子阵微系统集成实例 ……………………………………… 281
- 5.6.1 集成路线 ………………………………………………… 281
- 5.6.2 集成过程 ………………………………………………… 282

5.7 有源子阵微系统技术难点与挑战 ……………………………… 284

参考文献 ………………………………………………………………… 286

第 6 章 未来发展展望 ……………………………………………… 288

第 1 章 开放式相控阵系统架构

本章将介绍开放式相控阵系统发展的历史背景和概念内涵,分析开放式架构给相控阵系统带来的优势,总结开放式相控阵系统的发展历程,并提出开放式相控阵系统架构,详细介绍层次化设计理念及各层组成与功能。

1.1 开放式相控阵概念内涵

本节首先介绍开放式相控阵系统的发展背景;其次,分析传统天线在智能化战争背景下,面对应用功能多样、工作环境复杂、适装平台丰富等发展趋势中存在的突出问题,由此引出开放式相控阵概念;最后,从规模可扩展、资源可定义和功能可重构等方面对开放式相控阵的优势进行介绍。

1.1.1 开放式相控阵发展背景

现代战场中,为完成不同类型的作战任务、适应复杂多变的环境、适配不同的作战平台,电子信息系统需满足积木化、可重构、轻量化、共形化、网络化、智能化、多功能一体化等要求。开放式相控阵的出现,可全面适应战场需求,将在相当长一段时间内引领相控阵技术的发展潮流。

相控阵系统的发展经历了无源相控阵、有源相控阵和数字相控阵等发展阶段。无源相控阵采用集中式发射机和电子扫描天线,相对于机械扫描天线,空间指向和波束切换敏捷度大幅提升,一经研制出来就应用于空间目标监视、反导预警等重大战略装备中,提升了同时探测多目标能力。有源相控阵采用分布式固态发射机代替无源相控阵集中式真空管发射机,显著增强了作用距离和可靠性。在有源相控阵的基础上,数字相控阵使用收发全数字波束形成,系统自由度显著增加,抗干扰能力不断增强,在雷达、通信、电子战等领域应用广泛。

然而,在相控阵不断演进的过程中,战争形态、作战任务、工作环境、搭载平台也发生了翻天覆地的变化,单纯依靠射频前端从无源到有源,再到数字化的演进路径无法适应这些变化,相控阵整体架构上急需一场全面深刻的变革。开放式系统具有软硬件分层解耦、模块化、标准化、互操作等特点,恰好满足了相控阵的上述需求,于是二者一经结合立刻碰撞出火花,对相控阵技术的发展产生了深远影响。

1. 适应新型的战争形态需要开放式相控阵

人类社会的战争经历了冷兵器、热兵器、机械化和信息化4个阶段,目前正处于信息化战争的后半期,同时正向智能化战争形态演进。开放式相控阵从20世纪后期发展,并在21世纪得到大规模应用,催生出SPY-6舰载防空反导雷达、FSY-3"太空篱笆"等典型装备,满足精确打击信息保障需求,实现了"看得远、反应快、打得准",以信息化战争实现对机械化战争的降维压制。

在智能化战争时代,开放式相控阵还将发挥系统架构和软硬件开放性的特点,广泛吸收智能硬件、智能模型和智能算法等方面的前沿成果,博采众长,支持技术更新换代,不断改进扩展功能。

2. 完成不同的作战任务需要开放式相控阵

现代战争中,开放式相控阵面对的目标在距离、高度、速度、机动性、数量、信号特征等维度具有较大的差异性,如洲际弹道导弹的距离远至数千千米,高轨卫星距离数万千米,而低空无人机的距离低至数十米;在俄乌冲突中,俄罗斯打击乌克兰基地的"匕首"高超声速导弹的速度高达5马赫以上,而双方使用的大量侦察无人机、武装直升机速度很低,甚至悬停;相对单一目标,蜂群无人机或导弹集群数量可达数十甚至数百个;隐身飞机的雷达截面积相对常规作战飞机信号特征低两个数量级以上。

面对这些目标,传统相控阵需要为每一类目标分别设计相应规模的阵列,每一系统完成各自的任务,存在系统间不通用、设计周期长、成本高、机动性差、升级困难等问题,且战时一旦被破坏,必须通过专用备件替换,保障困难,造成作战难以持续。

而开放式相控阵采用模块化部件、分层结构、阵面分布式处理,可发挥硬件积木化可扩展、资源灵活调度、功能可重构的特点,将可重构贯穿于探测、通信、对抗等不同的功能域,适应目标在上述不同维度的变化,完成目标发现、跟踪、识别、制导、通信、侦察、对抗等作战任务;而且由于硬件经过标准化和通用化设计,能够大规模批量生产,显著降低装备成本,易于维护保障,战损时也可相互替换即插即用,快速恢复战斗力。例如,法国基于通用开放式雷达架构(Common Open Radar Architecture,CORA)技术架构的M3R平台,发展出GM、SM、GF、SF、GS和GA等系列化雷达装备,针对不同作战需求,快速、灵活组合不同模块,搭建快速响应、成本低廉、性能可扩展的装备,满足防空、反导、反无人、空间监视等不同的作战需求,在作战灵活性、机动性、战场生存性、研制成本、可维护性等方面都得到极大改善。

3. 适应不同的工作环境需要开放式相控阵

电子信息装备面临的工作环境多种多样，不同的工作环境下面临的杂波、干扰、气象、海情等差异巨大，如城市环境相较平原植被环境杂波强度高3~5个数量级，且面临多径、遮蔽现象；电子信息装备面临的干扰类型、干扰强度、欺骗手段也有较大的差异性，既存在瞄频转发式干扰，也存在宽频阻塞式干扰，距离欺骗、角度欺骗等欺骗手段也广泛应用。

在复杂的作战环境中，数字相控阵虽有较多的空、时、频、极化等资源和自由度，但配置固化造成其不能充分利用。

开放式相控阵采用硬件可重构设计和资源虚拟设计，实现资源的灵活敏捷配置，通过环境感知、射频重构、处理重构、闭环控制和迭代反馈来优化调度策略，提升对时变任务和环境的自适应能力，实现对环境的实时最优匹配。以弹道导弹目标识别为例，开放式相控阵感知弹道导弹威胁群干扰数量和干扰强度的变化，优化调度空时频极化波形能量等资源在抗干扰和目标识别任务中的分配比例，根据反馈效果反复迭代优化，实现资源集合的最优利用。

另外，开放式相控阵能够持续不断地利用波形设计、资源调度等最新技术成果，提升低截获抗侦收性能，实现态势单向透明，牢牢占领电磁频谱机动和对抗优势。同时，开放式相控阵也可通过分布式部署，网络化协同，显著提升作战系统生存和突防能力。

4. 适装不同的作战平台需要开放式相控阵

根据应用的不同，相控阵需要搭载的平台既包括传统飞机、舰艇、车辆和卫星，也包括轻小型无人机、飞艇/气球、高超声速飞行器、导弹、小微卫星等新型作战平台。

传统相控阵采用封闭式架构和程式化设计，软硬件深度耦合，针对不同的平台定制化研制，平台迁移性差。开放式相控阵采用模块化组件，标准化、通用化、互操作性好，功能软件与硬件解耦，不同平台可采用相同的模块和结构，公用性好。另外，开放式相控阵可以利用天线和微系统在轻薄化、共形化、柔性化、高功率、高效率、大带宽、智能化等领域不断开发新成果，满足无人预警机、下一代战斗机、无人机蜂群、微纳卫星、高超声速飞行器、平流层飞艇等新型平台的应用需求。

5. 新兴技术的发展为开放式相控阵打下坚实基础

除了上述需求，新兴技术的不断成熟，如微系统、宽禁带半导体、人工智能等，也极大地推动了开放式相控阵的发展，并为其提供技术支撑。微系统技术通过在微纳尺度上采用异构、异质方法集成，在满足系统功能的前提下成数量级地降低整机体积和重量，实现更高集成度、更高性能和更高工作频率；以氮化镓（GaN）器件为代表的宽禁带半导体突破了传统硅基电子器件的材料极限，具有轻薄、大宽带、高功率、高效率等特点；人工智能、大数据、并行计算、自适应处理等技术的发展，大幅提升了电子系统的智能化水平和处理能力；而软件无线电等开放式系统的出现，展现了开放式、可扩展、可重构架构的巨大优势，极大地支撑了开放式相控阵的实现。

总之，开放式相控阵能够适应战争形态、作战任务、工作环境和搭载平台发展的需求，同时开放式系统技术、相控阵技术、微系统技术等也为开放式相控阵提供了充分的条件，开放式相控阵的出现成为客观必然。近年来，军事强国将开放式相控阵广泛应用于雷达、通信、侦察、电子战等装备中，使其成为发展的主流。开放式相控阵本身的特点就是开放和动态演进，其概念内涵也在不断扩展，正向一体化、软件化、智能化等更高阶段演进，引领相控阵技术的发展潮流。

1.1.2 开放式相控阵概念

美国国防部和软件工程协会对开放式系统的定义是：一个开放系统由交互软件、硬件与人员组成，其设计要满足规定的需求，其组件级接口规范完整定义，并且可从商业渠道得到，其组件设计遵守给定的规范，可以批量升级和维护。尽管不同机构对开放式系统的定义略有不同，但总体来说，开放式系统设计采用模块化、软硬解耦、标准接口，具有规模可裁剪、硬件可重组、软件可重配、功能可重构、应用互操作等特征。

计算机系统是一个典型的开放式系统，如图1-1所示。它由不同的硬件模块如硬盘、显示器、CPU、内存等组装而成，各模块提供标准的硬盘接口、显示接口、CPU接口、内存接口和其他的外设器件接口。通过聚焦于接口，个人计算机可以采用不同配置的模块进行最新的高性价比的组件升级和维护。同时，计算机采用资源虚拟化设计，通过中间虚拟层对计算机硬件和处理等资源进行虚拟化，解除应用层与资源层之间紧耦合的关系，允许多个应用程序同时共享系统资源，用户可以根据需求，通过虚拟环境实现对资源的调度，同时运行多个不同的功能。

图1-1 典型开放式系统

开放式相控阵系统重点强调功能可重构，即综合考虑任务需求、工作场景和系统状态，自适应地完成系统功能的切换、升级和扩展，从而适应不同的任务、目标和环境。而资源可定义与规模可扩展是实现功能可重构最重要的两大基础，一方面，开放式相控阵系统的空、时、频等多维资源可以在统一框架下进行数字表征，并根据不同的任务输入合理分配和灵活组合运用资源，实现开放式相控阵软硬件解耦，支撑开放式相控阵系统应用功能的动态部署、重构；另一方面，开放式相控阵系统采用模块化和标准化设计，可根据不同应用场景灵活重组和剪裁。

因此，为实现功能重构、资源定义和规模扩展，开放式相控阵具备应用软件化、资源虚拟化和硬件积木化三大技术特征。应用软件化主要是指用户可通过软件加载所需功能，实现探测、通信、电子战等多种功能，不同功能可同时运行，共享系统资源；资源虚拟化是实现功能重构、软硬件解耦的核心，通过对物理资源的数字化表征和实时自适应优化，形成虚拟化组合配置支持应用实现，同时通过虚拟资源与物理硬件之间的映射对硬件实体实施调度控制；硬件积木化是指硬件由标准化、积木化的模块构成，横向解耦、纵向分层、接口标准，可根据不同的应用场景进行组合和裁剪，并且硬件资源完备，支持各种潜在的应用功能实现。

1.2　开放式相控阵技术发展历程

开放式相控阵技术随着相控阵技术的应用推广而不断扩展，至今已经历概念萌芽、概念形成和创新发展三个阶段。开放式相控阵技术发展历程如图1-2所示。

1.2.1　概念萌芽阶段

2000年之前，是开放式相控阵概念萌芽阶段。该阶段出现模块化、标准化等概念，为开放式相控阵概念的形成奠定了基础。20世纪60年代，针对传统电子系统采用封闭架构，系统功能与硬件绑定，功能单一、通用性差，研制周期长，消耗大、费用高，型号庞杂等问题，1962年美国管理专家H.A.西蒙（H. A. Simon）首次提出"模块化"（Modularity）概念，将模块化描述为按照某种规则，将一个复杂的系统或过程，与若干能够独立设计的特定功能的子系统，相互整合和分解的过程。模块化的优势在于分解系统复杂性，实现关联系统专业分工的柔性化和互补性合作。模块化首先应用于计算机、船舶等行业，20世纪70年代，美国采用模块化方式批量制造"斯普鲁恩斯"（Spruance）级驱逐舰，把舰载武器、电子设备等各系统设计成标准的功能模块，各功能模块具有标准接口和框架。模块化

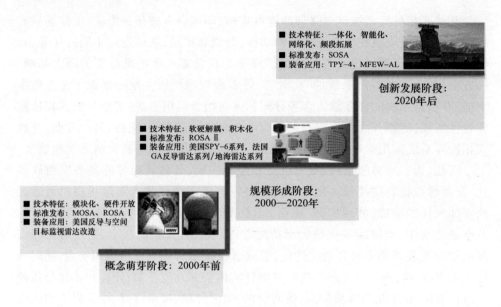

图 1-2 开放式相控阵技术发展历程

产生了巨大效益,降低了研发投入,提高了效率,缩短了开发周期,实现了产品多样化,促进了系统功能拓展。在这个阶段,天线模块化和开放式系统尚未形成标准规范。

20 世纪 90 年代初到 90 年代末,开放式相控阵开展了广泛的技术攻关,相控阵天线架构、硬件、软件的模块化和标准化技术发展起来。相控阵天线架构的模块化方面,国外开展了基准天线结构单元研究,可根据阵面规格要求进行拼接,满足不同的应用需求。相控阵软硬件标准化技术方面,美国国防部开展模块化开放式系统架构(Modular Open System Architecture,MOSA)的标准研究,林肯实验室也提出雷达开放式系统架构(Radar Open System Architecture,ROSA)标准。

MOSA 采用开放式的松耦合标准化模块,在此标准下装备开发可选择的供应商多,新技术渗透迅速,升级改造便利,同时又能有效地控制成本,为美国国防部实现低成本可持续演进的联合作战能力奠定基础。MOSA 技术特点如图 1-3 所示。

在 MOSA 研究基础上,林肯实验室成立 ROSA 工作组,继续将开放式相控阵技术攻关向前推进。一是对雷达系统的功能层次和功能组成进行分解,将系统分成硬件层、操作系统层、中间件层和应用组件层,实现雷达应用与硬件的解耦;二是采用应用组件设计规范,硬件、软件和数据接口都实现了组件化设计;三是基于标准总线连接系统中各个设备,基于通用计算机通过参数配置系统功能,从而实现功能重构。总之,通过 ROSA 软件通用化设计和算法功能移植,便于获取来自雷达工业基础供应商的改进升级,为雷达的研制提供多种选择,在提升雷达性能的同时降低雷达生命周期内的总成本。ROSA 体系架构如图 1-4 所示。

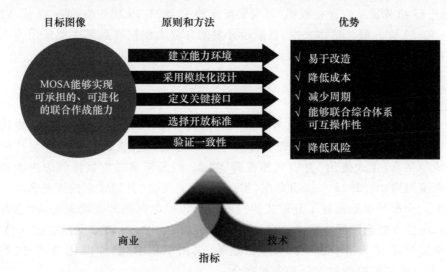

图 1-3　MOSA 技术特点

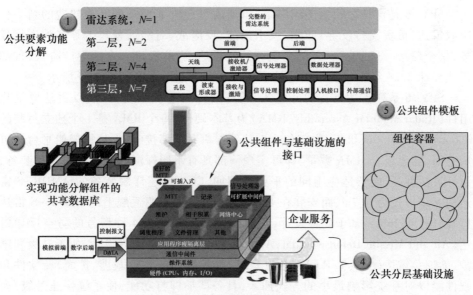

图 1-4　ROSA 体系架构

该阶段林肯实验室以商用货架产品(Commercial Off-The-Shelf,COTS)和模块化组件完成对里根试验场和空间目标监视复合体雷达的现代化改造,货架商品总体占比达到80%左右。一些国家也开发出采用开放式架构的系统,如法国达索技术公司开发了"蝾螈"(Salamandre)舰载ESM/ESM综合系统,该系统通过模块化设计,可适配5000t、3000t和1500t三型吨位的舰艇;俄罗斯也开发出SPO-23机载雷达告警接收机,可安装于米格-21/23/29战斗机、苏-22战斗机、卡-50/52直升机。总体来说,该阶段开发的开放式相控阵系统主要采用模块化和标准化硬件,但尚未实现软硬解耦。

1.2.2 概念形成阶段

2000—2020年,是开放式相控阵概念形成阶段。2008年,胡明春在《现代雷达》杂志上发表的《开放式有源相控控阵天线系统》中,首次将相控阵与开放式系统相结合,正式提出"开放式相控阵"概念,但尚未演绎出具体概念内涵和详细系统架构[1]。2023年胡明春在《雷达学报》上发表《开放式相控阵概念与系统架构》,全面系统地阐述了开放式相控阵的具体概念内涵和系统架构,标志着开放式相控阵概念发展成熟[2]。此阶段美国研制的SPY-6防空反导雷达、FSY-3太空监视雷达、SABR战斗机火控雷达等,采用了积木化、标准化、软件化等技术,与开放式相控阵的部分理念相吻合。

1. 美国SPY-6系列舰载防空反导雷达

SPY-6是雷神公司为美国海军"宙斯盾"Flight Ⅲ驱逐舰开发建造的新一代舰载雷达,负责支持反导、防空、反水面战、反潜战、对陆远程攻击等多种作战任务,是全球第一部真正意义的完全可扩展雷达,当前已进入全速生产阶段,首部雷达预计2024年服役。该雷达的安装位置和作战示意图如图1-5所示。

SPY-6系列雷达具备的开放式相控阵特点:①积木化设计,以雷达模块化组件(Radar Modular Assermbly,RMA)为基本硬件,每个RMA是一个独立封装的0.6m×0.6m×0.6m机柜,内部包含1部发射机和1部接收机,根据舰船平台的可用空间,随意组合RMA数量,即可实现一部具有不同探测性能的完整雷达装备,设计灵活性高,能够适应不同的平台。例如,CG(X)巡洋舰装备的AMDR-S雷达的天线口径为6.7m,而安装在DDG-51"Flight Ⅲ"驱逐舰上的AMDR-S雷达口径只有4.26m。基于此种设计,雷声公司已经开发了4种型号的防空反导雷达(Air and Missile Defense Radar,AMDR)。②开放式软硬件设计,便于升级和维护,无论是雷达硬件(T/R组件数量)或后端处理系统均可裁剪、扩充,新软件和硬件能以对系统影响最小的方式插入,具备即插即打功能,使系统快速升级;为了便于维护,RMA内部的线路可更换单元(Line Replaceable Unit,LRU)可在

(a) X波段雷达

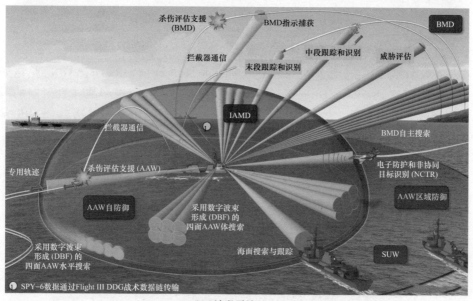

(b) S波段雷达

图1-5 防空反导雷达(AMDR)的安装位置和作战示意图

6min内完成替换,维护工具数量仅两个;AMDR的后端雷达控制器实现了完全程控,采用X86商用货架处理器,具有很强的可编程能力,适应未来新型威胁,简化雷达的更新成本。AMDR-S雷达的模块化组件如图1-6所示。

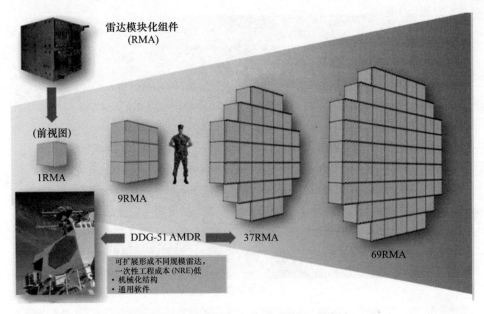

图 1-6　AMDR-S 雷达采用全模块化设计

2. 美国战斗机载可变敏捷波束雷达

AN/APG-83 可变敏捷波束雷达（Scalable Agile Beam Radar，SABR）是诺斯罗普·格鲁曼（Northrop Grumman）公司专门针对 F-16 改进型战斗机研制的一款轻型薄面阵多功能火控雷达，称为"第五代有源电扫相控阵雷达"。SABR 雷达样机如图 1-7 所示。

图 1-7　SABR 雷达样机

SABR 具备的开放式相控阵特点:①高度模块化设计,天线尺寸规模可变,可以适用于 F-15、F-18 战斗机等空中平台;②成熟技术共用度高,采用 F-22、F-35 等战斗机雷达的大量成熟技术,与 F-35 战斗机的 APG-81 雷达共同度达 85%;③适装性强,作为专为 F-16 战斗机研制的新型雷达,最大限度上考虑与 F-16 战斗机的快速集成,几乎实现即插即用,F-16 战斗机机体无须任何结构改动和布线变化,冷却系统和电源等辅助设备也无须更换。

3. 美国太空目标监视雷达"太空篱笆"

太空篱笆(Space Fence)是美国新一代专用型太空监视装备,工作在 S 波段,工作频率 3.5GHz,官方代号 AN/FSY-3,是未来美国太空监视网络(Space Surveillance Net,SSN)的主力传感器[3-4]。该雷达具有前所未有的灵敏度、覆盖范围和跟踪精度,"以低轨为主、中高轨为辅;以粗测为主、精测为辅",大幅提升美国天军的太空态势感知能力,为美军太空资产和太空行动提供保护和支撑。图 1-8(a)示出太空篱笆的可扩展钢架式结构,图 1-8(b)示出垂直插片式数字线路可更换单元[5]。

(a) 可扩展钢架式结构　　　　　(b) 垂直插片式数字线路可更换单元

图 1-8　可扩展钢架式结构和垂直插片式数字线路可更换单元

太空篱笆具备的开放式相控阵特点:①发射和接收天线采用钢架式物理结构,天线阵面的大小和形状便于扩展与裁剪,以适应不同探测威力需求,具有模块化、易扩展、低成本等优势;②太空篱笆采用模块化、插片式的封装方法,钢架顶部为液冷冷板,冷板顶部安装有信号辐射贴片,冷板侧面垂直安装有数字线路可更换单元(LRU),消除了有源贴片高集成封装的问题,杜绝了在一个辐射单元内安装所有电子器件的风险,该设计大幅简化了维修程序,雷达运行时阵列下方的辐射处于安全阈值内,维修人员可以在阵列工作时在 1.5min 内移除、更换故障的发射/接收 LRU;③太空篱笆采用超大规模阵列集成、片上波束形成与控制和单元级数字化技术,波形产生、功率放大和回波接收全部由阵列上的 LRU 组件完成,大幅降低设备的数量和成本,提升信号的相参性[6]。

4. 法国 GAX000 反导预警雷达

为响应北约主动多层战术弹道导弹防御(Active Layered Theater Ballistic Missile Defence,ALTBMD)系统的建设要求,泰雷兹公司提出 GAX000 预警雷达系统概念,该雷达工作在 P 波段,采用有源相控阵体制和模块化积木结构,用于弹道导弹预警,兼顾吸气式目标和太空目标探测任务,是泰雷兹公司模块化雷达的代表。GAX000 预警雷达的三个版本如图 1-9 所示。

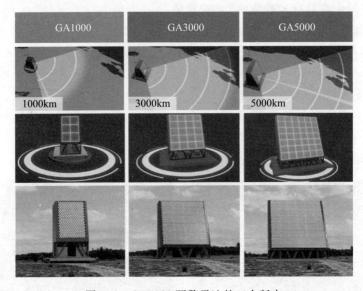

图 1-9　GAX000 预警雷达的三个版本

GAX000 预警雷达具备以下开放式相控阵的特点:①GAX000 预警雷达不同的版本采用相同的硬件和软件构建模块,以及相同的雷达架构,根据探测距离和覆盖范围需求,通过堆叠不同数量的模块,可以做成大小不同的阵面,以及不同的面阵数量,包括单面阵(方位覆盖 120°)、多面阵(最大 360°覆盖)。②GAX000 预警雷达架构基于 SR3D 通用雷达架构理念,通过定义雷达的硬件模块、软件模块以及不同模块的接口,保证安全实时的数据交互,一方面,借助模块之间预先定义的稳定接口,任何模块的更新都不会影响其他模块;另一方面,可在不更改雷达硬件的条件下添加新功能,如探测导弹轨迹的新波形和新跟踪算法。③GAX000 预警雷达采用开放式雷达架构,可在全寿命周期内快速升级,并对信号发生/信号数据处理等关键部件采用冗余设计,保证系统可靠性。

1.2.3　创新发展阶段

2020 年后,是开放式相控阵创新发展阶段。开放式基础技术已经成熟,正向一体化、智能化、网络化、频段扩展以及共形化等更高阶段发展,一体化将多个功能集成于单个开放式相控阵中,智能化实现系统闭环处理,网络化将开放式相控阵从单一平台扩展至多个平台,频段扩展实现工作频段和高频与低频两个方向延伸,共形化实现与平台结构的智能蒙皮设计。标准制定方面,国际开放式组织 2021 年发布开放式体系架构军用传感器和电子战系统标准——SOSA™ 参考架构技术标准 1.0 版,该标准或成为美军在信号情报、电子战和通信系统的标准,确保与传感器开放式体系架构(Sensor Open System Architecture,SOSA)相一致的技术具有互操作性,为实现传感器"即插即用"铺平道路。装备方面,美国空军 AN/TPY-4 软件化雷达经过 15 年发展已经定型,已于 2023 年开始批量生产并将于 2025 年列装形成作战能力;下一代软件化电子战系统美国陆军"大型空中平台多功能电子战"(Multifunctional Electronic Warfare-Air Large,MFEW-AL)项目也开始进行系统性能验证。AN/TPY-4 多种感知模式如图 1-10 所示。

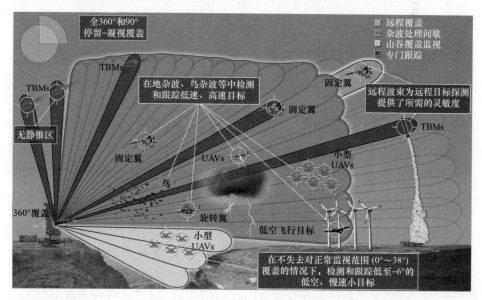

图 1-10 AN/TPY-4 多种感知模式

1. TPY-4 雷达

AN/TPY-4 作为美国 ROSA 相关标准及设计原则的示范推广项目,被认为是全球第一型真正的软件化雷达。一是采用开放式架构、模块化设计和统一接口,软硬件分离,仅通过更改软件(无须架构重设、硬件替换)即可实现功能转换和升级,具有极强灵活性。二是基于单元级全数字阵列,保证了波形设计等资源配置的灵活性。三是集多功能于一体,拥有对空警戒、导弹搜索跟踪、小型无人机跟踪、对海监视、卫星跟踪 5 种任务类型,可同时执行 5 种或其中几种类型任务。四是采用网络中心化设计,可接入美国陆军、海军陆战队和海军的各指控节点,共享目标数据,提供广域、准确、实时的空中态势图像。该雷达 2022 年成功竞标美国 3DELRR 国土防空雷达,2022 年 5 月首套雷达完成生产,美国空军计划装备 35 套,并面向全球市场销售。

2. 美国"协奏曲"机载综合射频系统

2016 年,DARPA 从新型威胁及多功能作战需求出发,发布"面向射频作战任务的聚合协同单元"(CONCERTO,简称"协奏曲")计划,旨在基于软硬件去耦与异构处理架构的革命性设计,构建能在雷达、通信、电子战模式之间自适应、灵活自由切换的新型多功能综合射频系统,实现"利用任何孔径、在任何时间、在任何波段,执行任何功能",且可配装 RQ-5、X-47B 等无人机。图 1-11 所示为 CONCERTO 多功能综合射频架构和聚合式异构射频处理引擎结构。

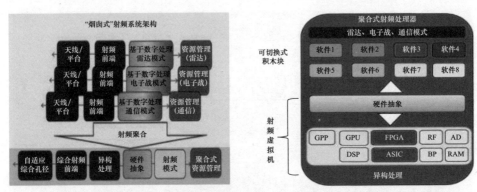

图 1-11　CONCERTO 多功能综合射频架构和聚合式异构射频处理引擎结构

CONCERTO 综合射频系统具备如下开放式相控阵的特点:①基于现有器件技术开发宽带射频前端,利用通用孔径支持雷达、通信和电子战等多种射频功能,每个射频模式分配一部分孔径和工作频率,同时实现频率、带宽、作用距离和视场最大化。②采用软硬件相互独立(去耦合)方式,构建异构式信号处理分系统,实现与硬件无关的射频引擎,这种射频处理引擎具有高度的功能切换灵活性,除可以通过软件调整快速自由配置以完成多种射频任务外,还能够预测在任何时间启动的多种射频模式的实时需求,然后基于新射频模式完成自身重构,射频功能、射频模式可随时变更,这种处理机制的射频功能和算法具有强扩展性,可轻易移植其他载荷,更利于技术升级。③资源管理系统基于开放式系统架构,体现出一定的智能化特征,从基于优先级排序调度发展为多目标优化策略,对各类射频资源进行最优控制,在工作模式、工作频率、工作时间等多自由度资源中进行智能选择。④采用模块化、可扩展架构设计,适装于多类作战平台,便于新射频模式、新技术的快速集成升级。

1.3 开放式相控阵系统架构

开放式相控阵具有"硬件积木化、资源虚拟化、应用软件化"的技术特征,具备规模可扩展、资源可定义、功能可重构的能力,具有自上而下的分层架构。本节主要从硬件层、资源层和应用层三个层次介绍开放式相控阵系统架构。

1.3.1 层次化架构

开放式相控阵系统逻辑上采用分层架构,自下而上分为硬件层、资源层和应用层,分别具有应用软件化、资源虚拟化和硬件积木化的特点。

开放式相控阵各层之间的关系如图 1-12 所示,应用层按照任务应用需求,如应用 A、应用 B 和应用 C,实时生成任务队列和资源需求。资源层根据任务需求优化配置资源,将优化后的参数配置通过标准化光纤指令发送至硬件层执行,硬件层再根据配置参数方案,实现不同前端硬件模块组合,完成信号的收发,并交由资源层指定的后端模块进行处理,最终实现不同的功能。整个过程贯彻

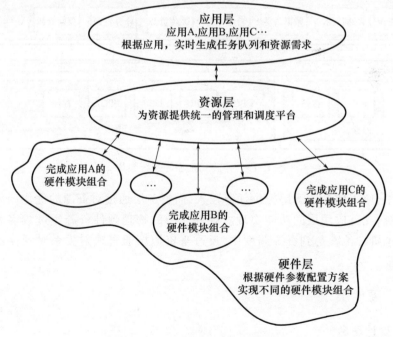

图 1-12 开放式相控阵系统概念

"硬件积木化、资源虚拟化、应用软件化"的理念。

开放式相控阵系统架构如图1-13所示。

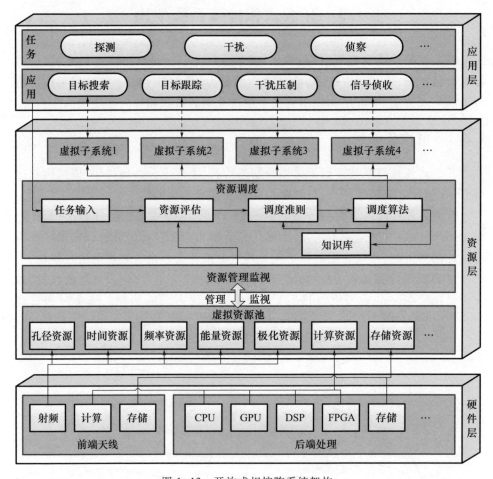

图1-13 开放式相控阵系统架构

图中,应用层为资源层提供任务输入,而资源层通过对资源的优化调度形成虚拟系统,支持应用层的功能实现。硬件层中的物理硬件资源经过数字表征后形成虚拟资源池参与到资源调度中,反过来资源层通过映射关系对硬件层实施控制调度。

1.3.2 硬件层

1. 设计理念

开放式相控阵系统的硬件层是为满足多功能多任务的需求,完成电磁信号的发射、接收和处理。硬件层由标准化、模块化、多类型的单元构成,可根据不同的应用场景,进行组合和裁剪,各单元间采取标准化接口,系统内部单元可替换。硬件层的资源可通过软件编程完成数字化表征,空、时、频和极化等资源可自适应优化配置,以适应复杂的电磁环境[7-8]。

开放式相控阵系统的硬件层前端主要是天线阵面部分,天线阵面主要由积木化有源子阵和高速交互总线组成,每一个积木化有源子阵都是一个计算节点,通过高速交互总线进行数据交互;可分层级处理生成系统所需的各种类型波束数据,再传输到硬件层后端进行处理,如图1-14所示。各子阵间采用标准化接口、相互解耦合、即插即用,根据不同的系统需求,可通过不同数量的数字子阵拼接,实现阵面孔径的灵活裁剪。其中,积木化有源子阵由天线辐射层、射频收发层、综合网络层、数字处理层、电源管理层组成。

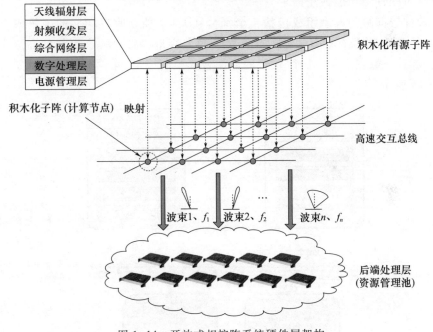

图1-14 开放式相控阵系统硬件层架构

硬件层开放式的架构实现了资源按需弹性配置,打破了研发过程中软件配置与硬件平台绑定的模式,形成与硬件无关的软件研发平台以及不与软件绑定的硬件平台,实现软硬件的并行研制、开发。

2. 前端

硬件层前端遵循"硬件积木化、资源虚拟化、应用软件化"的开放式系统设计理念,技术范畴涵盖全部与天线、微波、控制以及信号预处理相关的硬件实现。

在构成基础上突出三层含义：①在体系框架不变的情况下，对于不同阵面规模、功能等要求，硬件层前端均具有良好的可拓展性和可重组性，即实现硬件积木化、模块化，以模块化为基础的积木化有源子阵是整个硬件层前端的核心部分[6]。为满足系统空、时、频和极化等资源配置要求，积木化有源子阵应为双极化、超宽带，子阵形态统一，子阵内部分层设计，各层之间均采用标准化接口互联，界面清晰。②对于不同的应用平台，包括地面、舰载、机载、星载平台，硬件层前端应具有普遍适用的特点，即实现资源虚拟化。因此，对于上行控制要求指令表通用化，下行要求预处理部分集成到硬件层前端，同时增加资源调度中间层，方便系统调用硬件层前端的时、空、频、能、极化等资源。③对于不同的功能，硬件层前端应具有通用化开放式的特点，可根据不同需求进行调整或定制，即实现应用软件化，可基于软件配置实现硬件功能和性能快速生成与重构，从而满足不同系统对硬件层功能使用需求。

硬件层前端的典型组成包括4个部分：①具备独立收发功能的高集成有源子阵；②基于通用传输协议和标准化接口的大容量、高效率、高可靠的高速交互总线；③具备数据交互、处理、控制的后端智能控制模块；④供电模块。其架构如图1-15所示。

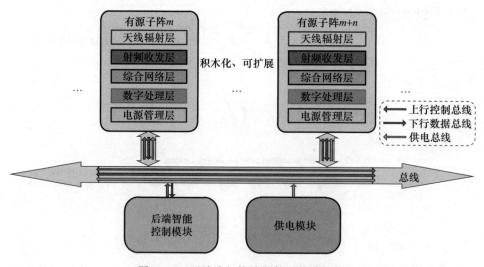

图1-15　开放式相控阵硬件层前端架构

通过不同数量的积木化有源子阵相互拼接可实现阵面孔径的横向扩展，子阵通过具有标准化接口的高速交互总线实现互联，从而构成整个阵面系统，如图1-16所示，可以看出，积木化有源子阵是开放式相控阵阵面的核心组成部分，是性能实现和保证的关键。有源子阵既可以独立使用，也可以在两维方向积木化扩展,实现阵面规模的灵活可裁剪;通过软件配置不同的有源子阵的组合形式,实现孔径、波束、波形、极化等资源的重构。

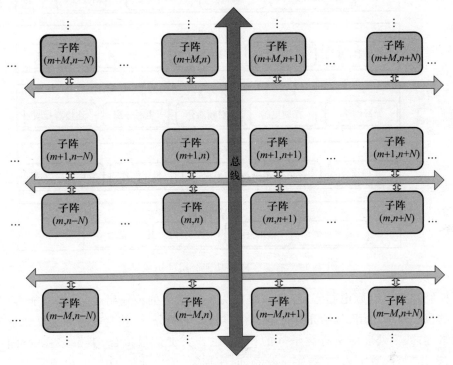

图 1-16　开放式相控阵可扩展阵面示意图

积木化有源子阵是硬件层前端功能和性能实现的核心单元,实现对电磁信号的发射、接收和处理,支持分布式控制、分布式存储和分布式处理,通过标准化接口总线实现积木化有源子阵间的协同。有源子阵采用"功能独立、分层设计"的思想,从功能构成要素上可分为天线辐射层、射频收发层、综合网络层、数字处理层以及电源管理层5个主要功能层,不同功能层独立设计,如图1-17所示,子阵内信号跨层立体无引线实现互联。有源子阵中各功能层之间通过信号混合立体传输实现互联,形成无引线子阵,提高了子阵集成度,简化了子阵连接关系。需要说明的是,该功能分层是从电信角度上的一种广域定义,在具体工程实现中还包括物理集成所必需的结构和热控等部分。

积木化有源子阵采取分层独立设计,分层关系如图1-18所示,其中:天线辐射层主要完成电磁信号的发射、接收,包括双极化辐射阵列、等相馈电、滤波和用于状态监测的耦合电路等;射频收发层完成发射信号上变频和功率放大以及回波信号的放大和下变频,包括环形器或开关电路、功率放大器、低噪声放大器、调

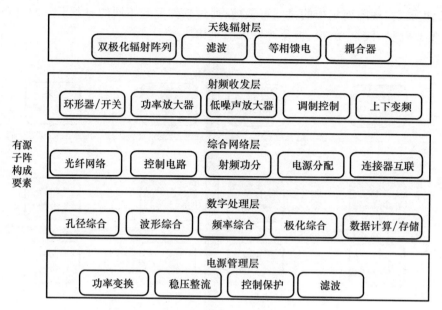

图 1-17 有源子阵各功能分层的构成要素

制控制和上下变频电路等；综合网络层为各种信号的传输组合，是多功能、高集成的核心纽带作用，包括光纤传输、射频功分、电源分配、控制电路和高低频连接网络等；数字处理层是有源子阵的核心，主要负责信号拟合、频率综合、空间拟合、极化拟合、数字采样、数字下变频、时序控制、优化计算等功能；电源管理层包括功率变换、稳压整流、控制保护、滤波等功能。不同功能层级之间可根据应用需求的不同，优化调整叠层结构布局。

通过上面论述可知，开放式相控阵阵面的硬件设计已转变为以积木化有源子阵为中心，区别于以T/R组件为中心的传统相控阵天线阵面硬件设计。通过纵向立体化互联形成高集成有源子阵，再通过子阵横向积木化拼装形成可扩展阵面，可实现开放式相控阵系统前端硬件设备的按需剪裁，支撑系统快速形成作战能力。开放式相控阵阵面具有剖面低、重量轻、集成度高、功率密度大以及模块化、多功能、易扩展、易共形等特点，并且对提高研发质量、降低制造成本、缩短研制周期具有重要的意义。

以包含64个收发有源通道的积木化有源子阵为例，该型有源子阵具有相控阵阵面系统所需的全部要素，既可以作为完整的阵面在系统中发挥作用，也可以多个子阵相互拼接进行扩展。以24个有源子阵为例，可以拼装为矩形孔径或圆形孔径，矩形孔径可以采取3(行)×8(列)或4(行)×6(列)等不同实现形式，如图1-19所示。

第 1 章　开放式相控阵系统架构

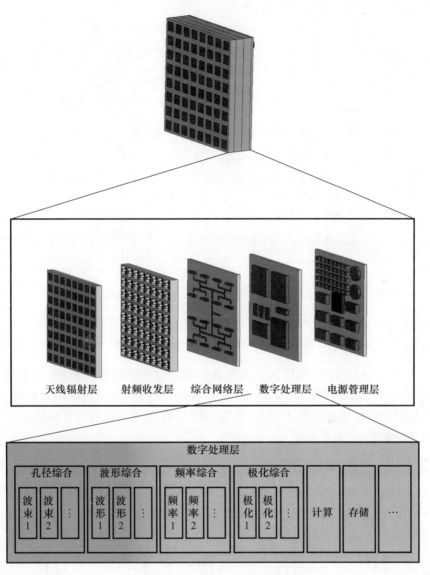

图 1-18　有源子阵分层设计示意图

3. 后端

硬件层后端由计算、存储、交换、管理等子功能模块以及数据、管理、监测等连接总线组成,实现后端的处理、存储、管理等功能,其中计算硬件模块包括现场可编程门阵列(Field Programmable Gate Array,FPGA)、数字信号处理(Digital Signal Process,DSP)、中央处理器(Central Processing Unit,CPU)、图形处理器(Graphics Processing Unit,GPU)等,存储硬件模块包括片内快速存储和专用存储。

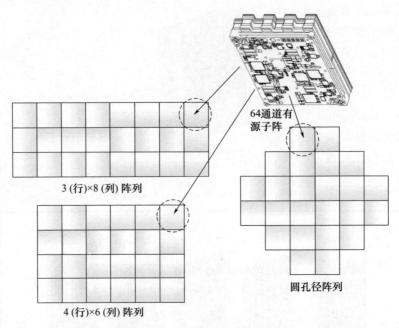

图 1-19 有源子阵积木化拼装示意图

开放式相控系统后端信息处理平台采用开放式集群处理架构,并遵循可扩展设计,如图 1-20 所示,主要包含计算平台通用性设计、即插即用设计、可扩展设计和软件参数化可配置 4 部分,支持不同厂商用开放式通用总线体系标准的商用货架产品,平台易于扩展。

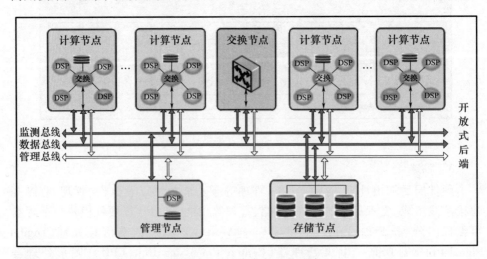

图 1-20 开放式全互联后端

后端信息处理平台通用性设计采用开放式通用总线体系标准,规定了平台和模块的功能划分、供电、散热、电气接口、机械接口、系统管理、背板定义以及互联协议等。计算模块、交换模块、存储模块采用统一的硬件标准规范,通用处理能力强,支持不同厂商采用相同标准的商用货架产品。后端信息处理平台即插即用设计体现在当有新的板卡进入计算平台中时,平台轮询机制就会检测到新的板卡,该板卡可以作为轮询的一个节点进行空闲轮询,完全做到了即插即用,不管是升级还是维护都更加方便。

后端信息处理平台可扩展性设计主要体现在两个方面:一是计算资源可重构,支持任务迁移、功能重组、系统重构,合理分配、利用、重组计算资源,实现系统的柔性扩展;二是计算平台可扩展,基于开放式体系架构,支持模块级、插箱级扩展,支持模块升级。

后端信息处理平台软件参数化可配置基于标准化互联网络,基于平台资源管理、资源池等技术,通过参数化配置实现处理能力随需求自适应调整、负载均衡、故障自感知自恢复。远程显示控制平台(以下简称显控平台)直接接入互联网,同步接收信息处理平台处理结果,同时显示处理结果,显控主机支持互为备份,主控功能无缝切换。

4. 多层级分布式处理

开放式相控阵的核心特征之一是处理平台和射频前端的一体化,充分利用积木化有源子阵可扩展、资源可共享的优势,基于高速交互总线,将子阵组成二维可扩展的网络,共享子阵的射频和计算资源,构建成弹性可重构、具有多层级分布式处理能力的系统。通过软件编程实现功能加载和资源配置,通过高速交互总线,系统内各节点资源灵活迁移和组合,节点数据按需传输,射频和计算资源灵活接入和统一调度,提高系统软硬件复用能力、灵活性和可靠性。

开放式相控阵采用多层级分布式处理的架构,计算资源分布在射频前端和后端,一般情况下,与部分阵面相关的优化计算由子阵级处理资源承担,而与整个阵面相关的优化计算由后端处理资源承担。每个子阵节点既可以处理该子阵内的数据,也可以多节点协同处理阵面级的数据,这些数据在高速交互总线内完成快速交换,最终通过总线向处理后端输出多频点多波束数据。

系统的处理能力来自有源子阵内数字处理层上的数字器件,包括但不限于FPGA、CPU、DSP、GPU等,上述每个子阵数字处理层构成二维计算网络的节点。这些计算节点通过高速交互总线并基于标准协议实现数据、指令的高速传输和共享,协同完成阵面相关的预处理任务。

阵面主要完成和自身相关的、能够自主闭环的子阵级或者部分阵面级的处理任务,分为以下几类:

(1) 波束综合:主要指的是阵面数字波束形成(Digital Beam Forming,DBF)或自适应数字波束形成(Adaptive Digital Beam Forming,ADBF)、广义波束综合(包括多任务下的孔径规划、功率控制、极化控制、特殊波束赋形、天线形变补偿等)、电扫波控码计算、抗干扰或者收发同时的空域对消等;干扰、侦收、测向等应用下,何时需要用何种类型。

(2) 波形/频率/极化综合:不同子阵或单元根据环境和目标的不同产生与发射不同的波形/频率/极化,其中波形包括不同调制的信号,如线性调频、非线性调频、相位编码等,频率包括不同的频点、带宽等,极化包括线不同的极化方式,如线极化、圆极化等。

(3) 链路:主要指的是收发通道幅相误差校准、子阵内的射频链路控制,包括模拟和数字滤波、延时、均衡、带宽选择、动态范围扩展、复杂波形计算、子阵间宽带同步和校准、子阵内脉压、射频和数字对消等。

(4) 调度:主要针对同时多任务下的阵面资源管理,包括不同功能的空、时、频、极化资源的最优化分配、阵面计算资源管理等。

(5) 大数据:主要指的是实时记录阵面子阵及子阵内部各模块状态,通过大数据分析,实现阵面智能健康管理和性能预测,并对阵面配置进行优化调整,使阵面性能始终处于最优状态。

对于需要大系统闭环的处理,则根据需要由处理后端完成,包括全阵级的抗干扰、目标检测、目标识别、航迹处理和系统决策等。

开放式相控阵系统中的多层级分布式处理具有以下主要优势:

(1) 阵面具有分布化可重构的计算能力,可实现面向任务需求的大规模波束实时综合及频率、极化、波形等资源的实时重构,大幅提升系统的实时响应能力。

(2) 分布式完成数据抽取、脉冲压缩等预处理任务,大幅降低全阵面波束形成以后的数据传输压力和后端处理难度。

以传统雷达为例,现有系统的指令完全来自后端处理发送的指令表。根据系统所需功能,提前完成阵面波束、权值设计和状态固化,根据系统工作指令完成调用。所以,传统方式下可配置的参数有限、功能相对固化,无法满足应用软件化和同时多任务的需求;当阵面规模较大、优化参数较多、传输海量原始数据时,后端的计算量急剧增加,系统的实时快速响应能力也会受到影响。

与传统相控阵系统不同,开放式相控阵系统具有灵活的分布式处理能力,能够自主完成复杂的参数解算和配置过程,对外只保留标准接口。对系统而言,资源已经虚拟化,只需要输入基本的功能要求、任务要求,即可完成硬件配置和获取环境数据。系统则根据输入参数评估剩余资源,基于数学模型完成参数解算

和分发,生成系统所需的工作模式。开放式相控阵系统和传统相控阵系统的使用差异概括为以下两点:

(1) 参数长指令表→任务短指令。

(2) 波束、权值、功能提前固化→根据任务实时完成空、时、频、极化等资源最优配置。

下面举例说明开放式相控阵系统的工作方式,如图 1-21 所示。

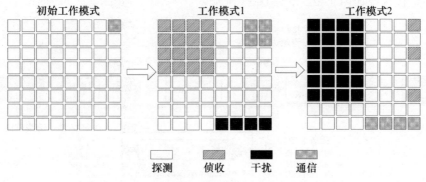

图 1-21 典型天线工作模式切换示例

阵面由 64 个积木化子阵构成,在初始时,工作在远距离探测模式,同时保留一个子阵作为通信单元,兼顾与其他作战平台的通信,当进入某作战场景时,需要快速生成高增益侦收或者大功率干扰模式,同时兼顾探测和长距离通信功能,过程如下:

(1) 外部向开放式相控阵系统输入任务要求,系统后端的决策和调度中心完成任务的分解。

(2) 系统后端通过标准接口向系统输入基本功能和参数要求,如同时探测和侦收功能、波束数量、指向、功率孔径积、极化等基本参数。

(3) 系统建立多目标多约束的数学优化模型(可参见本书第 3 章资源调度部分),自主完成每个子阵和每个通道的配置参数计算,包括探测、干扰、侦收、通信等不同功能区的划分、幅相分布、极化控制、频点选择、通道增益、通道功率、滤波器、形变补偿、校准系数、延时系数或定时时序等。

(4) 阵面包含数百上千个射频通道,需要优化的配置参数数量巨大、数学模型复杂,因此需要通过依托系统内分布式计算所提供的强大算力完成实时计算,这其中又包括计算任务分解和数据汇总的过程。

(5) 系统将计算得到的参数生成指令表,通过高速交互总线分发至每个子阵,子阵根据收到的参数完成极化、幅相权值、功率、频点、增益、波形、带宽或动态等链路参数配置,产生电磁波后放大,并形成波束向外辐射。

(6) 阵面接收到电磁回波进行数字采样,在每个子阵内完成链路预处理,包括滤波、均衡、校正、抽取或者子阵级波束形成等,同时传输环境干扰频谱、功率谱、脉冲描述字等数据。

(7) 根据同时多波束的需要,子阵的输出数据通过高速交互网络动态交换至多个目标节点,在目标节点同时形成不同频点和形状的数字波束。

(8) 经高速总线向处理后端输出上述数字多波束数据,用于后续处理任务。

工作过程如图 1-22 和图 1-23 所示。

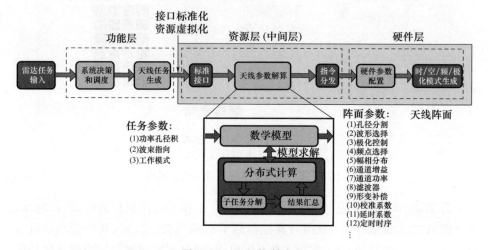

图 1-22 上行控制流程

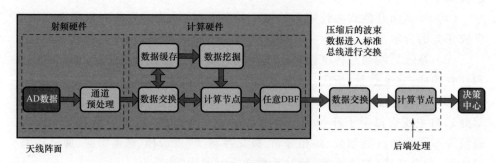

图 1-23 下行数据预处理流程

1.3.3 资源层

1. 设计理念

开放式相控阵采用资源虚拟化设计,资源虚拟化设计思想是借鉴计算机中资源虚拟化的理念,通过对相控阵系统中的空、时、频、能、极化等实体资源进行数字表征,实现对资源的任意灵活调度,并将调度的资源组合形成具备不同能力的多个虚拟子系统,高效灵活地实现系统的多功能[9]。

开放式相控阵系统的资源层架构如图 1-24 所示,主要包括虚拟资源池、资源管理监视、资源调度和虚拟系统等模块。

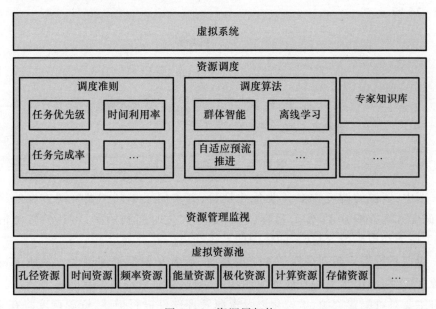

图 1-24 资源层架构

虚拟资源池是将开放式相控阵系统前/后端射频、计算、存储等资源进行数字表征后形成的虚拟资源集合,除表征后的资源本身外还包含与物理硬件之间的映射关系,从而实现对硬件的调度控制,如图 1-25 所示。

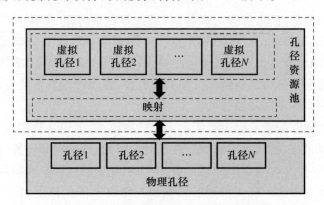

图 1-25 虚拟孔径资源池与物理孔径映射

资源管理监视负责对资源池进行实时监视和管理,评估资源状态,为资源调度提供可行域和边界条件输入。

资源调度以应用需求为输入,选择合适的调度准则,与资源状态约束共同构建优化问题,基于调度算法和专家知识库辅助,求解生成资源调度方案,如图 1-26 所示。

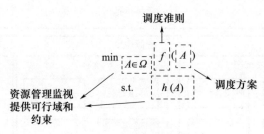

图 1-26 资源调度的数学

图中:资源的调度方案 A 为优化变量,其隶属于不同类型资源方案的组合 Ω;调度方案性能 $f(A)$ 作为目标函数,如最大化时间利用率;雷达的资源情况 $h(A)$ 作为约束函数,包括不同资源的系统约束。

虚拟系统是一系列虚拟子系统的集合,后者是根据资源调度方案所形成的资源配置组合,用于支持具体的应用功能实现,也是资源虚拟化的具体体现。本节将主要对可配置资源、虚拟化以及资源管理软件进行描述,资源调度将在第 3 章详细介绍。

2. 可配置资源

开放式相控阵系统可配置资源主要包括:

(1) 孔径资源配置。可分为单阵的子阵划分与多阵的孔径合成两个方面,体现在阵面的分配、波束的形成和控制,通过多波束分集、多输入多输出(Multiple-Input Multiple-Output,MIMO)等技术实现多向分集收发。通过对孔径资源的优化配置,即综合考虑在天线波束扫描、波束宽度、天线增益、天线副瓣、极化、互耦等问题情况下灵活地重构和分配共用孔径,保障相控阵系统有效执行探测、干扰、侦收、通信等不同功能任务。

(2) 时间资源配置。时间资源由多个维度组成,既包含脉冲内的快时间、脉冲间的慢时间,也包括任务时间等。通过对快时间、慢时间和任务时间等的合理配置,可以有效提升时间资源的利用率,即使用较少的时间资源满足相控阵系统复杂的多功能的需求。在实现同时同频收发全双工的条件下,相控阵系统可实现时间资源利用率的最大化,在此项技术攻克之前,需优化多种功能发射和接收时隙的排布,以最大化利用时间资源。典型工作方式包括:一是雷达接收时,电子侦察和通信均可接收;二是雷达发射时,可以与有源干扰、通信发射同时进行,但需要解决发射多波束问题;三是雷达接收时,有源干扰和通信可以小功率发射,在保证低噪声放大器(Low Noise Amplifier,LNA)不饱和的情况下,同时实现电子战和通信的功能。

(3) 频率资源配置。包含中心频点和带宽的选择。通过对频率资源的合理配置,可以在有效保证开放式相控阵系统中不同功能需求的同时,将各功能之间的互相干扰降至最低。开放式相控阵系统前端通过超宽带宽角扫描天线、宽带高效射频器件和宽带分布式频率源实现工作频段内的频率捷变,同时保证天线性能不变。带宽的扩展可通过模拟和数字两种方式实现,模拟宽带由延时线实现阵列孔径渡越时间的补偿,数字宽带可通过移频移相方式在数字收发组件内实现宽带信号的时间补偿。

(4) 工作波形配置。波形资源可以视为一种特殊的时频配置资源,既包括时间、频率等资源的独立配置,也包括更复杂的时频联合资源配置,如探测和通信(以下简称探通)一体联合波形等。通过对波形资源的合理配置,可以极大地提升开放式相控阵系统多功能任务执行的效率和性能。通过宽带数模转换(Digital-to-Analog Conversion,DAC)器件和高速可编程器件,根据工作场景和波形参数,完成各种宽带波形的实时产生。虽然原理上都是通过电磁波的发射和接收过程实现不同应用需求的资源配置,但不同应用需求的信号对数字T/R组件有不同的要求,特别是多波束发射时,多信号叠加后的波形更加复杂,需要对各功能所需的天线波束宽度、辐射功率、发射器件特性、接收机灵敏度、信号体制、持续工作时间、工作频段、工作带宽等进行综合分析,实现多通道复杂信号的实时产生。

(5) 能量资源配置。能量资源是指相控阵系统工作时选择的阵面能量,可通过对不同子阵中T/R组件进行能量配置。通过对能量资源的调度,在不超过系统能量负荷的情况下保障相控阵系统有效执行探测、干扰、侦收、通信等不同功能任务。

(6) 极化方式配置。极化资源是指系统可选择的不同极化方式。采用双极化天线和双极化T/R组件,通过两个极化的幅度和相位矢量调控,实现任意线极化或者左右圆极化,满足不同应用需求。对双极化天线阵面而言,包括两类设计方案:一是物理隔离方案,即两种极化采用完全独立的两套射频收发链路,并配以独立(或共用)的供电、控制网络;二是不同极化的有源射频单机共用发射链路,采用开关进行极化选择,开关置于有源单机末级功率放大器(以下简称"功放")前,接收链路相互独立,即采用双极化有源单机方案,两种极化配以共用的供电、控制网络。双极化核心设计难点为高极化隔离度,该指标主要受到双极化天线单元极化隔离度、有源单机接收链路极化隔离度以及馈电网络极化隔离度的影响。

（7）后端资源配置。后端资源主要包括计算资源、存储资源等。与前端资源配置相比，后端资源的配置相对简单，仅需根据处理需求进行资源的程式化调度，因此在本书中不做展开介绍。

3. 虚拟化与流程重构

开放式相控阵系统进行资源虚拟化的典型流程如图1-27所示。具体来说，基于资源调度形成的调度方案，将虚拟资源池中的各类虚拟资源进行灵活组合，形成多个虚拟子系统，分别完成不同的应用功能，从而实现整个开放式相控阵系统多功能的高效实现。不同维度的资源既可隔离配置，用于不同功能，如对孔径资源进行划分，不同功能使用物理隔离的孔径资源；也可复用配置，用于不同功能，如对时间资源进行划分，不同功能可使用相同的时间资源。通过对虚拟资源的灵活配置重组，形成具备侦收、干扰、探测、通信等不同功能的虚拟子系统，以满足相控阵系统前端"利用任何孔径、在任何时间、在任何波段，实现任何功能"。

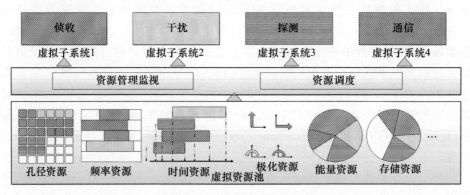

图1-27　资源虚拟化流程示例

例如，同时对两个目标高精度跟踪的场景，图1-28以孔径、频率等资源最少为优化目标，以目标数量、跟踪精度、数据率等建立约束，经过优化后，得到利用同一整孔径形成两个不同频率的窄波束分别对两个目标进行跟踪的配置方案。

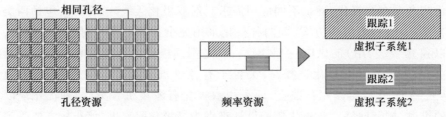

图1-28　资源虚拟化示例一

再如,同时进行侦收和通信的场景,如图1-29所示,同样以资源最少为优化目标,以侦收范围、截获概率、通信距离等建立约束,经过优化后,得到利用不同子孔径、不同频率和极化组合形成两个宽波束分别进行侦收和通信的方案。

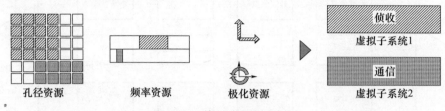

图1-29 资源虚拟化示例二

为支撑具体应用的实现,除了分配所需资源,还需要对具体的处理流程进行重构。开放式相控阵的处理流程从逻辑上可以用矩阵表示,矩阵可以是一维,也可以是二维甚至更高维;矩阵的元素是处理节点,相互之间通过传输链路相连接;处理节点可以是某一处理策略或算法,也可以是融合、判决、传输等。处理流程重构的过程就是根据应用需求对处理节点进行实时选择、配置和联结的优化过程,与此同时,资源调度分配相应的硬件资源予以实现。图1-30展示了二维处理流程重构的过程,通过选择和配置所需的处理节点,并确定传输路径,最终构建一个完整的处理流程。

局部多个处理节点按照一定的逻辑架构形成基本处理模块执行子任务,如信号处理、数据处理等。处理模块的拓扑结构各异,串并行的顺序、规模以及前馈/反馈闭环的方式、位置等都可以实时灵活优化。

4. 资源管理软件

开放式相控阵处理软件环境采用分层设计思想,自顶向下包括集成框架、中间件和基础软件,如图1-31所示。

在数字化越来越靠近系统前端的发展趋势下,天线系统中将配置承载各种功能的模块化软件组件,包括阵面功能配置软件、波束形成及赋形软件、信号传输控制软件、数据采集软件、预处理软件,通过软件完成宽带天线监控、系统频带调整、信道监测与自适应选择、信号波形在线编程、调制解调方式控制及信号编码等。软件组件与硬件的实现形式和实现细节无关,通过中间件和集成框架实现与硬件解耦,资源管理软件的标准化保证了软件组件的可移植性和可重用性。

1) 集成框架

软件集成框架为信息处理系统提供统一的管理与调度平台,提供硬件资源管理、构件管理、数据管理、软件健康管理等功能,支持应用功能的动态部署、重构以及运行状态的实时监测。一是平台资源管理,对系统阵面、时间、频率、工

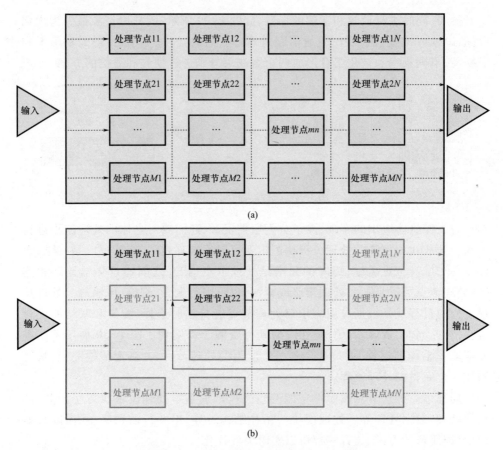

图 1-30 开放式相控阵流程重构示意图

波形、极化方式等前端资源和计算、存储、通信等后端资源进行统一管理与调度，对应用层提供硬件资源服务，实现应用功能的动态部署和负载均衡，支持硬件故障重构。二是构件管理，对信号处理、数据处理、综合显示等功能构件进行统一管理，根据任务完成相应构件的配置、调度和启停控制，实现功能构件动态加载、功能重构和性能升级。三是软件健康管理，对常见软件故障进行故障模式分析，建立故障知识库，对应用功能的运行状态、性能指标进行信息采集与故障监测，支持软件故障诊断与故障重构。四是数据管理，对回波数据、杂波数据、点航迹数据等关键数据资源进行统一存储与管理，对应用层提供数据服务。

2）中间件

中间件包括计算中间件和通信中间件，采用通用化、标准化中间件，将底层硬件平台的计算函数接口、通信接口等进行功能封装与接口标准化，屏蔽底层硬件体系架构和通信介质的差异，对上层应用提供标准接口服务，实现功能构件的软硬件解耦。计算中间件架构如图 1-32 所示。

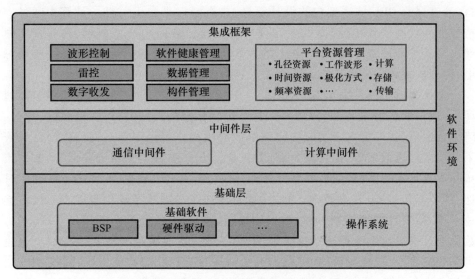

图 1-31　开放式相控阵处理软件环境

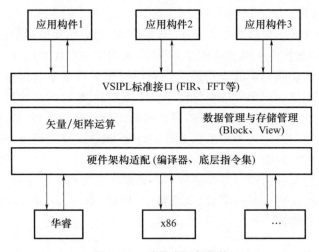

图 1-32　计算中间件架构

系统计算中间件采用 VSIPL 标准，支持应用功能跨平台计算，便于应用移植、升级和维护。VSIPL 计算中间件包括标量函数、随机数生成函数、矢量函数、信号处理函数、线性代数函数五大类，共 600 个运算函数，提供 FFT、FIR 等专用信号处理函数库，并包含矢量运算、矩阵运算、超越函数等基本算子。计算中间件实现了单核并行优化、多核并行优化以及单核/多核并行自适应择优，逻辑计算效率大幅提升。计算中间件为系统应用提供通用化、跨平台的标准 C 编程接口,能够屏蔽 CPU 体系架构的设计差异,具有硬件平台无关性。计算中间件支持数据并行和任务并行,提供多处理器之间的任务同步通信机制,具有强实时性。当某类硬件资源紧张时,其上的应用可以无缝移植到其他类型的空闲资源上,为开放式相控阵系统综合调度提供有力支持。

系统通信中间件采用 DDS 标准,基于发布订阅方式的通信机制将各类高速硬件接口、通信协议封装为统一的、符合国际标准的通用接口,支持核间、片间、跨平台通信,兼容运行于实时操作系统或通用操作系统平台。通信中间件屏蔽了底层硬件通信细节,提供高效、通用的通信功能,支持对系统通信状态、数据流拓扑等进行实时监控,通信中间件处理开销与带宽开销较低,不影响系统的实时性,其特点包括:一是高效率,通信中间件解决了分布式节点信息多点互传传递速率慢、稳定性差等问题,通过数据结构、算法优化、关键路径裁减等手段,平均数据通过率可达系统裸测情况下的 80%~90%,性能满足开放式架构信息快速可靠传递需要;二是可重构,可根据开放式系统运行状态需要,自动调整 DDS 通信节点状态周期上报时间、节点自动发现时间;三是标准化,是 DDS 标准的完整实现,实现无中心节点性,可与其他厂家的标准 DDS 互联互通,提高系统可靠性。

3)基础软件

系统基础软件主要包含操作系统、数据库等,为应用功能提供基础软件服务和数据服务,基础软件采用通用操作系统、嵌入式实时操作系统和关系型数据库来满足系统不同功能模块的应用需求。通用操作系统主要支撑信号处理、数据处理、资源调度、目标识别等应用软件运行。支持标准 POSIX 接口,为硬件平台提供芯片级的资源管理与服务,支持多核间的运行负载均衡,具有良好的软硬件兼容性及稳定性。嵌入式操作系统具有实时性、抢占式任务调度、嵌入式工作和支持多种硬件环境的能力,且拥有良好的可扩展能力、良好的可靠性实时性以及高性能的内核和友好的用户开发环境等。数据库主要用于宽带直采、宽带去斜、干扰信号、回波、点迹、航迹、杂波、识别特征、策略、状态、控制、网络通信等数据的高实时存储和管理。

1.3.4 应用层

1. 设计理念

开放式相控阵系统采用应用软件化设计,应用软件化基于开放式系统架构,系统功能通过软件定义,根据应用需求动态配置和执行不同的应用,功能可扩展和重构,从而完成不同的任务。应用层自顶向下包含工作任务、应用功能和算法构件三个维度,如图 1-33 所示。

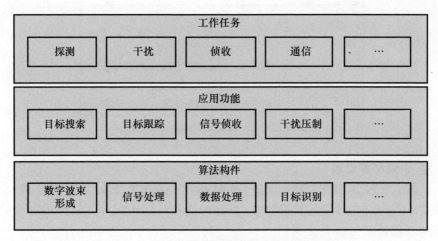

图 1-33　开放式相控阵系统应用层架构示意图

工作任务由一个或多个应用功能模块组成,如探测任务由目标搜索、目标跟踪、信号侦收等功能组成,面向用户以类似 APP 的形式提供服务,支持功能的扩展和升级,如图 1-34 所示。

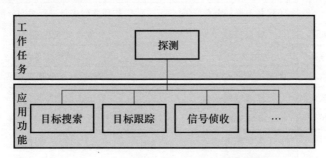

图 1-34　工作任务与应用功能关系示意图

应用功能由多个算法构件组装形成,如目标搜索功能由数字波束形成、信号处理、数据处理等基础算法构件组成,通过算法流程及参数配置实现某一应用功能,如图 1-35 所示。

算法构件是应用层的最小单元模块,是用于实现系统某功能的具体算法,具有接口标准、功能独立、内部封装等特点,通过接口对外提供服务。

应用层将系统模块化设计思想与开放式系统结合,按照自顶向下的方法对系统进行模块化分解,模块间相互独立,纵向分层,互相之间以标准接口连接,并且功能完备,可完成各种任务应用,并通过对功能模块参数化配置,工作流程重组,实现系统功能软件定义,算法、功能灵活升级改造。

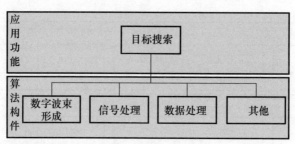

图 1-35 应用功能与算法构件关系示意图

2. 参数配置要素

开放式相控阵系统参数可配置、可重构项目涵盖发射波形、接收控制、波束形成、反干扰和信号处理、数据处理、资源调度和目标识别等方面。功能可配置参数的详细说明如表 1-1 所列。

表 1-1 功能可配置参数

步骤	子步骤	参数配置	说明
时域	反异步	异步幅度检测门限	判定是否为异步干扰的幅度门限
	照射时间	重点区域时间分配	对重点目标进行照射的时间分配
		不同任务时间分配	按任务优先级进行时间分配
频域	发射频率	频点控制	频点及变动范围
	接收带宽	频域滤波器	滤波器通带选择
空域	孔径重构	子阵合成	探测波束、侦收通道形成
	副瓣匿影	匿影区域	样本选取的距离范围
	ADBF	样本选择	用于估计协方差矩阵的样本
波形域	波形控制	工作频点	可用频点选择
		信号带宽	可用带宽选择
		信号脉宽	可用脉宽选择
		重复周期	可用重复周期选择
		调制方式	线性调频、非线性调频、相位编码调制
能量域	发射控制	占空比	平均发射能量
		脉冲个数	积累脉冲数
	STC 补偿	直通控制开关	STC 一键控制开关,直通时 STC 控制不生效
		最大距离	按波束产生通道全区 STC 衰减曲线
		最小距离	
极化域	极化选择	接收极化	雷达接收的极化方式选择
		发射极化	雷达发射的极化方式选择

针对不同的场景，信号处理可以自由组合功能模块，通过不同软件的动态加载实现反干扰和信号处理能力的动态重构，形成适应不同场景的处理流程。以电子对抗场景为例：

（1）无源侦收场景下，雷达作为侦收设备对干扰源进行参数测量，形成干扰源描述字，并对干扰源进行能力特征提取和威胁度评估。

（2）主瓣干扰场景下，依据干扰类型的差异，可以采用极化对消、盲源分离或自适应波束形成、干扰时频域剔除等方法进行干扰抑制。

（3）副瓣干扰场景下，主要依赖空域自由度进行干扰抑制。系统通过不同软件的动态加载实现反干扰和信号处理能力的动态重构。

数据处理主要是完成点迹信息提取、点迹凝聚、航迹相关、滤波、预测等，以实现目标的高精度测量和跟踪。

资源调度是根据作战任务进行任务规划，感知环境和干扰，结合综合态势和资源评估结果，动态调整时间和能量资源，实现对预定空域目标的搜索、跟踪、抗干扰、目标识别等资源调度和控制。

3. 典型系统工作流程

以常规预警探测为例，该模式下系统主要执行目标搜索、跟踪功能，且需具备干扰对抗和目标识别能力，在此过程中应用层根据工作模式和搜索区域自适应配置波形（信号带宽、信号脉宽、重复周期和调制方式）、波束、孔径等参数。

常规相控阵采用固定模式工作，无法灵活配置资源，因此功能单一且低效，尤其是干扰对抗功能不够灵活，对抗性能有限，无法充分发挥硬件能力。而开放式相控阵能够灵活运用各项资源，针对干扰特征自由配置抗干扰功能，充分发挥硬件能力，使干扰对抗效率更高。

首先，开放式相控阵利用孔径资源，即可重构阵面配置侦收通道对干扰环境感知，建立干扰态势图和"干扰样式-主被动对抗策略"的收益矩阵，然后根据干扰态势配置最优抗干扰资源，如用孔径资源对干扰进行副瓣对消、副瓣匿影、盲源分离等处理，利用极化资源对主瓣干扰进行鉴别和对消等处理。其次，发射控制充分利用频率资源、功率资源和波形控制资源，实现阵面分集、波形和频率等主动对抗手段，并动态调整时空频联合处理参数。最后，在干扰对抗的同时，动态迭代与更新策略库，最终具备与干扰动态博弈的能力，在认知的基础上，不断提升开放式相控阵的抗干扰能力。

目标识别功能的实现采用智能目标识别框架，首先优化配置频率资源获取目标的一维像，再通过波形控制资源获取目标的微动、运动、发动机调制（Jet Engine Modulation，JEM）谱等特征，再由能量资源获取目标的 RCS 等信息，将这些特征送入样本库，这期间需要融合利用开放式相控阵的信号处理、数据处理等功能,并动态调整工作参数。其次,利用深度学习等技术对已有的样本库进行离线学习,通过调整识别参数,迭代优化识别算法,并且进行数据挖掘,找到深层特征,从而提高在线识别性能。最后,将传统特征与深度学习挖掘的特征进行融合处理,形成识别结果。

　　干扰对抗功能与目标识别功能的实现均需要开放式相控阵实现相应的参数配置,参数配置由资源层通过标准化光纤指令发送至硬件层(包括有源子阵、计算、交换、管理、存储等模块)执行,阵面再根据配置参数完成信号的收发,并交由资源层指定的后端功能模块进行处理、显控,整个过程贯彻了"硬件积木化、资源虚拟化、应用软件化"的理念。

　　综上所述,开放式相控阵系统通过软件进行参数灵活配置,不同的参数组合能够实现不同的功能,以达到应用软件化的目的,从而给设计带来极大便利。

参 考 文 献

[1] 胡明春. 开放式有源相控阵天线系统[J]. 现代雷达,2008,30(8):1-4.

[2] 胡明春. 开放式相控阵概念与系统架构[J]. 雷达学报,2023,12(4):684-695.

[3] DANA W. Space fence ground-based radar system increment 1(space fence inc 1)[R]. [S. L.]:Defence Acquisition Management Information Retrieval,2019.

[4] Air Force. PE 0604426F/Space Fence,RDT&E Budget Item Justification[R].[S. L.]:Air Force,2015.

[5] JOHNSON T. Reverse engineering space surveillance network practices and performance from two line element sets[C]// Proceedings of 3rd International Conference on Space Situational Awareness. Madrid:IEEE,2022.

[6] KOLTISKA M G,DU H,PROCHODA D,et al. AN/FSY-3 space fence system support of conjunction assessment[C]// Proceedings of Advanced Maui Optical and Space Surveillance Technologies Conference. Hawaii:AMOS,2016.

[7] 井应忠,陈晓东. 基于模块化开放式系统架构的复杂电磁环境建设[J]. 信息化研究,2018,44(3):1-4.

[8] NELSON J A. Net centric radar technology & development using an open system architecture approach[C]// 2010 IEEE Radar Conference. Arlington:IEEE Press,2010:31-37.

[9] 丁琳琳,李路野. 可重构雷达架构研究[J]. 信息技术与信息化,2017(7):103-105.

第 2 章　开放式相控阵天线

传统相控阵天线体制采用的是系统功能和硬件平台紧密绑定的开发模式，而开放式相控阵天线已转变为"以面向实际需求为核心"的开发理念[1]，体现了硬件集成的可扩展性、功能定义和升级的软件化、接口的标准化等特点。本章主要介绍适用于开放式相控阵天线的系统设计要点、主要信号链路设计、测试评估方法以及需要重点关注的关键技术[2]。

2.1　基本设计原则

围绕开放式相控阵系统"硬件积木化、资源虚拟化、应用软件化"的设计理念，开放式相控阵天线作为其核心部件，在设计中应遵循以下三个方面的基本设计原则。

（1）开放式相控阵天线应遵循标准化、模块化设计原则，实现硬件积木化，支持开放式相控阵系统规模可扩展。标准化是指开放式相控阵天线的构建过程是在一系列标准和规范的技术框架内进行的，如硬件设计标准、输入/输出接口标准以及软件设计规范等。模块化是指天线用模块组合产品，模块具有一致性和互换性且接口开放，可扩展、可升级，可作为独立的系统进行调试和工作，适合批量生产，实现研制成本、研制周期的大幅压缩。

（2）开放式相控阵天线应遵循软件化、数字化设计原则，实现资源虚拟化，完成开放式相控阵系统资源可定义。传统相控阵天线，采用了典型的功能和硬件平台紧密绑定的开发模式，存在开发周期长、功能单一、难以升级换代等问题。开放式相控阵天线通过软件模块加载来实现空、时、频等多维资源配置，通过软件化开发模式，不断改进、扩展功能，以支撑性能不断提升，实现对实际需求的快速响应。开放式相控阵天线应采用数字波形产生、高速数字采样、数字信号处理等一系列高性能数字化技术，支撑软件化开发模式。

（3）开放式相控阵天线应遵循多功能、资源完备化设计原则，支撑开放式相控阵系统多种功能实现和可重构。例如，开放式相控阵天线必须具备宽工作频带和宽瞬时带宽的工作能力，从而满足系统多功能的发展需求。开放式相控阵天线中所有射频部组件在所需求的宽工作频带内应保持优越的性能，宽瞬时带宽需综合应用模拟延时和数字延时技术。再如，开放式相控阵天线需具备线极化、圆极化乃至椭圆极化能力，满足系统极化重构需求。

数字相控阵天线技术内容中包含一系列高性能数字化技术，已得到快速发展并逐渐成熟。这些技术使得数字波形发射/接收、射频采样、数字波束形成等，已经在越来越多的相控阵雷达系统中得到广泛应用，数字相控阵天线已成为当下热点，从 20 世纪 90 年代开始至今仍在不断发展。开放式相控阵则是在数字相控阵技术基础上，进一步强调系统研发的规范性和软件可定义性、系统软/硬件平台的通用性和可扩展性、系统任务的灵活性和可升级性，在未来将逐步得到越来越多的重视。

我国北宋时代的毕昇在公元 1041—1048 年间发明的活字印刷术，就非常成功地运用了标准件、互换件、通用件、分解与组合、重复利用等方法和原则，来解决雕版印刷所遇到的复杂性难题，可以说是人类社会较早出现的模块化杰作。IBM 360 系统的模块化设计是计算机产品设计上的创举，也可以算得上是一场革命。它以模块化设计取代了相互依赖型设计，为实施并行工程创造了条件，从而极大地提高了开发和生产效率；它用模块组合产品使计算机具有兼容性，可扩展、可升级，满足了客户，扩大了市场，加快了计算机产业的形成和发展。

开放式相控阵秉承硬件积木化的设计原则，系统由标准化、模块化的单元构成，可根据不同的应用场景，进行组合和裁剪；各单元间接口开放，系统单元具备完整的接收发射功能，可具有一致性和可互换性；可作为独立的系统进行调试和工作，适合批量生产，可实现研制成本、研制周期的大幅压缩。

2.2　积木化有源设计

积木化是"三化"设计思想的发展，模块仍然是标准化的部件，其着眼点不仅在于通用模块的扩展，更希望做到跨系列产品设计，最终实现不仅是产品研制单位能拼装通用模块，用户也可根据自身需求组合通用模块[3]。开放式相控阵天线以积木化有源子阵为核心，单个有源子阵具备独立收发功能，子阵间功能独立、阵面横向规模可扩展，子阵内采取叠层设计，不同功能层由标准化模块组成，这样有源子阵的组成实现模块化，天线系统也可通过不同数量的有源子阵积木化拼接，实现规模的灵活裁剪，从而推动天线形态向轻薄化、芯片化的高集成方向发展[4]。

2.2.1　横向可扩展设计

如图 2-1 所示，有源子阵的积木化便于实现天线口径的横向可扩展，可根据雷达对天线系统的功能和技术要求,构造功能多样化的大、中、小型相控阵天线系统,即采用不同数量的有源子阵积木化拼接,通过高速交互总线,可快速构建不同阵面规模的天线系统。同时,天线系统支持分布式、节点化布局,每一个积木化有源子阵都是一个独立的控制、存储和计算节点,通过高速交互总线进行数据交互,满足不同使命任务的应用要求。

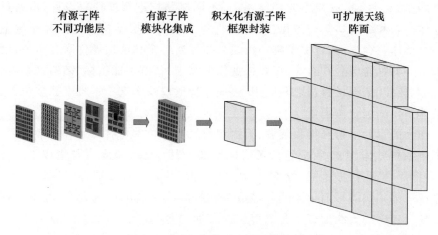

图 2-1　积木化有源子阵的横向扩展

　　有源子阵的横向扩展还需要考虑子阵规模、结构布局、高速交互总线复杂度、供电、控制和处理策略、安装与定位机构等问题,根据现有工艺水平、安装平台与使用环境进行优化设计,以便在实现天线子系统电性能的同时,兼顾满足可靠性、安全性、维修性、环境适应性等工程化要求。总装集成通常采取分块、分区的集成方式,有源子阵之间依靠阵面框架进行分块集成,不同分块之间依靠基础背架、拼接机构等连接点进行分区集成或阵面总装集成。

　　有源子阵的积木化推动天线阵面硬件架构从单机模块化向子阵模块化发展,天线系统设计灵活,可根据不同的应用平台,搭建不同规模的有源子阵,由于有源子阵形态统一、接口标准化,可实现"即插即用",结合阵面快速级连接与高精度制造技术,便于天线系统快速维护和升级。单个有源子阵具有完整的电信功能,可批量化生产和验收,从而推动相控阵天线研发模式由定制化向通用化转变,实现分级调试集成、按需拼装的天线阵面研发新模式。

2.2.2　纵向叠层式设计

　　积木化有源子阵内采用"功能独立、分层设计"的思想,在垂直于阵面方向进行叠层式物理架构设计,层间信号立体互联。从功能构成要素上可分为天线辐射层、射频收发层、综合网络层、数字处理层以及电源管理层5个彼此独立的功能层,实现过程中涉及辐射阵列、射频收发、信号传输和分配网络、数字收发、数据存储、数据处理、波束控制、电源功率变换等不同功能模块的设计。因此,界限清晰的各类单机将不再脱离天线系统而独立存在,需要从功能需求出发,重新审视构成天线系统的各个功能层面的特点,将有源子阵内的多个具备不同功能的电路(或芯片)集成在不同功能层内,不同电路均进行模块化设计,再通过三维立体互联和结构功能一体化技术,使得各个不同的层结构在电路和结构上形成一个整体。客观上,有源子阵的天线功能需要各个功能层硬件联合实现,因此有源子阵的纵向层叠式设计,需要根据任务需求,从电性能指标、结构复杂度、力学性能、热控、新型材料选取和应用、集成化程度以及实现技术难度等多个方面,从整体到局部综合考虑。

作为能量的辐射和接收装置,天线辐射层对于积木化有源子阵非常重要,直接影响系统整体性能,需要综合考虑电性能、剖面高度、重量以及集成工艺等因素,并解决带宽、扫描范围、效率、低成本、小型化、与器件集成等问题。目前,易与系统一体集成的平面化天线已经成为相控阵线系统的优选方案,其中微带天线是使用较多的天线形式。在宽带应用方面,Vivaldi天线、金属背腔天线、金属槽线天线、金属振子天线、紧耦合天线和缝隙耦合贴片天线也有其应用空间。在等相馈电方面,基片集成波导(Substrate Integrated Waveguide,SIW)是融合传统平面电路和立体电路优点的平面传输线,可解决辐射单元等相馈电的宽带高效问题。

射频收发层的核心是发射、接收有源链路,其结构形式和性能极大地决定了有源子阵的结构形式和性能。设计过程中需要对元器件选择、性能功能、组件布局、封装组装、信号互联、热管理等因素进行综合分析,根据现有器件与工艺水平,制订相应的实施和集成方案。传统上,相控阵天线均通过使用分立器件来构建有源部件和模块,这往往使得其尺寸较大且成本较高。目前,国内在多功能芯片、宽禁带器件、微机电系统(Micro-Electro-Mechanical,MEMS)技术等方面已完成工程应用,同时,为了进一步提升有源子阵性能,上下变频和射频前端也将集成到单个射频集成电路中。射频收发层除了功能强大的单片,还需要与先进的封装技术相结合。针对微波器件的封装形式较多,如经典的陶瓷封装、塑封、金属壳封装等,以及近年来热门的系统封装(System In Package,SIP)、系统级封装(System On Package,SOP)、晶圆级系统封装(Wafer Level System On Package,WLSOP)。可见先进的封装平台从2D到3D,集成度越来越高、功能越来越强大、体积越来越小。

综合网络层是实现有源子阵微波馈电、控制和供电的必要保障,包括控制信号分配网络、射频分配和合成网络、电源信号分配网络以及子阵内信号立体互联部件等。综合网络层集成多信号传输网络、芯片及器件,通过多层板的堆叠以及对外互连实现各种信号传输。对外互连可为封装模块互连、模块与多层板焊接或非焊接互连、多层板内部互连及多层板间挠性互连等,其连接形式通常包括金丝或金带互连、球栅格阵列(Ball Grid Array,BGA)、弹簧或者簧片、金属化通孔等。随着综合网络层集成度越来越高,将进一步集成光模块,实现光信号的分配、合成及传输。

数字处理层是有源子阵的核心,主要包含信号拟合、频率综合、空间拟合、极化拟合、数字采样、数字下变频、时序控制、优化计算等功能,同时也是实现有源子阵自适应、智能化的关键,目前数字技术发展呈指数增长,数字链路的开发成本大幅下降,曾经使用模拟硬件实现的功能现在可用数字器件完成。通过数字化技术,支持有源子阵完成分布式波束控制、宽带波形实时产生、收发链路数字化修调、数字多波束形成,同时预处理集成到子阵,大幅提升系统的实时响应能力。

电源管理层的稳定性、安全性和供电品质对于保障有源子阵可靠工作至关重要。特别是复杂工作模式及其负载特性,对电源管理提出了更高要求,不仅要满足大脉宽、高峰值电流、高动态和低电压顶降等需求,而且电源模块需具有功率密度大、环境适应性强、电源模块标准化、效率和可靠性高等特点。

此外,在具体工程实现过程中,热设计是有源子阵层叠式设计非常重要的环节,它不但影响有源子阵的功率密度和集成度,也对有源子阵的体积重量有重要影响。功放芯片、低噪放芯片、开关(或环行器)、电源模块、逻辑运算模块或专用处理芯片等是有源子阵主要的热耗器件,为了保证这些器件在要求的环境条件下稳定可靠地工作,需要进行精确的热设计并采用合理的热管理措施。具体热设计需要考虑有源子阵内部的热耗分布、环境条件、整机系统热管理、有源子阵接口、热控机构的可扩充性以及体积、重量、成本等因素。

总体来说,积木化有源子阵的纵向层叠式实现是一个复杂的机电热多物理场协同设计的过程,融合了电磁场与微波、机械学、热力学、信号处理、自动控制和工艺制造等多个学科,需要采用先总后分、自上而下的构建思路,结合现有元器件与制造工艺、天线安装平台以及与使用环境进行优化设计,最终实现性能优良便于扩展和维护的相控阵天线系统。

2.3 可重构设计

为了满足未来智能作战场景下同时多种任务的需求,开放式相控阵天线系统需要具备可重构能力,包括孔径、频率、波形和极化等多维度重构,以支持探测、干扰、侦收、通信、导航等功能的实时生成。孔径重构指的是基于积木化、数字化的有源子阵,自主选择通道数据和孔径规模,形成灵活多变的数字多波束;频率重构指的是基于积木化有源子阵内部的分布式频率源、可调谐滤波器或可调谐功放等,对通道的收发链路参数动态调整,子阵具备独立或协同工作能力;波形重构是指基于宽带数模转换器件和高速可编程器件,根据任务需求和波形参数,完成各种宽带波形的实时产生;极化重构指的是基于矢量合成的原理,通过对双极化收发通道的幅度和相位调控,将两种极化正交的波束合成为任意极化波束[5]。

2.3.1 开放式天线可重构设计系统组成

从硬件组成上来看,开放式天线可重构设计包括积木化有源子阵和高速交互总线两大部分,前者主要用于实现极化、频率和波形的重构,后者主要用于实现孔径的重构,如图2-2所示。积木化有源子阵采用标准接口,模块化设计,阵面规模可根据任务需求自由扩展。

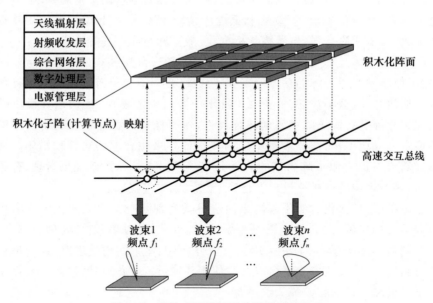

图2-2 开放式天线可重构设计系统组成

积木化有源子阵内包含天线辐射层、射频收发层、综合网络层、数字处理层和电源管理层,基于上述功能层中的宽带双极化天线、宽带多模放大芯片、宽带射频可编程芯片、宽带数模转换芯片、宽带分布式频率源、分布式计算和存储芯片等,可对极化方式或射频链路参数进行动态调整,满足不同功能对极化、功率、增益、动态或带宽等参数的差异化要求,如图2-3所示,分布式波形产生进一步增加了频率自由度,使得每个子阵能够独立或协同工作,大幅提升孔径和功能的自由度。

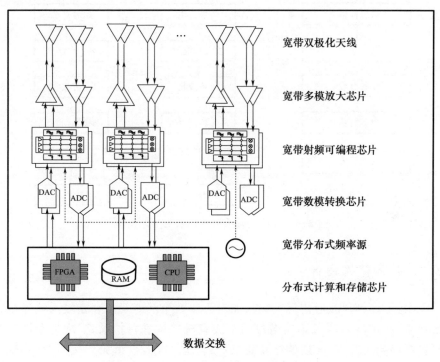

图2-3 积木化有源子阵内部组成示意图

孔径或者波束可重构由高速交互总线和数字处理层内的分布式计算节点实现,前者用于全阵面的海量数据快速交换和复用,每个通道数据基于一定的路由规则,快速交换到不同的波束计算节点,支持同时多个波束形成,后者用于通道的幅相权值等参数计算、数字波束合成计算以及其他天线相关的预处理任务。

在工作方式上,开放式天线系统由传统基于参数指令表的被动接收工作方式向根据任务需求自主规划、自主配置的方式演进,系统工作流程如图2-4所示。在这种方式下,天线系统接收到任务需求后,根据工作模式、威力、波束覆盖范围等基本参数,评估阵面资源,进行合理的孔径规划和频谱分配,基于数学模型完成参数解算,并将参数分发至每个子阵完成功能配置。每个子阵经过信号产生、放大辐射、回波接收、采样预处理和数据交换,最终形成多个数字波束输出。

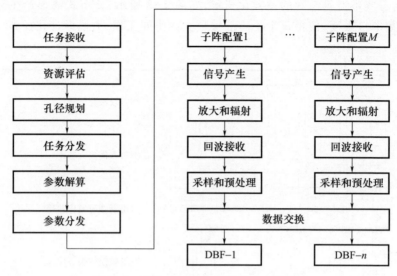

图 2-4　开放式天线可重构系统工作流程

2.3.2　孔径重构设计

探测、干扰、侦收、通信等不同功能对天线波束性能要求存在较大差异：从波束形状来看，探测一般采用高增益的窄波束对空域进行扫描，实现远距离探测；侦察相对探测而言，对天线的增益要求低，且为了实现空间未知辐射源信号的高截获，需采用宽波束实现广域覆盖；干扰波束要确保覆盖到所需干扰的目标对象，在覆盖到干扰目标的基础上，高增益窄波束有助于提升干扰效能，因此，一般干扰波束比侦察波束窄，比探测波束宽；广播通信采用宽波束，定向通信采用窄波束提升隐蔽性。

传统相控阵天线采用模拟射频网络实现波束合成，孔径规模和极化方式相对固定，一旦设计完成便很难调整，这就决定了天线只能采用少量预置的波束权值，无法满足上述系统功能上对波束参数灵活多变的要求。开放式天线系统在数字域完成功能孔径选取和波束合成，通过数据的灵活交换形成不同波束，这就极大提高了孔径重构的灵活度。天线根据不同任务和功能所需的辐射功率、增益、波束形状、波束指向、波束宽度或零点等参数，经天线孔径资源评估（包括孔径大小、能量、可用频谱等）和多目标优化，合理分配功能区域规模，并对每个功能孔径进行波束赋形，形成所需的波束。图 2-5 给出了天线系统在不同工作模式下功能孔径重构示例。

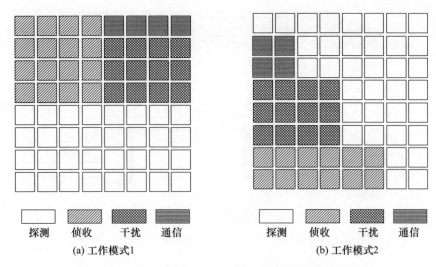

图 2-5 天线系统在不同工作模式下功能孔径重构示例

可重构波束形成原理如图 2-6 所示。孔径重构在硬件上除了需要宽带数字化射频前端,还需要高速交互总线和分布式数字波束形成(DBF)计算节点。高速交互总线将子阵产生的海量宽带数据快速交换,在不同的 DBF 节点同时合成多种空间波束,满足探测、干扰、侦收、通信多功能的需要。这些波束的幅相加权系数并不唯一,随着任务需求动态变化,快速高效的波束形成算法也是可重构的关键技术之一,如随机优化算法、凸优化算法、迭代傅里叶算法、神经网络算法和自适应算法等。高速交互总线按照开放式系统标准协议作为传输协议,采用低延时、高传输效率、多协议芯片化设计,具备控制信号优先级的判断处理能力,并具有碰撞检测及处理机制,能够适应大带宽、多通道、强实时阵面控制和数据交换传输。

2.3.3 频域重构设计

频域可重构是开放式相控阵天线系统重要特征,为实现积木化有源子阵、系统功能可重构提供重要支撑。频率可重构天线是指在天线极化特性、辐射方向图等其他辐射特性基本保持不变的情况下,天线的工作频率能够根据实际需求在一定的频率范围内连续可调或者在几个离散的工作频段之间任意切换,频率可重构天线对开放式相控阵系统实现探、干、侦、通、攻、管、评、测等多功能一体化具有十分重要的意义。频域重构技术在一定范围内通过调节系统的工作频率和带宽,使系统能够工作在多个频率、多个带宽,利用频域重构技术,可以实现系统的多功能复用及良好的电磁兼容特性,同时能够提高系统对抗干扰、保密通信

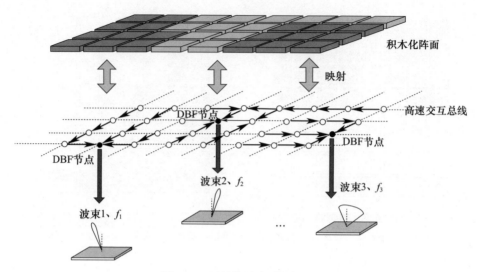

图 2-6 可重构波束形成原理

的性能。频域重构设计中,分布式频率源技术、可调滤波器技术、可调功放技术等是其中的关键。

1. 分布式频率源技术

分布式频率源技术是实现频率可重构功能的关键技术。通过分布式频率源技术可以实现相控阵系统工作在不同频率,同时支持相控阵系统的开放特性,使系统具备规模可扩展、功能可重构的能力。

分布式频率源技术与传统频率源技术最大的差异为系统架构不同。传统频率源为了实现更优的相位噪声、跳频速度等性能指标,同时兼顾多路间相参,往往采用直接合成的方式形成所需频率,然后通过射频网络分配到各个终端。分布式频率源技术是将多套独立频率源集成到阵面有源子阵中,通过统一的频率参考信号实现各有源子阵频率源的相参同步。当阵面进行重构调整时,每个频率源可独立为各有源子阵提供需要的频率信号。

1) 分布式频率源基本原理

分布式频率源是由多个分立的频率源构成频率源系统,对每个频率源产生的信号相位进行测量、补偿、同步,自动优化频率源输出信号相位关系,保证不同频率源间输出信号相位的一致性,以满足雷达系统的要求。图 2-7 所示为分布式频率源原理框图。

2) 分布式频率源关键技术

分布式频率源相对独立频率源,有一定的共性,也有自己的特点,主要关键技术有相噪提升技术、多路相参信号传输技术、多路频率源相位同步校准技术等。

第 2 章 开放式相控阵天线

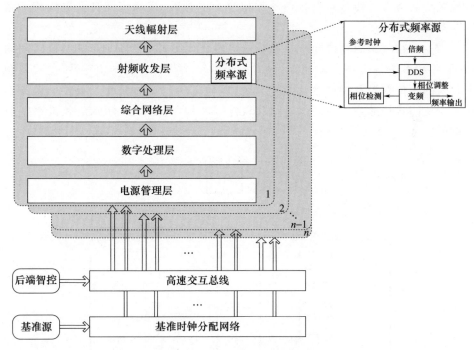

图 2-7 分布式频率源原理框图

（1）相噪提升技术。频率源的相位噪声与雷达系统杂波可见度、测速精度、速度分辨力等性能有着密切联系，因此雷达系统对高纯频率源要求超低的相位噪声。目前，美国 OEWaves 公司的低相位噪声光电振荡器，X 波段可实现 $-145\text{dBc/Hz}@1\text{kHz}$ 的相位噪声，NEL 公司和 RAKON 公司的 100MHz 恒温晶振相位噪声可达到 $\leq -170\text{dBc/Hz}@1\text{kHz}$。国内类似产品的相位噪声一般可达到 $-165 \sim -170\text{dBc/Hz}@1\text{kHz}$。

同时，频率源分布化以后可实现相位噪声的合成得益。在相位噪声符合高斯分布的条件下，多路频率源信号进行功率合成时，主信号为电压矢量相加，噪声为功率求和，相位噪声理论上有 $10\log N(\text{dB})$ 的提升，其中 N 为频率源个数。

（2）多路相参信号传输技术。分布式频率源由若干个频率源分布于阵面的各个有源子阵，各频率源间需要相参及同步。射频基准信号通常采用电缆传输，需要考虑电缆长距离传输带来的相位变化及大量电缆的布局布线等问题。随着射频光传技术的成熟，也可采用光传基准信号的方案。

射频光传技术是将射频信号通过电光转换调制到光域，再送入光放大器进行功率放大以补偿后续光分路器带来的光信号衰减；在接收部分，光分路器将射频信号分发到不同接收端口，再通过光电转换完成射频信号的解调恢复。传输

49

过程主要需考虑光传输对射频信号相位噪声的影响、多通道间高低温幅相一致性等问题。

（3）多路频率源相位同步校准技术。多个频率源虽然实现了相参及时间同步，但各频率源都由独立的硬件构成，由于微波电路对环境的敏感性，造成各频率源间的相位差异及相位变化的差异，这些均需进行实时采集及补偿。多路频率源相位同步校准系统由硬件电路和软件算法构成，图 2-8 所示为校准系统原理框图。

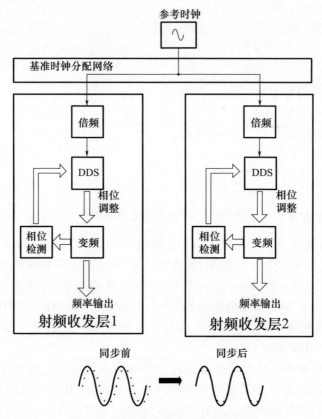

图 2-8　相位同步校准系统原理框图

工作时，在外界环境条件变化时，对每个频率源产生的信号相位进行测量、补偿、同步，自动优化频率源输出信号相位关系，从而实现多路频率源间的相位同步。在校准过程中，对信号特性的计算与补偿由 FPGA 完成。

通过上述补偿过程，可实现多路频率源相位同步的目的，实现整个系统的正常工作。

2. 可调滤波器技术

开放式相控阵频率重构功能对带通滤波器的跳频速率、跳频带宽、瞬时通带、矩形系数、动态范围等提出了更高的要求,普通的滤波器难以满足。通过可调滤波器技术可以较好地实现系统的各项功能、性能指标。可调滤波器可分为可调带通滤波器和可调带阻滤波器。可调带通滤波器在保持滤波特性基本不变的情况下,中心工作频率可以在很宽频率范围内快速跳变。通常,可调带通滤波器有以下几种变频方法:

(1) 调整滤波器的物理尺寸:通过机械方式改变同轴滤波器、螺旋滤波器、波导腔体滤波器等谐振腔体的尺寸,采用微机电系统(MEMS)开关改变微带谐振器的长度等。

(2) 调整传输的相速度:通过调整传输的相速度,可以大大提高体声波(BAW-SMR、FBAR 等)滤波器中心频率的调谐范围。

(3) 调整滤波器的电参数:通过选用变容管、场效应管、开关电容组等改变电容值;通过选用有源可调电感、开关电感阵列、调整钇铁石榴石(Yttrium-Iron-Garne,YIG)单晶小球谐振频率等改变电感值,以实现可调滤波器的性能。

(4) 调整滤波器通断工作状态:通过选用带通滤波器组,利用开关切换来实现可调滤波器。

由于 YIG 器件具有超宽带、连续调谐的特点,YIG 滤波器具有其他种类滤波器不具备的优势,一直以来都是各国研究的重点。YIG 是一种单晶铁氧体材料,它在磁场中可实现精确的频率共振,且共振频率与外加磁场的强度成正比,应用该原理制成的器件即称为磁调谐器件。利用单晶铁氧体材料制成的滤波器统称为"YIG 滤波器"。YIG 滤波器主要有以下特点:

(1) 频率调谐范围:YIG 滤波器最具竞争力的特点是单只器件可覆盖多个倍频程,如一只带通滤波器可实现 0.38~2GHz、0.8~6GHz、6~18GHz、2~18GHz、3~50GHz 等,一只带阻滤波器可实现 0.38~2GHz、2~18GHz 的频率覆盖。带通滤波器可工作在 P-U 波段;带阻滤波器可工作在 P-Ku 波段。

(2) 带宽和抑制度:YIG 单晶材料具有极高的无载品质因子(Q 值),作为滤波器响应的瞬时带宽窄,在微波频段可实现 0.5%~5% 的相对带宽;同时带通滤波器带外抑制度达到 75~100dBc,带阻滤波器抑制度达到 40~100dBc,并且没有寄生通带。

(3) 体积和功耗:YIG 滤波器通常应用在宽频带场景,需要一个磁路系统提供大范围磁场调谐,磁路尺寸和激励电流确定产品尺寸与功耗,典型常规产品尺寸(不含驱动器)为 1.43 英尺(1 英尺 = 0.3048m)~1.73 英寸(1 英寸 = 0.0254m)(P-Ku 波段),功耗为 10~25W(P-Ku 波段)。

（4）频率调谐速度：YIG滤波器的频率调谐速度受磁路系统的线圈匝数和磁路金属材料的涡流效应影响，常规YIG滤波器频率调谐速度在1~10ms/GHz（P-Ku波段），当前高速YIG滤波器频率调谐速度为100~400μs/GHz（P-Ku波段）。

（5）高可靠性：YIG磁调谐器件是固态器件，其谐振子单晶材料物理与化学性能稳定，可靠性高。

（6）限幅特性：YIG滤波器具有低功率电平限幅的特性，在P-Ku波段其限幅功率在-20~20dBm。带通滤波器到限幅功率点后，随功率继续升高插入损耗同步增大。带阻滤波器到限幅点后，随功率升高阻带深度同步减小。

3. 可调功放技术

开放式相控阵频率重构功能要求功放电路具备多频段、多带宽的能力，可调功放技术可以实现上述功能。图2-9所示为一典型可调功放原理框图。可调功放采用基于高、低通滤波器的双工器结构作为功放芯片的输入级，从而实现输入信号的频率选择；经输入级的频率选择网络后，不同频段的输入信号分别进入各自的多级放大单元；在输出级采用多频段匹配网络，通过阻抗变换线实现多个频段的互相隔离，在完成多频功率合成同时实现末级晶体管的功率匹配。可调功放无须额外引入开关或者双工器，极大减小输出匹配网络的损耗，从而实现多频段功放的高性能。通过栅压或者漏压的控制，可实现功放工作频率的选择，既可单独工作在不同频段，也可同时工作在多频段。

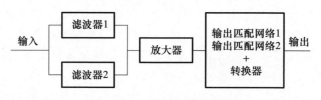

图2-9 可调功放原理框图

2.3.4 波形重构设计

传统相控阵架构由于受硬件资源、调度模式等限制，无法实现信号波形的任意性与随机性。传统相控阵的信号波形通常是在系统研制时预置在特定的电路模块中，为增加使用时的波形可选择性，需预置尽量多的波形。但由于系统资源有限，且使用过程中对信号类型需求具有随机性等因素，传统相控阵架构无法满足系统信号波形的任意产生。在开放式相控阵中，通过采用波形重构技术，可实现系统波形的实时、时频联合捷变，使系统"全寿命周期，无重复波形"。

波形重构大大提高了系统波形捷变、主动抗干扰等能力，提高了系统开放性、灵活性。根据波形信号特征，可将系统波形分为参数化波形与非参数化波形。对于参数化波形,可通过对脉宽、带宽、调制样式、子脉冲宽度、子脉冲频率等参数的设置,实现信号波形的重构;对于非参数化波形,可通过预先或实时导入波形文件方式快速生成所需波形,实现信号波形的重构。开放式相控阵波形重构原理框图如图 2-10 所示。

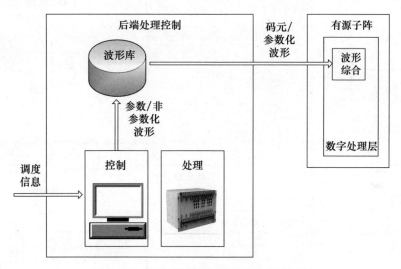

图 2-10　开放式相控阵波形重构原理框图

资源中心接收发送来的调度信息,参数/非参数化波形直接将波形参数发送给波形库,波形库根据指令信息检索出需要的波形码元或参数化波形,然后发送给有源子阵的数字处理层中的波形综合,产生系统所需的波形。

波形重构要求波形综合具备开放式架构,需根据系统要求实时产生不同形式的波形信号,其综合原理框图如图 2-11 所示。

对于参数化波形,通过后端处理控制发送的波形控制指令,实时计算产生指定的波形。波形控制指令可以通过参数输入或者下拉菜单形式在控制界面上进行设置,通常可设置参数包括脉宽、带宽、调制样式、子脉冲宽度、子脉冲频率等。对于非参数化波形,波形综合通过高速数据通信链路接收波形库发送的波形码元文件,通过波形数据缓存与调度算法,将波形文件数据存入存储芯片中,同时响应系统定时的时序要求,产生相应的波形信号。

2.3.5　极化重构设计

雷达探测通常为水平极化、垂直极化或者圆极化;侦察要实现对未知极化形式的辐射源的侦收,因此天线极化形式一般需选择为斜极化或圆极化,从而兼顾不同极化形式辐射源的侦收;干扰方式形成与被干扰目标的极化一致的干扰形

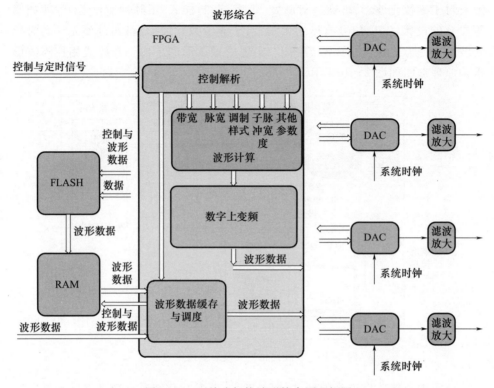

图 2-11 开放式架构波形综合原理框图

式,从而形成极化匹配,干扰效能最大化;通信的极化形式多样,一般常用水平极化、垂直极化与圆极化。

极化重构基于电磁波的线性叠加原理,改变两个极化正交的电磁波的幅度和相位,二者矢量相加形成不同的极化形式,如图 2-12 所示。

$$E_{合成} = E_1 \boldsymbol{u} \cos(\omega t + \varphi_1) + E_2 \boldsymbol{v} \cos(\omega t + \varphi_2) \quad (2-1)$$

图 2-13 和图 2-14 给出了不同相位差的极化合成示例。两个极化分量的相位差决定了合成电场是线极化、圆极化或者椭圆极化,电场幅度比值决定了圆(椭圆)极化的长短轴比和倾斜角度:

(1) 两个极化相位 φ_1 和 φ_2 相差 0°或者 180°,且电场幅度 $E_1=E_2$,合成垂直极化或者水平极化。

(2) 两个极化相位 φ_1 和 φ_2 相差 0°或者 180°,且电场幅度 $E_1 \neq E_2$,合成斜极化。

(3) 两个极化相位 φ_1 和 φ_2 相差 90°或者-90°,且电场幅度 $E_1=E_2$,则合成构成左旋或者右旋圆极化。

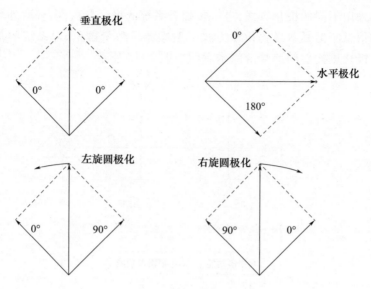

图 2-12 极化重构示意图

(4) 两个极化相位 φ_1 和 φ_2 相差 90°或者-90°,且电场幅度 $E_1 \neq E_2$,则合成构成左旋或者右旋椭圆极化。

(5) 两个极化相位 φ_1 和 φ_2 相差介于上述角度之间,且电场幅度 $E_1 \neq E_2$,则合成构成左旋或者右旋斜椭圆极化。

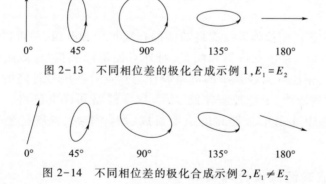

图 2-13 不同相位差的极化合成示例 1,$E_1 = E_2$

图 2-14 不同相位差的极化合成示例 2,$E_1 \neq E_2$

为了实现极化的任意重构,射频前端需要按照双极化方式设计双极化天线和两套独立的收发通道,每个极化收发通道均可以独立调控幅度和相位,根据上述矢量合成原理,预置每个极化分量的幅度和相位,就可以在空间合成所需的任意极化。在全数字的情况下,幅度和相位的调控以及极化合成可以在数字域完成。在双极化设计方式下,不仅极化方式和极化角度可以任意生成,而且发射和接收可以采用不同的极化方式,进一步提升系统的极化自由度,获取外界更加丰富的电磁信息。但是双极化设计方式下射频器件数量翻倍,对系统的集成度要求更高。极化重构射频前端链路示意图如图2-15所示。

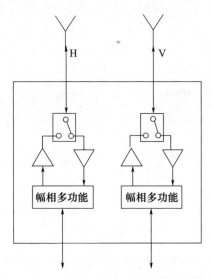

图 2-15 极化重构射频前端链路示意图

2.4 开放式相控阵天线工程设计

下一代开放式相控阵天线支持功能的在线扩展和升级,并可以针对具体任务自主进行射频功能参数解算和配置,对外只保留标准接口,以适应多种类型任务。开放式相控阵天线系统的链路设计应重点关注信号链路的可扩展和可重构,包括射频链路、上行控制链路、下行数字链路和供电链路。本节将对开放式体系架构中 4 条信号链路的主要组成、设计要点、发展趋势等内容进行阐述。

2.4.1 开放式链路设计与实现

1. 射频链路实现

开放式相控阵天线系统的信号链路设计围绕射频链路设计进行,构造适应多功能系统要求的超宽带、可重构、软件化射频链路,提高链路的通用性和信号的灵活性,为积木化有源子阵的标准化设计与实现奠定基础。图2-16展示了开放式相控阵天线系统射频链路的演变。

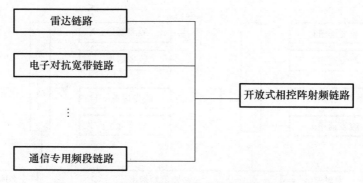

图 2-16　开放式相控阵天线系统射频链路的演变

开放式相控阵射频链路与传统射频链路的区别主要有以下几点:①由单一功能的链路转变为可重构的多功能通道一体化链路。通过可变增益控制、滤波切换、功放模式切换等手段获取在不同工作方式下的最佳性能。②由窄带射频链路转变为超宽带射频链路。采用超宽带模拟链路和宽带数字采样、处理技术,构造一个可持续升级的链路,通过软件升级可增加系统功能,优化系统性能。③采用通用化、系列化的宽带芯片替代传统的专用定制芯片。系列化芯片作为射频链路的"积木"进行迭代升级更换,既可不断提升系统性能,又可避免链路的重新设计。

1) 射频链路架构组成

射频链路包含发射链路和接收链路。发射链路是指从信号产生至高功率辐射输出的路径,接收链路是指从信号接收至信号采样输出的路径。传统射频链路的性能、体积、成本、可靠性和稳定性等指标,对系统的相应指标影响举足轻重。射频链路根据阵面架构可分为模拟相控阵射频链路和数字相控阵射频链路。图 2-17 和图 2-18 分别给出了传统模拟相控阵射频链路和传统数字相控阵射频链路的组成示意图。

传统模拟相控阵射频链路和传统数字相控阵射频链路的主要区别在于:模拟相控阵的波束形成是靠收发通道中的移相来完成,数字相控阵的波束形成是在信号的数字域完成。数字相控阵射频链路的动态范围更大、移相精度更高、波束控制更加灵活。

开放式相控阵射频链路的组成示意图如图 2-19 所示,相对于传统数字阵,具有更高的灵活度,具有可重构、可配置、可扩展等性能。

2) 射频链路设计要点

(1) 支持阵面灵活重构。阵面灵活重构是开放式相控阵天线系统基本能力,多通道射频链路通过重新组合重构后,具备实现多任务能力,如探测、干扰、

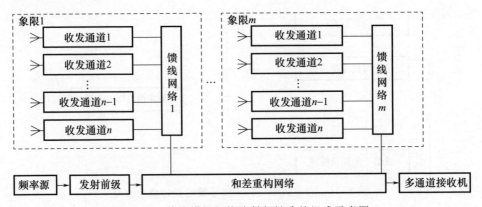

图 2-17 传统模拟相控阵射频链路的组成示意图

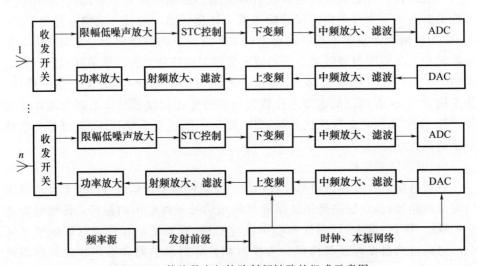

图 2-18 传统数字相控阵射频链路的组成示意图

侦收、通信一体化等。因此,在支持阵面灵活重构方面更加灵活,具有软件化雷达的特点。

(2) 支持多种工作模式的发射链路。多功能一体化对发射链路的要求体现为满足不同应用场景的输出功率、效率、线性度等核心指标的实现。

实现方式一:通过采用可调放大器构建不同子功能的发射指标体系,实现通道级射频综合。依据系统工作方式不同,选择合适的放大器模式,控制放大器工作电压、功率管的直流偏置点以及对发射链路增益进行控制,实现发射链路在带宽、功率、增益、效率、线性度等特性参数之间的权衡。

实现方式二:采用功率回退实现线性放大,但有时仍无法达到高阶调制信号的高线性度要求,得益于通道级数字阵列的优势,可以采用数字预失真(Digital

Predistortion,DPD)技术进行优化,数字预失真技术应用原理框图如图2-20所示。

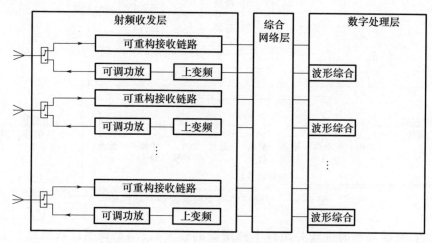

图 2-19 开放式相控阵射频链路的组成示意图

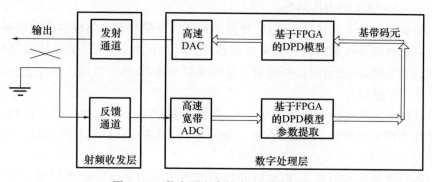

图 2-20 数字预失真技术应用原理框图

（3）具有可变增益控制能力的接收链路。多功能一体化对接收链路的要求体现为满足不同子功能的噪声系数/灵敏度、瞬时动态范围等核心指标,通过链路重构实现可变增益通道,构建不同子功能的接收指标体系,实现通道级射频综合。接收链路可变增益控制原理框图如图2-21所示。

在雷达功能中,通道接收微弱的回波信号,需具有较高的灵敏度才能提取目标；在通信功能中,由于信号传输为单向,对灵敏度要求有所降低,但要求通道具有更大的动态范围,以满足信息传输速率和解调信噪比的要求。接收链路增益控制根据不同功能的指标要求进行灵活配置。

依据系统工作方式不同,设置合适的低噪声放大器增益,通过使用可变增益

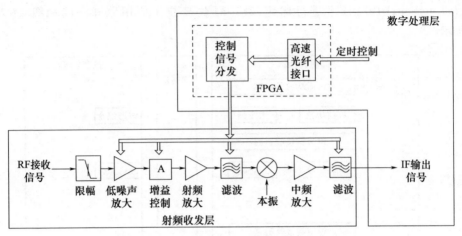

图 2-21　接收链路可变增益控制原理框图

放大器、衰减器或通过开关切换不同增益的放大器，动态调整接收链路的总增益，以获取系统在不同工作方式下的最佳接收性能。

3）射频链路的发展趋势

随着第三代半导体功率器件、微波单片集成电路和混合集成电路的发展，射频链路的性能和可靠性得到大幅度的提升。高速模数、数模转换器以及处理芯片的技术发展，使得射频链路的数字化程度越来越高，从而增强了硬件平台的通用性和可扩展性。

开放式系统支持多功能工作方式，即实现多功能一体化，要求射频链路具备支持任意信号波形的工作能力，具有超宽带、高功率、高效率、高灵敏度、大动态等特性，且需要适应复杂的电磁环境。

随着集成技术的进步，射频链路的形态由传统的平面组装结构向三维立体组装结构发展，不仅大大减少了装备的体积和重量，降低了成本，而且可以实现共形组装，适应新一代武器系统的要求。

2. 上行控制链路实现

为了能够同时实现探测、通信、电子战等各种功能，应对各种突发情况，一个开放式的相控阵天线系统需要具备一个灵活、高效、标准化的控制链路。控制链路主要为各模块化的开放式子系统提供标准化的访问控制网络，并同时采取相关安全措施进行系统保护，具有高可靠、低延迟、高传输带宽的特点。

1）上行控制链路架构组成

控制链路互联对象主要包括射频收发层、数字处理层和电源管理层。

控制链路可分为集中式控制架构和分布式控制架构。传统相控阵通常采用集中式控制架构,集中式控制架构使用集中放置的处理器完成各节点所有相关控制参数的计算与时序调度,再通过传输网络输出至各节点,主要适用于天线阵列单元数较少、调度时间限制要求较充裕、天线阵列尺寸小、集成度高的场景。集中式控制架构灵活性较差,不具备可扩展性,因此开放式相控阵系统通常采用分布式控制架构。分布式控制架构使用集中放置的处理器将公共参数通过传输网络输出至各分布式处理器,再根据各节点的要求同时进行相关控制参数的计算与时序调度,主要适用于天线阵面单元数较多,调度时间限制要求较高的场景。分布式控制架构能够灵活实现各节点的控制功能重构,根据作战任务需求实时传输对波束、频率、波形、极化等阵列资源进行重构的控制指令,同时还能够支持多节点动态扩展。

典型的分布式控制系统架构传输网络框图如图 2-22 所示。

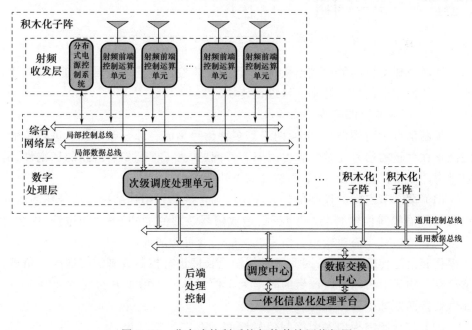

图 2-22 分布式控制系统架构传输网络框图

光纤传输具有传输带宽宽、传输距离远、抗干扰能力强、重量轻等优点,针对分布式控制节点间传输距离较远和通道数量较多的应用场景,可使用光纤传输技术进行控制链路设计。根据光在光纤中的传输模式,光纤可分为单模光纤、多模光纤,可根据具体传输距离和研制成本综合考虑进行选用。光纤传输根据组合形式可分为单路、8 合 1、12 合 1 等多种结构,根据物理接口也可分为 FC、LC、ST、MPO 等。根据各互联节点开放式设计要求,通常使用波分复用设备对光信号进行合波和解波处理,提升单光纤内的传输信道容量,从而增强海量宽带数据传输能力,同时通过高效快速的信息交互实现对各分布式节点灵活可重构的控制。

典型的基于光纤传输的分布式控制系统架构如图 2-23 所示。

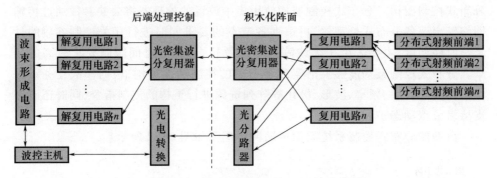

图 2-23　基于光纤传输的分布式控制系统架构

针对集成度较高的片式模块,由于没有结构空间放置光电器件和光纤光缆,通常只能使用电信号对控制信号进行传输。

2) 上行控制链路实现要点

控制信号和射频信号、电源网络等多种信号集成在综合印制板上进行传输,因此存在严重的信号完整性和电磁兼容性问题,为了保证控制链路的稳定性,需要进行印制板传输线设计,主要包含以下几个方面。

(1) 多个节点间的控制信号线应采用菊花链总线拓扑结构。信号在源端和负载端传输线间传输时会产生反射,造成信号波形的上冲、下冲和振铃,连接每个接收端的短桩线需要较短。信号波形的畸变可能造成源端和负载端有源器件的损伤和信号传输的误码,因此需对传输线长度进行控制或施加终端匹配负载,信号在传输线上传输时所产生的时延大于信号脉冲边沿上升时间的 20% 时,应通过端接匹配减少信号反射。

(2) 综合印制板内多个控制信号线间会存在串扰现象,串扰是没有电气连接的信号线之间的感应电压和感应电流产生的电磁耦合现象。当信号在传输线上传播时,相邻信号线之间由于电磁场的相互耦合会产生不期望的噪声电压信号,即能量由一条线耦合到另一条线上。信号线串扰主要包括同层串扰和层间串扰,同层串扰应关注线、孔间距设计,层间串扰应关注叠层设计和跨分割线布线。

(3) 对于矩形方波控制信号,其频谱包含丰富的低次和高次谐波,边沿斜率越缓,高次谐波越早进入幅度衰减区,在电路设计中,应根据信号实际使用频率,应减小信号线边沿斜率,降低高次谐波幅度,降低电磁干扰水平。

各开放式节点的控制信号底层接口协议均采用标准化的万兆以太网协议,需要传输的数据类型主要包含时间同步数据以及控制指令数据。

开放式系统的分布式节点数字化信号需要进行同步处理,因此对各节点的时间同步精度提出了较高的要求。考虑开放式系统需要采用标准化接口协议来支持多节点扩展,通常使用标准化的 IEEE 1588 协议进行时间同步数据传输。IEEE 1588 是一种网络测量与控制系统精密时钟同步协议标准,它定义了一种精确时间协议(Precise Time Protocol,PTP),可基于以太网实现高精度时钟同步,占用资源较少,安全性、可靠性及经济性较高,能提供高达几百纳秒甚至几十纳秒的时钟同步精度。在 PTP 中,时钟同步过程由主节点周期性地发起,在同步消息包的往返传输过程中,主从节点分别对到达和离开各自端口的时间进行记录,并在消息包里加上"时间戳",进而从时钟能够根据"时间戳"计算从时钟相对于主时钟的时钟偏差以及两节点之间的网络传输延迟,最终实现各节点间的时钟同步。在消息包使用以太网进行传输时,会因为网络的拥塞导致操作系统占用 CPU 的全部软硬件资源进行网络中断响应,并且中断的反应延迟是不固定的,因此消息包传输时间存在较大抖动。系统的调度和内存管理、UDP 和 IP 等协议的封装、网卡控制器里 FIFO 的排队等,任何一次中断或任务调度都会打断协议栈的封装或解析过程。这些操作都将引入不可忽略的延迟波动,达到几微秒甚至几十毫秒。另外,在传输过程中,消息包经过中转站时,由于消息的堵塞会导致消息包经过中转站时产生不确定的处理时间。这些不确定性因素将导致消息包由主节点到从节点的传输延时与由从节点到主节点的延时不相等。根据这些实际工程应用所存在的问题,若要降低不确定网络传输延迟对同步精度的影响,需要尽可能地减少软件对时间戳的处理流程,时间戳的解析越靠近底层硬件,软件处理流程越少,对同步消息包的发送时间和接收时间的测量越准确。

开放式节点所使用的控制指令数据传输协议为 VITA-49 协议,能够实现各开放式节点构成一个可互操作的多功能联合处理架构。VITA-49 协议是针对软件无线电系统设备之间或模块之间实现互操作性的信息交互规范,把无线信号以及工作背景数据进行规范化包装,以标准格式通过底层的数字链路或网络传输。在工作背景信号的标准格式传输方面,VITA-49 对目前常见的无线电组件,如天线、滤波器、放大/衰减器、模拟变频器、频率合成器、调制/解调器等,提供了有关数字化无线设备/功能模块等的工作背景信号的标准传输方式。常见的工作背景信息包括频率、带宽、模数转换(Analog-to-Digital Conversion,ADC)采样速率、增益/衰减设置、时间戳、GPS 定位信息等,能够涵盖开放式相控阵列。运用 VITA-49 标准规范使得各分布式节点功能模块的接口更加清晰,为解决实体模块与软件模块之间的互操作问题构建一个桥梁,将阵列资源采用软件无线电方式进行标准化定义,能够允许阵列资源进行重构以实现探测、干扰、侦收、通信等多种功能。VITA-49 协议中建立了包流和信息流的概念,包流是指根据传输协议用来传输相同信息包的序列,包流传递的信息可以是中频数据、背景信息、扩展数据或扩展信息,信息流是协议包流的综合与集合。所有包流构成的信息流共同传递与信号相关的数据和背景参数信息。为了确定背景信息包所使用的位置,协议同时又引入了参考点的概念。参考点是指背景信息在系统中的具体应用位置。根据不同参考点的编码信息可以实现指定点控制重构。

3) 上行控制链路发展趋势

开放式架构把系统的信道、处理和控制分解为互相联系的一系列子系统,每个子系统可独立完成系统各个特殊功能,各子系统间控制链路按照接口规范和协议规范进行互联设计,信息采用分层传输,重复利用标准传输网络,避免大量电缆线。

随着硅光技术的快速发展,光电转换模块逐步集成到芯片内部,控制链路已逐步向全光网络发展,各类高集成度光开关、波分复用设备的使用进一步提升了控制链路的灵活性,支持各类孔径重构。

3. 下行数字链路实现

数字阵列雷达是近年来随着数字技术发展出现的一种新体制相控阵雷达,在系统动态范围、超低副瓣、弱小目标检测能力、抗干扰能力、测角精度等方面存在优势,数字阵列雷达发射信号时,依靠直接数字频率合成(Direct Digital Synthesizer,DDS)或数模转换产生激励信号,经过上变频链路、功放到天线单元;接收信号时,回波信号通过天线单元、下变频链路形成中频信号,通过模数转换采样、数字下变频和数字滤波,在数字域形成所需接收波束。阵面无论是采用子阵数字化还是单元数字化,其规模都十分庞大,通道数量能达到几百、几千甚至上万。

开放式相控阵涵盖了宽带数字阵功能,向下兼容窄带数字阵、窄带模拟阵的功能,其下行数字链路与传统相控阵下行数字链路的区别主要有以下几点:①开放式相控阵下行数字链路包含接收/侦收功能一体化;②开放式相控阵下行数字链路包含宽带去斜成像/宽带跟踪/窄带跟踪等多种工作模式一体化;③开放式相控阵根据战场实际情况,下行数字链路支持组件 FPGA 程序实时功能扩展、远程刷新加载,具备软件可编程性。

1) 下行数字链路架构组成

开放式相控阵支持到组件级的宽窄工作模式复用、数字波速合成和软件可编程远程刷新加载。

开放式相控阵雷达下行接收链路的回波信号经天线辐射层(含天线单元)进入射频收发层,完成放大、变频、滤波,实现对外界干扰、杂波以及机内的噪声抑制,形成需要的高中频信号,再把该高中频信号经综合网络层送入数字处理层;在数字处理层经模拟数字转换器(ADC)采样,转换成数字信号,再经过现场可编程门阵列内的数字下变频宽带多相滤波算法和窄带低通滤波算法,形成同相和正交(In-Phase and Quadrature,IQ)分量数据流,可根据工作模式的需求完成延时补偿和幅相补偿功能,最终形成处理后的正交数据流,通过数据的封装和高速传输,送给后端处理的数字波束合成。雷控可以通过光纤数据传输实施到组件的光定时同步,光控制及其他组件参数/系数设置,主控可以通过网络传输实施到数字处理层的 FPGA 远程程序刷新加载及其他组件参数/系数设置。

开放式相控阵雷达下行侦收链路的回波信号经天线辐射层进入射频收发层,先进入射频链路,完成放大、变频、宽带滤波,实现对外界干扰、杂波以及机内的噪声抑制,形成需要的高中频信号,再把该高中频信号经综合网络层送入数字处理层;经模拟数字转换器采样,转换成数字信号,再经过现场可编程门阵列内的数字下变频宽带多相滤波算法,形成正交数据流,可根据工作模式的需求完成幅相补偿功能,最终形成处理后的正交数据流,通过数据的封装和高速传输,送给后端的信号处理/反干扰。雷控可以通过光纤数据传输实施到组件的光定时同步,光控制及其他组件参数/系数设置,主控可以通过网络传输实施到数字处理层的 FPGA 远程程序刷新加载及其他参数/系数设置。

2)下行数字链路实现要点

(1)宽带直采信号处理技术。开放式相控阵数字处理层的数字板采用高速 ADC 器件对高中频回波进行直采,根据雷达工作模式使用宽带 ADC 器件完成宽带数字去斜成像/宽带跟踪/窄带跟踪功能。图 2-24 所示为下行接收数字链路宽带直采技术框图,既可以做宽带数字去斜成像,又可以做宽带跟踪/窄带跟踪

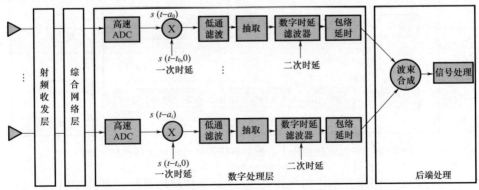

图 2-24 开放式相控阵下行接收数字链路宽带直采技术框图

使用,经过波速合成,送信号处理。侦收方式时,数字处理层的数字板采用高速ADC器件对高中频回波进行直采,根据雷达工作模式需求完成宽带侦收/宽带跟踪功能。图2-25所示为下行侦收数字链路宽带直采技术框图,可以完成宽带侦收功能送信号处理/反干扰。

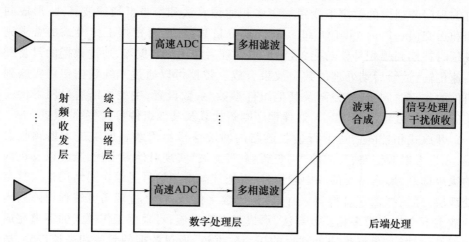

图2-25 开放式相控阵下行侦收数字链路宽带直采技术框图

(2)下行链路时延精确补偿技术。开放式相控阵雷达下行链路采用整数延时和分数阶延时相结合的方法替代传统相控阵延时线方法进行下行孔径渡越补偿,在数字域上可实现宽带数字波束形成。分数时延通过FIR数字滤波器实现分数阶时延滤波,如图2-26所示。

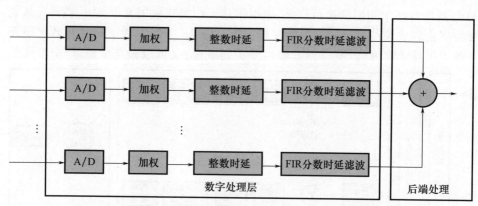

图2-26 开放式相控阵下行数字链路组件时延精确补偿技术框图

(3)光定时同步技术。由雷控产生ps量级抖动的高稳定性光定时,通过对同一光定时鉴相的方法进行下行数字链路同步,如图2-27所示。

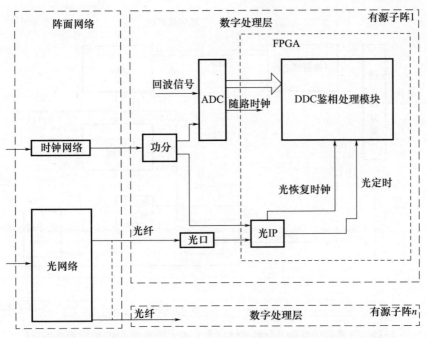

图 2-27 开放式相控阵下行数字链路多组件光定时同步技术框图

(4) 宽带 ADC 芯片同步技术。通过有源子阵的数字处理层中的宽带 ADC 芯片 JESD 204B 接口 SYSREF 硬同步或者校准方法实现多组件宽带 ADC 芯片采样时刻同步相参性。图 2-28 所示为传输基础时钟用时钟管理芯片进行多子阵宽带 ADC 芯片同步的方法,图 2-29 所示为依靠雷控光定时同步,产生各校准信号对 ADC 采样时刻校准进行多子阵宽带 ADC 芯片同步的方法。

(5) 下行链路幅相补偿技术。在开放式相控阵下行接收链路对回波信号进行幅度相位补偿,结合发射链路的通带幅度相位补偿,实现收发全线性补偿,可以完成接收的宽带去斜成像、宽带跟踪和窄带跟踪功能,如图 2-30 所示。

(6) 数字处理层 FPGA 程序远程加载。根据战场实际情况,开放式相控阵各有源子阵数字处理层支持来自雷控光纤或者主控网络的 FPGA 程序实时功能扩展、远程刷新、远程加载功能,使开放式相控阵下行数字链路具备软件可编程性,使用更加灵活,如图 2-31 所示。

3) 下行数字链路发展趋势

相控阵下行数字链路发展趋势主要包括:核心器件国产化、核心器件高采样率、大宽带和大资源化,核心器件 ASIC 方向整合。

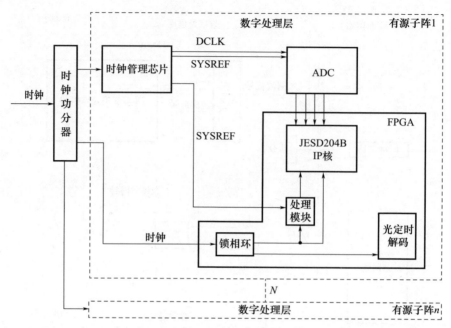

图 2-28　开放式相控阵下行数字链路多有源子阵宽带 ADC 硬同步技术框图

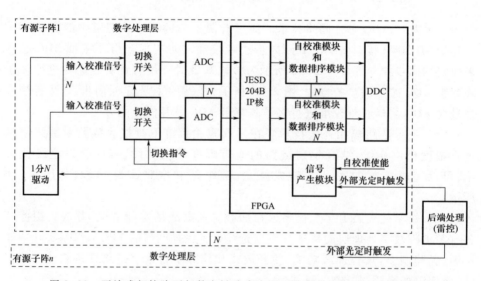

图 2-29　开放式相控阵下行数字链路多有源子阵宽带 ADC 校准技术框图

（1）核心器件国产化。表 2-1 所示为相控阵下行数字链路核心器件 ADC 和 FPGA 国产化趋势，核心器件从进口转为国产、从窄带转为宽带。

第 2 章 开放式相控阵天线

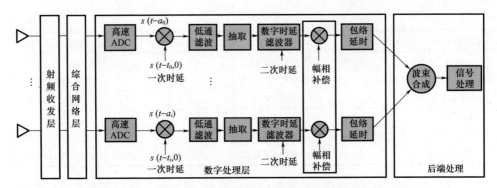

图 2-30 开放式相控阵下行接收数字链路幅相补偿技术框图

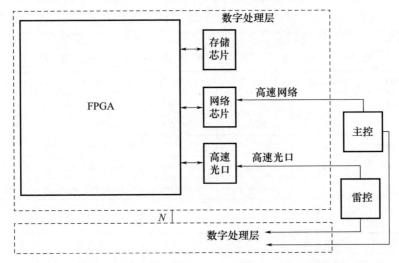

图 2-31 开放式相控阵有源子阵数字处理层 FPGA 远程加载技术框图

表 2-1 相控阵下行数字链路组件核心器件国产化

相控阵类型	ADC 进口	ADC 国产	FPGA 进口	FPGA 国产
模拟阵	ADI 公司 LTC2208（窄带）	中电科二十四所 GAD2208（窄带）	ALTERA 公司 EP4SGX230	复旦微电子 JFM7K325T、国微电子 SMQ7K325T
窄带数字阵	ADI 公司 LTC2208（窄带）	中电科二十四所 GAD2208（窄带）	ALTERA 公司 EP4SGX230	复旦微电子 JFM7K325T、国微电子 SMQ7K325T
宽带数字阵	ADI 公司 AD9680（宽带）	振芯科技 GM4680、中电科二十四所 GAD14D1GPE	Xilinx 公司 XC7VX690T	复旦微电子 JFM7VX690T、国微电子 SMQ7VX690T

69

续表

相控阵类型	ADC 进口	ADC 国产	FPGA 进口	FPGA 国产
开放式相控阵（接收）	—	振芯科技 GM4680、中电科二十四所 GAD14D1GPE 起步	—	复旦微电子 JFM7VX690T、国微电子 SMQ7VX690T
开放式相控阵（侦收）	E2V 公司 EV12AQ600	振芯科技 GM4680、中电科二十四所 GAD14D1GPE 起步	—	复旦微电子 JFM7VX690T、国微电子 SMQ7VX690T

（2）核心器件高采样率、大带宽和大资源化。表 2-2 所示为相控阵下行链路 ADC 器件高采样率、大带宽趋势；表 2-3 所示为相控阵下行链路 FPGA 器件大资源化趋势。开放式相控阵下行数字链路核心器件高采样率、大带宽和大资源化满足多功能使用的需求。

表 2-2 相控阵下行链路 ADC 器件高采样率、大带宽趋势

ADC 型号	转换位数	采样率	采样带宽	SFDR	接口
AD9268	16	125MS/s	<62.5MHz	88dBc@70MHz	LVDS
AD9680	14	1GS/s	<500MHz	80dBFS@1GHz	JESD204B
EV12AQ600	12	6.4GS/s	<3.2GHz	63.6dBFS@2.38GHz	LVDS
GR2200	16	125MS/s	<62.5MHz	88dBc@70MHz	LVDS
GR2301	14	1GS/s	<500MHz	80dBFS@1GHz	JESD204B

表 2-3 相控阵下行链路 FPGA 器件大资源化趋势

FPGA 型号	逻辑单元数	DSP 资源	光口资源	光速率	RAM 资源
EP4SGX230	531200	1288	48	8.5Gb/s	27376Kb
XC7VX690T	693120	3600	80	10.3125Gb/s	52920Kb
JFM7K325T	326080	840	16	10.3125Gb/s	16020Kb
JFM7VX690T	693120	3600	80	10.3125Gb/s	52920Kb

（3）核心器件 ASIC 方向整合。在核心器件 ADC 和 FPGA 国产化、高采样率、大带宽和大资源化实现多功能的背景下，有源子阵数字处理层的 ASIC 微封装整合以及 ADC 和 FPGA 的整合也正在研发试验之中。未来开放式相控阵下行数字链路的前进方向必然是高度数字化、大带宽、高采样率、大动态范围、多通道集成、大通道隔离度和更简单的硬件形式，在性能、可靠性提升的同时降低通道成本。

4. 供电链路实现

由于传统的相控阵天线工作脉宽为微秒量级，在阵面配置合适的储能电容

即可满足供电需求,因此雷达供电链路与天线阵面耦合较弱,电源分系统的设计相对独立,通过供电电缆向天线阵面提供低压稳压电能,电源变换器的形态不受天线阵面的约束。开放式相控阵雷达天线脉冲宽度达到毫秒量级,供电链路与天线阵面耦合更强,不仅要求阵面电源提供近似峰值电流,而且要求提高供电品质,同时具备可扩展性,并且可以与子阵共同实现积木化设计。可扩展与积木化电源模块组成的供电链路是开放式相控阵雷达供电系统的重要特征,阵面电源的设计与天线阵面负载特性紧密相关,天线阵面工作模式对供电链路的稳定性有重要影响[6]。随着雷达阵面形态与高频化高密度电源技术的发展,分布式和混合式供电系统架构在开放式相控阵雷达中得到广泛应用。

供电链路为雷达电磁能量的唯一来源,其稳定性、安全性和供电品质对于保障雷达可靠工作至关重要[7]。随着相控阵雷达技术的发展和阵面规模的增大,天线阵面对供电品质要求越来越高,特别是天线阵面的复杂工作模式及其负载特性,对供电链路设计提出了更高要求,要满足大脉宽、高峰值电流、高动态和低电压顶降等约束。因此,如何为相控阵雷达天线阵面提供高可靠、可扩展、模块化、高效率的供电链路成为雷达具备高性能指标的关键。供电链路的主要任务有两点,第一,满足雷达天线阵面供电品质要求,为天线阵面提供合适的系统架构及稳定、安全、可靠的电能;第二,供电链路作为连接供电平台与雷达装备的电能源桥梁,必须确保供电平台与雷达装备的全链路稳定工作。下面对供电链路组成和架构进行分析,并从系统角度分析供电链路的设计要点。

1) 供电链路组成及架构

雷达供电链路是由外部供电(电站、平台电源或市电)、配电、电源变换器(包括整流电源、阵面电源、通用电源)、传输电缆、电源监控、储能电容和负载等设备构成的微电网系统,又称为雷达电源系统,其功能是将外部供电转化为雷达各设备所需的电压类型,并为各负载提供安全、可靠、稳定的电能。

供电包括市电、柴油发电机组(电站)或其他平台直流电,为了提高可靠性,柴油发电机组一般为多台柴油发电机组并联,具有良好的功率可扩展性,便于电站适配不同功率量级的开放式相控阵雷达,同时电站可在线调整机组工作状态,适配雷达不同工况。配电包括总配电、阵面配电柜、阵面配电转接板和其他设备配电箱。按照负载类别,阵面电源可分为发射电源和接收电源:发射电源一般输出 8~48V 的直流电,为发射通道供电;接收电源一般输出 5~32V 直流电,为接收通道供电。

如图 2-32 所示,开放式相控阵雷达供电链路采用模块化设计方法,阵面电源数量与子阵数量密切相关,电源系统中的各组成部分包括负载和传输电缆均影响电源系统供电品质,特别是在脉冲负载条件下,电源变换器的非线性特性使得供电链路稳定性分析十分困难,为了保证雷达供电链路的系统稳定性,满足系统性能指标要求,需要对电源系统架构、各种工况下的系统稳定性和供电性能进行分析与优化,形成满足指标要求的电源系统。

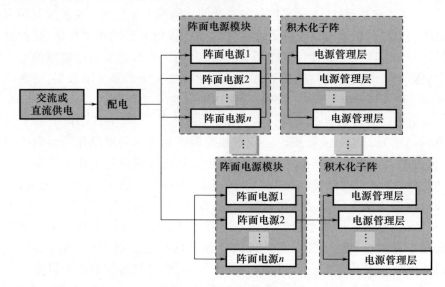

图 2-32 分布式架构

图 2-33 展示了中压直流母线分布式架构,其适用于开放式相控阵雷达供电,外部供电经过多组整流电源(或一次电源)分别为阵面电源供电,并且阵面电源分别为独立负载供电。外部交流或直流供电通过两级电源变换器为负载供电,中压直流母线电压在 500~1500V 范围,其中整流电源具有整流和功率波动抑制的功能。该架构可靠性高、供电功率大、供电品质好、扩展性好、传输电缆数量低。适用于阵面模块化,电能传输距离远的开放式相控阵雷达。

近年来,直流供电系统逐渐在各平台中推广应用,如舰载平台采用 1kV 直流母线,机载平台采用直流发电机,随着电力电子技术和雷达阵面形态的发展,电源系统架构形式也不断更新。

系统架构设计首先根据雷达总功率大小、用电设备组成及其分布特点,确定合适的电源系统架构,主要设计内容如下:

(1) 根据外部平台供电类型,确定电源变换器类别,如果是交流供电,需要考虑整流电源的布置。

(2) 根据外部供电平台与雷达设备之间的距离,评估母线电压等级和传输电缆的数量。

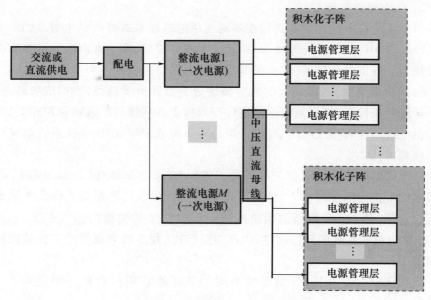

图 2-33　中压直流母线分布式架构

（3）根据外部供电平台与雷达系统界面的指标约束,包括电压变化范围、电流谐波、功率波动指标和系统保护参数等,确定雷达系统供电输入指标。

（4）统计负载种类,计算系统总功率。根据系统架构和负载种类确定配电子系统的指标,包括配电路数、额定电压、额定功率、输出电压范围、传输电缆规格和电压降等指标。

（5）分析阵面工作模式及其负载特性,特别要关注发射通道的最长工作脉宽和占空比。

（6）确定阵面发射、接收和其他设备对供电的性能指标要求,主要包括额定电压、额定功率和纹波等。

（7）计算电源系统电源数量、电源单机功率、系统输出总功率和效率。

（8）根据雷达工作模式和系统功率波动指标要求,分析是否需要进行功率波动抑制设计,并确定抑制方案和储能电容的容量。

（9）根据可靠性指标要求,进行阵面发射电源和接收电源的可靠性设计。

（10）评估供电链路设备量和成本。

通过综合考虑以上各个方面,确定可行的电源系统架构,并对上述过程进行迭代优化,通过综合比较,包括供电品质、设备量(体积、重量)、成本、技术成熟度、系统可靠性和自主可控等方面,可以采用层次分析法或其他方法对不同架构进行定量比较,确定优化的系统架构。

2)供电链路实现要点

(1)系统稳定性。开放式相控阵雷达供电链路具有多级供电母线,如380V交流母线、750V中压直流母线、32V低压直流母线等,多个阵面电源可并联在供电母线上实现供电可扩展,在各级母线上的源和负载构成一个多模块互联系统。如果按照功率流向,将母线上的所有模块分为源和负载两类,则构成级联系统,在可扩展的条件下,级联系统的稳定性与母线上并联模块的数量密切相关,为了保证供电链路各级母线电压稳定,必须进行系统稳定性设计,保证系统具有良好的级联稳定性。

针对供电链路的级联稳定性问题,1976年,米德布鲁克(Middlebrook)提出了著名的阻抗比匹配准则[8],即阻抗比判据能够在小信号意义下保证电源系统具有稳定性。Z_S、Z_L分别是源模块的输出阻抗和负载模块的输入阻抗,阻抗比Z_S/Z_L称为级联系统的环路增益,也称为阻抗比,判定级联系统稳定性的阻抗比判据如下:

级联稳定性经典判据:当级联系统的环路增益幅值在所有频段均小于1时,即

$$\left\| \frac{Z_1(s)}{Z_2(s)} \right\| < 1, \ s \in (0, \infty) \tag{2-2}$$

则该级联系统在该工作点附近是稳定的。

经典的阻抗比判据要求阻抗比在全频率范围内都要满足,因此该判据是级联系统稳定性判定的充分条件,并具有较强的保守性。在工程中很多情况下并不满足上述判据,但仍然是稳定的,后来有学者提出保守性较弱的级联稳定性判据[9],但均是充分条件。下面给出级联稳定性判定的充要条件:

级联稳定性一般判据:当源与负载各自独立工作时是稳定的条件下,级联系统稳定的充要条件是,下面特征方程的根全部位于左半复平面。

$$F(s) = Z_S(s) + Z_L(s) = 0 \tag{2-3}$$

根据幅角原理判断特征方程根的分布,上述源与负载在各自独立工作时是稳定的,即阻抗函数中没有位于右半平面内的极点。因此,当s从$-j\omega$到$-j\omega$顺时针旋转一周时,函数$F(s)$的奈奎斯特(Nyquist)曲线在复平面内顺时针包围原点的次数为0,则级联系统是稳定的。

上述判据都是在工作点进行线性化推导的结论,能够在负载变化不大的系统中保证级联系统的稳定性,对于负载变化较大的雷达阵面,还必须采用非线性系统理论进行分析,由于系统比较复杂,在工程上一般采用系统建模与仿真的方法进行脉冲负载下的系统稳定性设计与分析。

(2)脉冲负载供电。阵面发射通道为典型的脉冲负载,供电链路设计不仅

要满足平均功率需求,而且要满足电压顶降的要求。阵面工作模式存在最大占空比 D_m ,在理想情况下,脉冲负载在一个周期内的最大平均功率 $P_{pls,avg}$ 为

$$P_{pls,avg} = D_m u_N I_{pk} \tag{2-4}$$

式中:u_N 为电源(或发射通道)的额定电压;I_{pk} 为发射通道的峰值电流。为脉冲负载供电的电源额定功率 $P_{DC,N}$ 必须满足

$$P_{DC,N} \geq P_{pls,avg} \tag{2-5}$$

因此,DC/DC 电源的最大输出电流(限流点)$I_{DC,m}$ 需满足

$$I_{DC,m} = (\alpha + 1) D_m I_{pk}, \quad \alpha \geq 0 \tag{2-6}$$

式中:α 为 DC/DC 相对于最大占空比 D_m 的电流裕度。

如果 DC/DC 的最大输出电流小于峰值电流,则这种供电方式称为平均功率供电模式;如果 DC/DC 的最大输出电流大于等于脉冲负载的峰值电流,则称为峰值电流供电模式。这两种不同的供电模式需要配置的储能电容不同。储能电容的计算首先需要明确脉冲负载的电压顶降约束:

$$\Delta u = u_N - u_{C,min} \leq \Delta u_{max} \tag{2-7}$$

式中:$u_{C,min}$ 为脉冲负载侧储能电容的最小电压;Δu_{max} 为电压顶降容许值。电压顶降最大值对应最大脉宽工作模式,假设最大脉宽为 $t_{wd,m}$,DC/DC 电源输出电流从 10% 上升到 90% 限流点的最短时间为 t_1 ,为了满足电压顶降约束,发射通道需要配置的储能电容需满足

$$C \geq \frac{1}{\Delta u_{max}} [t_{wd,m} I_{pk} + (0.5 t_1 - t_{wd,m}) I_{DC,m}] \tag{2-8}$$

式(2-8)没有考虑储能电容等效串联电阻(Equivalent Series Resistance,ESR)的影响,需要根据计算结果计算 ESR 引起的电压降,并复核电压顶降约束条件,同时储能电容的容量还要考虑电容误差和温度的影响。

(3)供电电压可调度。雷达阵面电源包括发射电源和接收电源,分别为阵面发射和接收通道供电,为了适应阵面可扩展性和积木化的设计理念,满足阵面多功能化供电需求,要求阵面供电链路根据雷达功能在线调整供电电压,同时要求电源系统具有阵面电源状态评估和健康管理等功能。传统的阵面电源采用模拟控制,难以实现在线调整电压的功能,随着数字控制技术的发展,开放式相控阵雷达的阵面电源实现了全数字控制,同时具有实时通信功能,实现在线调整输出电压的要求。阵面电源变换器主要组成包括 EMI 滤波器、功率变换、整流、控制单元、监控模块和保护电路等,组成如图 2-34 所示。

图 2-34 中功率电路一般采用全桥、半桥、LLC 或 BUCK 拓扑[8],第三代半导体器件的发展促进阵面电源开关频率的提升,有利于高频变压器进一步小型化,促进阵面电源的小型化趋势,更有利于积木化阵面供电链路的设计。控制单元

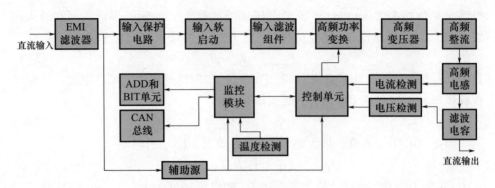

图 2-34 阵面电源组成框图

采用数字控制集成电路,如 DSP、FPGA 或 ARM 等,电源监控模块通过 CAN 总线实现电源与雷达控制系统的通信。根据雷达功能,监控模块根据接收的输出电压指令在线调整阵面电源的输出电压,满足雷达多功能需求。

(4) 功率波动抑制设计。相控阵雷达的主要负荷是成千上万的天线阵面发射单元,其负荷特性是典型的脉冲负载,峰值功率是平均功率的几倍或数十倍,对于雷达额定功率与供电平台容量相当的条件下,脉冲负载均可能引起系统失稳。开放式相控阵雷达具有多功能,其工作模式更加复杂多变,大脉宽、长周期等复杂工作模式更加普遍,脉冲负载造成供电侧功率波动幅度更加剧烈。雷达阵面发射负载为脉冲负载,其特点是按照一定的周期和占空比工作,如最长工作周期为 10ms,对应的占空比为 30%,如果阵面电源响应时间为 1ms,当脉宽大于 1ms 时,脉冲功率会传导至阵面电源输入侧,导致雷达系统输入功率呈现波动状态,可能对供电平台稳定性造成影响[7],甚至影响系统功能,因此许多产品对雷达电源系统提出功率波动指标要求。

为了抑制雷达系统输入功率的波动,需进行功率波动抑制设计,抑制方案有并联式和串联式,其中并联式方案是在阵面电源输入母线上并联双向变换器,通过检测阵面电源输入功率,确定双向变换器的工作状态,将输入功率 P 分解为平均功率 P_{avg} 和脉动功率 P_{pls},在脉冲负载工作期间,双向变换器根据工况计算其输出功率,满足

$$P_{pls} = P - P_{avg} \tag{2-9}$$

双向变换器根据式(2-9)计算输出功率,当计算值为负时,双向变换器从母线上吸收功率,实现供电平台只提供平均功率的目的。该方案在雷达工作模式变化不大的工况下比较有效,能够保证供电平台输出功率接近于定值,但是对于火控、目标搜索等阵面工作模式变化迅速的雷达,该方案难以有效抑制功率波动。另外,该方案需要设计较大功率的双向变换器,不适用于兆瓦级雷达。

串联式方案是在阵面供电链路中选择一级模块增加功率波动抑制功能。在前文的中压直流母线混合式架构中,通过整流电源设计,使其具有功率波动抑制功能,其原理框图如图2-35所示。

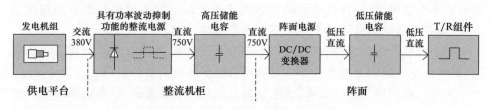

图 2-35　串联式功率波动抑制原理框图

图2-35中整流电源机柜将380V交流电转换为750V直流电,在750V母线上配置了合适的高压储能电容。具体的功率波动抑制策略是在原来整流电源电压、电流双闭环的基础上,设计功率波动抑制控制器,通过实时检测整流电源的母线电压和输出电流,计算输入电流参考信号,电流环跟踪电流参考信号。由于电流参考信号是平稳的,整流电源的输入功率也是平稳的,实现了功率波动抑制的目标。因此,整流电源既具有整流功能,而且还具有功率波动抑制功能,实现了在脉冲负载条件下整流电源输出功率基本稳定,从而保证整流电源的输入功率平稳。

3)发展趋势

随着开放式相控阵雷达阵面向多功能、高集成度、分布式方向发展,阵面功率需求更大,工作脉宽更长,达到毫秒量级或连续波,因此天线阵面供电链路向以下方向发展:

(1)为了适应阵面分布化、模块化、高可靠和可扩展要求,供电链路系统架构向中压直流混合式架构发展,供电母线电压进一步提升,需关注系统稳定性与安全性问题。

(2)随着雷达向多功能方向发展,天线阵面工作模式更加复杂,脉冲负载引起的功率波动问题更为显著,供电链路必须采取功率波动抑制措施,满足平台与雷达系统供电接口的要求。

(3)为了满足阵面高集成度要求,阵面电源向高效率、高密度、高频化和芯片化方向发展,进一步减小电源体积重量。

(4)随着功率半导体技术与数字控制器件的发展,同时为了适应雷达对阵面供电电压在线调整的需求,阵面电源必须采用数字控制技术,提高阵面电源的多模态工作能力。

(5)为了提升大规模天线阵面的供电品质,阵面电源向子阵与电源一体化方向发展,需要研究电源与子阵的一体化设计技术,以关注电磁兼容和散热问题。

(6) 未来雷达对天线阵面健康管理的需求更加迫切,阵面电源作为天线阵面的功率变换单元,需要研究复杂工作模式下阵面电源的健康状态监测与评估方法,提高阵面供电链路的供电可靠性和安全性。

(7) 天线阵面集射频、供电、控制等信号于一体,系统电磁耦合现象更加普遍,其中供电链路的电磁兼容设计对阵面性能的影响需要开展研究。

随着雷达阵面形态的发展,供电链路系统架构不断更新,供电链路始终以阵面供电需求为指引,沿着高密度、高效率、高可靠、高电磁兼容性方向持续提升天线阵面供电品质。

2.4.2　测试与测评技术

开放式相控阵天线具有电路(输入阻抗、效率、带宽等)和辐射(方向图、增益、极化等)两方面的特性参数,对开放式相控阵天线测试与评估的目的就是用实验方法测定和检验天线的这些参数。开放式相控阵天线测试与评估技术主要有监测校准技术、分级测试技术和测算融合技术等。

监测校准技术可以细分为监测技术和校准技术,监测技术侧重于监测开放式天线系统工作状态是否正常,如加电指示、在线检测、幅相检测等;校准技术通过对射频通道的幅相测试校正,提高开放式相控阵天线系统的工作性能。分级测试技术是一项综合测试技术,包括模块传输特性测试、系统控制性能测试、系统方向图性能测试以及系统性能外推计算等,用于开放式相控阵天线系统过程测试与评估。测算融合技术适用于超大型相控阵天线,可完成开放式相控阵天线重构建模及性能评估[10]。

1. 监测校准技术

开放式相控阵天线阵面监测原理框图如图 2-36 所示,阵面内各设备按照测试性要求设置传感器,各子阵的监测数据进入高速交互总线,最终传递给后端软件处理模块。软件处理模块将当前设备的编号进行匹配,并结合历史数据,给出该设备某一参数变化方向,给出该设备是否故障及维护和保养建议。

相控阵天线的监测设计工作中,硬件模块的监测点包含绝大部分设备正常工作的敏感量,如温度(FPGA 温度、射频前端温度等)、AD 饱和、接收自激、发射链路的过脉宽、过占空比、误码率等信息。除了模块级监测点,开放式相控阵还具备系统监测项目,如相对幅相、链路损耗、噪声系数等。系统级监测项目通过监测网络或外辐射源进行,同时具备校准功能,如下文所重点论述的内监测校准、外监测校准方法[11]。

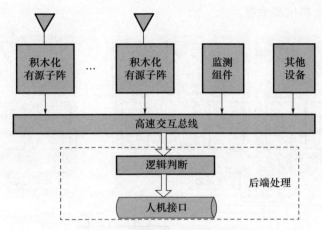

图 2-36 天线阵面监测原理框图

阵面各设备产生的下行数据可分为控制段、数据段,控制段包含设备所接收指令、设备编号、设备配置信息及其他本设备所产生的 BIT 信息。全阵面各设备均采用相同的物理传输方式。常用的物理传输为光传输,它可以实时传输大量的信息,并具有较好的可扩展性。开放式相控阵系统利用高速交互总线同步传输各设备的实时信息,经后端处理和汇总,在软件处理模块进行分析决策。

相控阵天线监测的软件处理主要包含逻辑判断和人机接口界面。软件层将接收各模块的 BIT 信息进行分类,并进行逻辑分析,结合该模块的历史监测数据,得出逻辑判断,给出该设备正常、性能下降、故障状态报告;在维护保养界面,通过历史数据分析,给出维护保养建议。紧急情况下,具备自动处理异常情况能力,如某有源子阵侦测到接收支路自激故障,按照设定,具备自动关闭其下传数据的能力。

1) 内监测校准

内监测是在天线单元和有源子阵之间插入定向耦合器,以获取和馈入测试信号的方法。

开放式相控阵典型内监测原理框图如图 2-37 所示。全阵面由多个子阵面组成,在子阵面内,各单元和有源子阵之间设计有定向耦合器,所有的监测信号经监测网络合成为 1 路,各子阵面之间由功率合成器相合成,总口和监测组件相连接。接收监测时监测组件产生监测信号,经监测网络分配至每一路分口,并经定向耦合器馈入有源子阵接收通道,经有源子阵对测试信号进行处理后,经协议层发送至监测处理软件。发射监测时,采用逐路通方式进行,被测通道逐一进行正常发射,监测组件将该信号处理并经协议层发送给监测处理软件。监测处理软件将收发幅相数据进行相应的逻辑分析和处理,得到全阵面相对幅度和相位信息,并产生幅相校准数据。

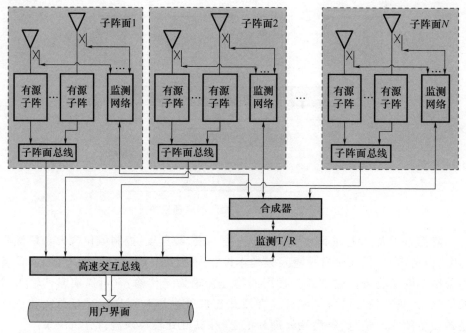

图 2-37　内监测原理框图

内监测校准常用"定标法",即天线阵面通过其他手段完成性能调整,此时得到阵面修正值($\Delta A0_{fi,mn}$, $\Delta \Phi 0_{fi,mn}$),利用内监测系统带修正值方式下对阵面各收发通道各频点进行测试得到($A\text{std}_{fi,mn}$, $\Phi \text{std}_{fi,mn}$),其中:下标 fi 表示工作频点;m 表示通道行号,n 表示通道列号。设备变化时再次测试,得到阵面的幅相分布($At_{fi,mn}$, $\Phi t_{fi,mn}$),变化值为

$$\Delta At_{fi,mn} = At_{fi,mn} - A\text{std}_{fi,mn} \tag{2-10}$$

$$\Delta \Phi t_{fi,mn} = \Phi t_{fi,mn} - \Phi \text{std}_{fi,mn} \tag{2-11}$$

($\Delta At_{fi,mn}$, $\Delta \Phi t_{fi,mn}$)即为通道误差变化值,当该通道值误差超过一定门限时,应进行修正,在原修正值基础上,得到新的修正值:

$$\Delta A_{fi,mn} = \Delta A0_{fi,mn} - \Delta At_{fi,mn} \tag{2-12}$$

$$\Delta \Phi_{fi,mn} = \Delta \Phi 0_{fi,mn} - \Delta \Phi t_{fi,mn} \tag{2-13}$$

工程上,内监测也有变化形式,如内监测耦合线法、环路校准法等。内监测耦合线法是将行或列部分定向耦合器串联起来,再通过列馈或行馈网络将信号相合成,这将缩减内监测网络规模,降低设备量,提高监测网络的稳定性。环路校准法在天线和接收机之间串联,如多端口开关,并将相邻监测口串联,通过左侧环路和右侧环路进行两次监测,得到各通道差值,该方法在超视距雷达中降低

了监测网络的复杂性。

2）外监测校准

外监测方法是在阵面外部放置测试天线,照射整个阵面,获得每个通道幅度和相位信息并进行校准的方法。

开放式相控阵外监测原理框图如图 2-38 所示。接收监测时监测组件产生监测信号,经空间辐射进入每个有源子阵接收通道,经有源子阵对测试信号进行处理后经协议层发送至终端软件,经分析处理得到全阵面相对幅度和相位信息。发射监测时,采用逐路通方式进行,被测通道逐一进行正常发射,监测组件将该信号处理并经协议层发送给终端软件[12]。

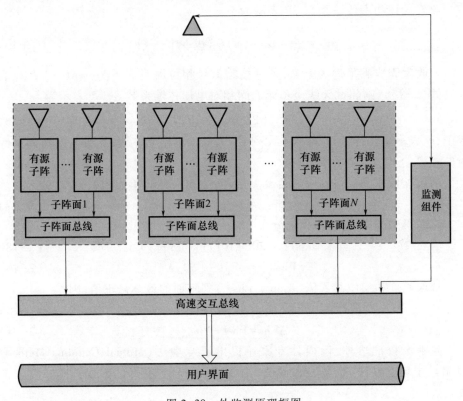

图 2-38　外监测原理框图

外监测校准时,测试天线和被测阵面应满足下列两个条件:

（1）测试天线和阵中任一单元距离满足远场条件。

（2）测试天线 3dB 波束宽度覆盖整个阵面,且在任一阵中单元 3dB 波束宽度之内。

中场法外监测通常要求测试天线和阵面垂直距离 R 在 $2\sim 5$ 倍口径之间。

以阵面平面建立坐标系,以方位面为 X 轴,俯仰面为 Y 轴,阵面中心为坐标原点,辐射方向为 Z 轴,测试天线应尽可能处于阵面法向。通过光学标校方式得到测试天线在阵面坐标系下的三维坐标,可计算测试天线至任一单元距离 R。

任一通道接收信号幅度可参照 Friis 公式计算:

$$P_r = P_t G_t(\theta,\phi) G_r(\theta,\phi) \left(\frac{\lambda}{4\pi R}\right)^2 \quad (2-14)$$

式中:P_t 为测试信号功率;$G_t(\theta,\phi)$ 为发射天线方向性增益;$G_r(\theta,\phi)$ 为接收天线方向性增益;λ 为工作波长;R 为收发天线间距离;(θ,ϕ) 为收发天线之间的指向角。

收发天线功率传输系数 SP 表示为

$$\text{SP} = \frac{P_r}{P_t} = G_t(\theta,\phi) G_r(\theta,\phi) \left(\frac{\lambda}{4\pi R}\right)^2 \quad (2-15)$$

当收发天线满足远场距离,考虑接收信号相位滞后因子为 $\exp(-jkR)$,合并到式(2-15),则测试天线至单元之间相对电压传输系数 S_{mn} 可表示为

$$S_{mn} = \sqrt{\text{SP}_{mn}} \exp(-jkR_{mn}) \quad (2-16)$$

式中:m 表示单元行号;n 表示单元列号;R_{mn} 表示第 m 行第 n 列单元和测试天线的距离;SP_{mn} 为功率传输系数。

通过外监测测试得到各通道复参量 St_{mn},则可计算单元初始分布 $S0_{mn}$:

$$S0_{mn} = St_{mn} - S_{mn} \quad (2-17)$$

进而得到幅度 Amp 和相位分布 Phs:

$$[\text{Amp0}] = 20\log10(\text{abs}([S0])) \quad (2-18)$$

$$[\text{Phs0}] = \text{angle}([S0]) \quad (2-19)$$

选取幅度和相位参考值(Amp_{ref},Phs_{ref})到阵面的最终修正值,则

$$\Delta\text{Amp} = \text{Amp0} - \text{Amp}_{ref} \quad (2-20)$$

$$\Delta\text{Phs} = \text{Phs0} - \text{Phs}_{ref} \quad (2-21)$$

除中场校准法外,国内外专家还提出了互耦法(Mutual Coupling Method,MCM)、中场三点法、远场校准法等,在某些工程应用中也取得了良好的校准效果。

3) 校准算法

阵面监测和校准方法根据相控阵天线架构、安装平台、项目预算等方面进行折中和取舍,以满足工程需要为最终目的。为提高相控阵校准精度,国内外学者进行了大量研究,比较有代表性的方法是"旋转矢量法"和"换相法"。1982年,日本学者 Seji Mano 等提出旋转矢量法(REV),通过测量合成信号幅度随单个天线单元相位变化曲线,计算每个单元通道的幅相值。"换相法"[13]是俄罗斯科学

家在 20 世纪 80 年代中后期相控阵测量方法,它的基本思想是在测试探头相对阵面固定的情况下,测量相控阵天线在不同配相状态下的各通道激励幅相,通过矩阵运算得到任意配相状态下各通道的激励幅相,从而进行故障定位和方向图计算。国内外学者[13]对这些方法进行了大量研究,并进行了部分改进,下文以旋转矢量法为例,简述其原理。

旋转矢量法原理如图 2-39 所示,初始状态下阵面合成矢量表示为 E_0 和 ϕ_0,相应的第 n 个单元表示为 E_n 和 ϕ_n,第 n 个单元的相位变化量为 Δ,则合成场复变量 $\dot{E}$ 表示为

$$\dot{E} = (E_0 e^{j\phi_0} - E_n e^{j\phi_n}) + E_n e^{j(\phi_n + \Delta)} \quad (2-22)$$

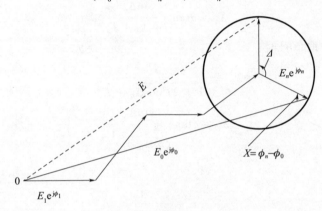

图 2-39 旋转矢量法原理

定义相对幅度和相对相位为

$$k = \frac{E_n}{E_0} \quad (2-23)$$

$$X = \phi_n - \phi_0 \quad (2-24)$$

计算 $\dot{E}$ 相对 E_0 的比值,即

$$Q = \frac{|\dot{E}|^2}{E_0^2} = (Y^2 + k^2) + 2kY\cos(\Delta + \Delta_0) \quad (2-25)$$

式中

$$Y^2 = (\cos X - k)^2 + \sin^2 X \quad (2-26)$$

$$\tan\Delta_0 = \frac{\sin X}{\cos X - k} \quad (2-27)$$

合成功率 Q 随单元相位变化做余弦变化,当相位取 $-\Delta_0$ 得到最大值,最大最小值的比为

$$\gamma^2 = \frac{(Y+k)^2}{(Y-k)^2} \tag{2-28}$$

可解得

$$\gamma = \pm \frac{Y+k}{Y-k} \tag{2-29}$$

相应地，第 n 单元相对幅度和相位解可得到两组：

(1) 当 γ 取正号时：

$$k_1 = \frac{\varGamma}{\sqrt{1+2\varGamma\cos\Delta_0+\varGamma^2}} \tag{2-30}$$

$$X_1 = a\tan\frac{\sin\Delta_0}{\cos\Delta_0+\varGamma} \tag{2-31}$$

(2) 当 γ 取负号时：

$$k_2 = \frac{\varGamma}{\sqrt{1+2\varGamma\cos\Delta_0+\varGamma^2}} \tag{2-32}$$

$$X_2 = a\tan\frac{\sin\Delta_0}{\cos\Delta_0+\dfrac{1}{\varGamma}} \tag{2-33}$$

其中

$$\varGamma = \frac{\gamma-1}{\gamma+1} \tag{2-34}$$

γ 符号取决于 Y 和 k 的幅度大小，如图 2-40 所示。

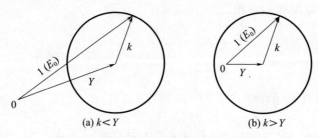

图 2-40 多值判定方法

当 $k < Y$ 时：

$$\gamma = \frac{Y+k}{Y-k} \tag{2-35}$$

当 $k > Y$ 时：

$$\gamma = \frac{k+Y}{k-Y} \tag{2-36}$$

旋转矢量法最初应用于阵面通道全开情况下，利用单个通道相位可变的特点，通过多个状态的幅相测试值，解算通道初始幅相。但当阵面单元数较多时，单个通道的相位变化在合成能量占比太小，将使测量精度严重下降。

2. 分级测试技术

1）分级测试流程

针对开放式相控阵天线系统智能化、积木化、一体化、分布式的技术特征，分级测试包括零件测试、模块测试、系统测试和方向图外推几个阶段，分级测试框图如图 2-41 所示。

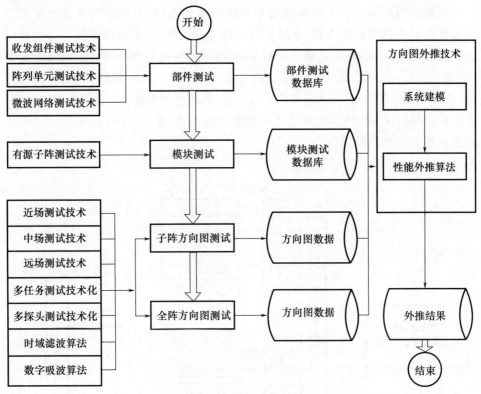

图 2-41 分级测试框图

零件测试包含电源预测试、波控预测试、接收/发射单通道内定标基态判故测试、近场判故测试等测试内容。通过测试，获取各个零件的基础数据，形成测试数据库，用于方向图外推。模块验收测试包含定标网络测试、发射激励功率测试、负载态收发隔离度测试、接收单通道全态全带宽测试、发射单通道全态全带宽测试、射频链路稳定性测试、电源功耗测试、波控功能测试等测试内容。方向图测试完成了天线系统预定工作状态的辐射性能，除了常规的近远场测试技术，还包含多任务、多探头等快速测试技术。方向图外推技术针对开放式相控阵天线可重构特点,利用分级测试数据获得重构后的天线性能,包括方向图建模及方向求解等技术,也称为测算融合技术。

2) 方向图测试技术

描述天线性能的参数有很多,如方向图、增益、带宽等。在工程上,天线测试有两个方面的内容:一是天线的外部特性,即天线的方向图测试;二是天线的内部特性,即包括馈电系统及口径幅相分布的测试。对于开放式相控阵,主要关注的是天线方向图的测试。常见的天线方向图测试就其原理不同可分为远场测试和近场测试两种方式。远场测试属于直接测试方法,在天线远场距离上采集空间辐射信号的幅度相位分布,直接获得天线方向图性能;近场测试属于间接测试方法,在天线近场距离上采集空间幅度相位分布,通过数字处理算法得到天线的方向图性能。两种测试方法的系统构成基本相同,一般由被测对象、测试计算机、扫描定位控制系统、测试信号产生与采集、测试控制等组成。以平面近场为例,模拟相控阵和数字相控阵的测试原理框图如图 2-42 和图 2-43 所示,图 2-44 为开放式相控阵测试原理框图。

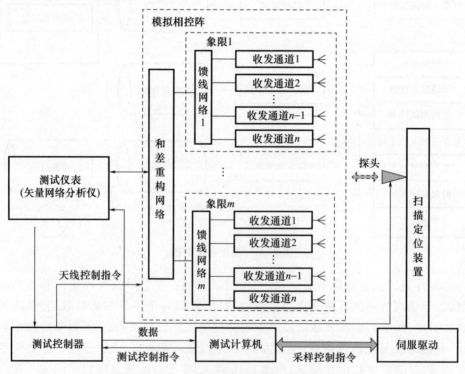

图 2-42 模拟相控阵测试原理框图

第 2 章 开放式相控阵天线

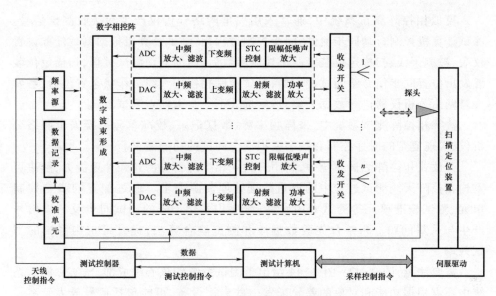

图 2-43 数字相控阵测试原理框图

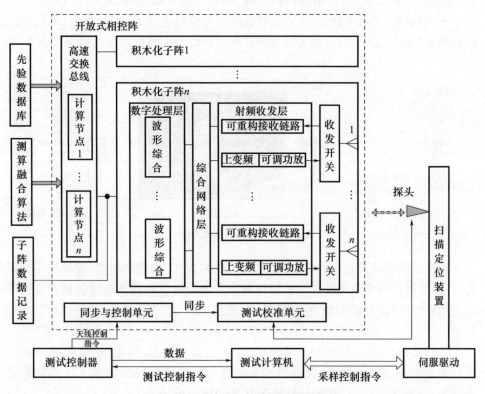

图 2-44 开放式相控阵测试原理框图

87

模拟相控阵测试系统中,通常采用矢量网络分析仪产生和接收测试信号。测试计算机控制自动同步测试,同步控制过程为:测试计算机根据测试任务设置仪表、被测天线、扫描定位装置测试控制参数后,启动自动测试过程,扫描定位装置发出位置同步信号给测试控制器,测试控制相控阵天线工作状态置位后,触发矢量网络分析仪器进行数据采集,然后进入下一个采样点测试。

数字相控阵测试系统中,采样频率源、数据记录、校准单元替换矢量网络分析仪,实现复杂的时序控制和数字模拟混合测试的功能需求。

开放式相控阵测试系统中,利用开放式相控阵自身的超强处理能力,解决可重构相控阵天线测试过程中的海量数据处理资源需求。通过配置同步与控制单元、测试校准单元等测试专用硬件,解决积木化子阵的测试同步及测试信号产生与采集问题。再结合先验数据库和测试融合算法,提升可重构系统的测试效率。

需要注意,图 2-42~图 2-44 给出了测试系统的核心组成部分,实际测试系统中还需根据功能和对象的差异配置一些专用设备,可能包括信号放大衰减设备、多通道切换设备、波控信号转换设备、网络传输设备、供电和环控设备等。

不同测试方式在系统组成及采用运动方面略有差异,标准远场测试系统中,照射探头天线固定不动,被测天线安装在测试转台上。斜架远场示意图如图 2-45 所示。

图 2-45 斜架远场示意图

标准远场测试系统中,被测天线口径尺寸越大,工作频率越高,需要的测试距离越远,受测试场地限制越大。紧缩场测试系统通过反射面实现馈源球面波到平面波的转换,可以大幅缩减测试距离,实现室内测试。紧缩场示意图如图 2-46 所示。

如图 2-47 所示,近场测试系统中,探头在距离天线 3~10 倍波长的空间上进行数据采集,通过对测试数据的变换处理得到天线远场方向图。根据数据采集的轨迹,近场可分为平面近场、柱面近场和球面近场。

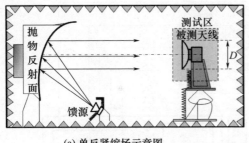

(a) 单反紧缩场示意图　　　　　　　　　(b) 照片

图 2-46　紧缩场示意图

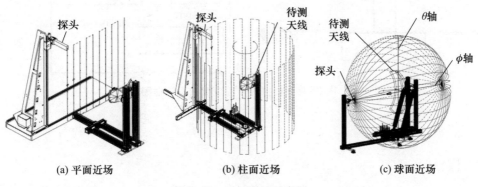

(a) 平面近场　　　　　(b) 柱面近场　　　　　(c) 球面近场

图 2-47　近场测试示意图

3）快速测试技术

对有多个输出信号的模拟相控阵天线，可以通过配置高速微波开关实现多个通道方向图性能同时测量，节省系统扫描采样时间，提高测试速度。模拟阵多任务测试系统框图如图 2-48 所示。

精确的时序控制是多任务测试成功的关键，当伺服驱动器给出位置同步触发脉冲信号后，天线测试控制器发出一串编码的雷控信号、定时信号和仪表触发、微波开关切换信号，协调控制被测天线依次工作在不同频率点、不同波束指向的测试状态下，然后控制远控高速微波开关切换和、差等测试通道，再完成依次测试，典型测试时序图如图 2-49 所示。一个设计良好的多任务测试系统，能够实现超过 1000 项任务的测试，测试效率提升两个数量级。

对于数字相控阵天线，多任务测试的原理和模拟相控阵天线基本相同，由于天线阵面集成了数字接收机和 DBF 模块，导致同步时序更为复杂。图 2-50 所示为典型的数字阵多任务测试系统框图，图中 8640D 电光转换、任务数据缓存、多任务同步功能，替代模拟相控阵测试系统中测试控制器，雷达控制对模拟相控

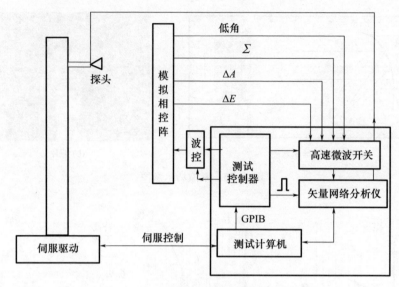

图 2-48 模拟阵多任务测试系统框图

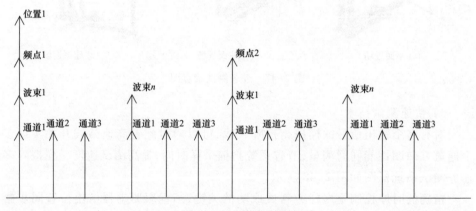

图 2-49 测试时序图

阵测试系统中的功能进行升级,实现对频率源、数字阵面、监测组件的同步控制。

图 2-51 所示为数字相控阵的测试时序图,给出发射和接收状态的时序控制,由伺服控制同步信号触发 8640D 完成多任务自动测试,每个任务是按帧格式工作。使用专用信号处理模块 8640D 可避免测试计算机直接控制带来的时序抖动误差,减小同步开销。已成功设计的多任务测试系统单任务时间低于 1ms。

得益于强大的处理能力,开放式相控阵在快速测试方面有先天优势。图 2-52 所示为开放式相控阵多任务测试系统框图,其中校准测试单元用于测试信号的

第 2 章 开放式相控阵天线

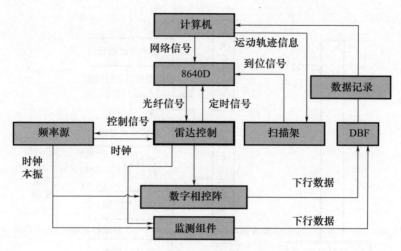

图 2-50 数字阵多任务测试系统框图

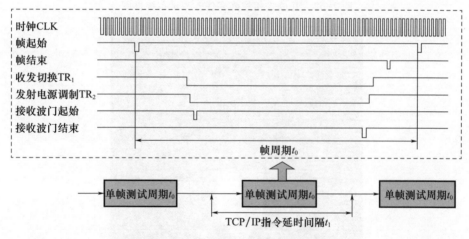

图 2-51 数字相控阵的测试时序图

产生和采集,同步与控制单元实现任务拆解及信号同步。下行数据的缓存、数字波束形成、测算融合计算功能都可利用开放式相控阵自身资源完成。通过一次扫描测试,可以获取开放式相控阵全部工作状态的方向图性能,包括天线单元、积木化子阵、指定合成波束的方向图数据,结合测算融合算法,可以预测任意重构状态下的天线方向图性能。

对于小型的相控阵天线,有一种利用多探头快速测试技术,通过探头组减小测试过程中机械运动时间,可以大幅度提高测试速度,图 2-53 所示为多探头球面近场测试系统。

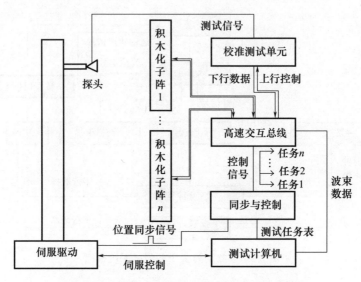

图 2-52　开放式相控阵多任务测试系统框图

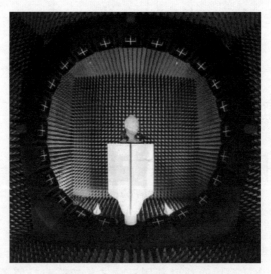

图 2-53　多探头球面近场测试系统

3. 测算融合技术

开放式相控阵具有大规模、宽频段、宽覆盖、高性能、可重构等特点,对其进行完备测试几乎不可行,主要表现在场地反射影响测试精度、测试周期长、有限时间内无法实现性能完备测试。一般都是通过将理论分析与实际测试结合起来进行评估,然而理论分析法存在局限性,在分析某些复杂天线系统时会碰到较难解决的数学题,这样通常需要作一些近似或假设,但在假设条件下进行的理论计算,最后仍然需要通过实验测试来验证其正确性。

测算融合技术很好地解决了开放式相控阵天线性能测试问题。通过时域滤波和数字滤波处理,可以降低场地反射影响,提高测试精度;通过采集阵面通道的单元和通道分离的测试策略,可以完成天线重构建模及性能评估。

1) 时域滤波

时域滤波技术也称时域门技术,是消除天线方向图测试中消除多路径干扰的最有效手段,其基本原理是根据不同路径信号的传输时间不同,设置接收时间门滤除不需要的多径干扰信号,从而提高天线在非吸波环境下的测量精度。时域门可由仪表硬件(如接收机设置时域门)实现,也可采用处理软件进行数学变换实现。

实施时域滤波时,需采用一定带宽的测试信号。首先对测试获得的频域信号进行傅里叶变换得到时域信号,保留测试距离对应的时域信号,滤除其他范围的时域信号,其次进行反傅里叶变换,等到消除场地干扰后得到频域信号。

时域门虽然实施简单,但存在一定的应用限制,首先要求干扰信号本测试间有可分辨的时间差,其次要求测试信号有足够的带宽来提高时域分辨率。计算结果表明空间滤波算法抑制率超过 45dB,优于一般暗室吸收率。对比图如图 2-54 所示。

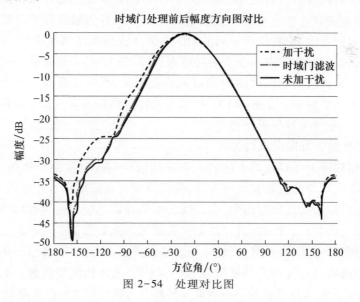

图 2-54　处理对比图

2) 数字吸收波

为了抑制反射对测量的影响,常规方法是通过雷达吸波材料(Radar Absorbing Material,RAM)覆盖暗室内部和大部分测量设备,对距离多径产生的伪散射场进行衰减。但吸波材料一般是用含碳成分的泡沫制造,体积大、成本高并且易碎,随着时间的推移,碳颗粒通常会以灰尘的形式释放出来,吸波性能会下降。并且吸波材料多为各向异性,在不同入射方向、不同极化、不同频率的吸波性能不完全一致,其阻抗失配也不可避免地引入一定程度的散射。

从 2005 年至今,一种称为数学吸波反射抑制(Mathematical Absorber Reflection Suppression,MARS)的测量和后处理技术已经用于天线测试中,包括球面、柱面和平面近场测试系统,远场及紧缩场测试系统。MARS 技术是一种天线频域测量和数据后处理技术的结合,由美国 NSI 公司提出,通过将测量得到的远、近场(平面、柱面或球面)数据转换至柱(球)面波域,数据后处理技术能够对频率内的测量数据进行分析并对数据进行滤波,从而有效抑制天线测试区域内散射体的多路径效应。该技术的有效性已通过计算电磁学模拟和实际测量的验证,可以覆盖 UHF 到毫米波的宽频范围。

MARS 无须对电流源的位置进行先验假设,因此该技术具有通用性,可以用在各种类型的天线测量中,即对口径或非口径天线、线极化或圆极化天线、低增益或高增益天线都是适用的,也能用于在微波暗室中扩展吸波材料的使用频率范围或者用于不含吸波材料的环境。

该方法假设待测天线(Antenna Under Test,AUT)的近场分布在空间上是带限的(即电流源仅存在于有限的范围内),而暗室内其他散射体的反射波在空间中不具有带限特性,也就是说形成散射的电流源占据的区域远大于 AUT 所占据的区域。该测量方法的本质在于通过模态展开,使与 AUT 相关的辐射场和与其他散射体相关的散射场在球(柱)面波域彼此正交,再通过原点变换滤除与 AUT 辐射场无关的散射场。显然 MARS 技术不与特定模态展开或需要特殊的采样方案,而是一个常规的数学后处理方式。

3)测算融合方向图重构技术

随着相控阵天线口径的不断增大以及功能重构控制复杂程度的日益提高,尤其对于电大口径的有源相控阵天线,近场测试验证需要耗费较多的时间资源。此外,在相控阵天线实际应用中,若天线需要结合雷达应用进行方向图的动态重构、波束优化或赋形。此时,进行性能完备测试既无必要,也不可行。

利用相控阵天线先验测试数据,结合特定算法,则能在软件层面随应用需求的变化,快速实现对阵列天线通道幅相的高精度优化和配置调整。利用天线校准网络,准确录取天线各收发通道衰减和移相位态特性作为相控阵路级先验数据,通过近场测试阵元辐射方向图特性作为场级先验数据,同时结合差分进化算法及方向图快速计算方法,建立半实物仿真评价模型。根据波位需求计算最佳幅相控制位态，从而实现对大型相控阵天线的方向图性能快速评估、预测和优化调整，大幅度提高天线性能重构的灵活性和准确性。图 2-55 和图 2-56 给出了多波位测算融合技术处理流程及方向图对比结果，表明该方法可以获得精确结果。

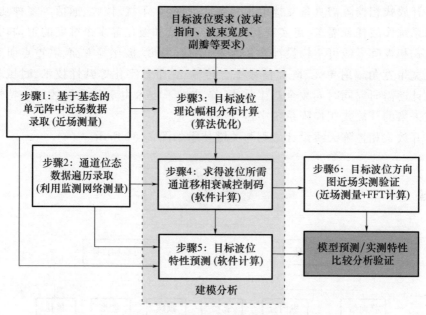

图 2-55 波位建模及验证流程

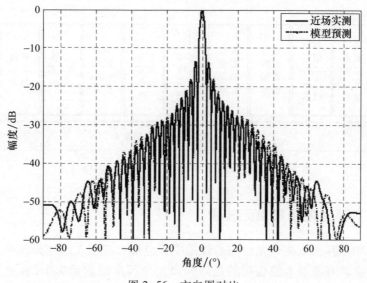

图 2-56 方向图对比

2.5　重点关键技术

开放式相控阵需具备支撑电子装备实现探测、干扰、侦收、通信等多种功能，根据系统作战任务需求，可实现孔径、波形、频域和极化等多个维度的重构功能。开放式相控阵天线可重构设计涉及时域、空域、频域、极化等方面，需重点研究双极化宽带宽角辐射单元、阵面信号综合传输、宽带数字化等共性技术，时域和频域设计还需研究同时同频全双工技术，微波光子技术由于其优异的宽带特性有望在未来的开放式相控阵系统中占有一席之地。

开放式相控阵天线设计原则与关键技术如图 2-57 所示。

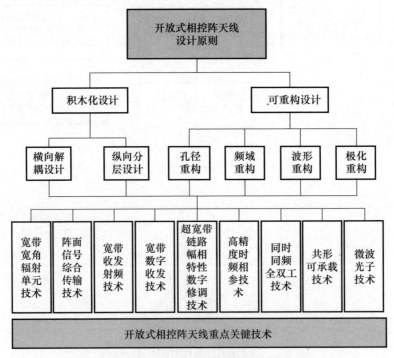

图 2-57　开放式相控阵天线设计原则与关键技术

2.5.1　宽带宽角辐射单元技术

影响相控阵天线宽带宽角扫描性能主要包括有源输入阻抗和阵中单元方向图两个因素。有源输入阻抗指的是阵列单元全部激励的情况下，从单元激励端口看进去的输入阻抗。如何实现宽频带范围内的有源阻抗良好匹配是保证相控阵天线性能的关键技术之一。

1. 宽带匹配设计

相控阵天线设计中,扩展带宽的方法主要有:①采取小型化宽带辐射单元构成阵列。如果辐射单元本身就是小型化宽带天线,即辐射单元结构尺寸与低频点工作频率对应波长相比可以很小,通过这种辐射单元组阵可有效扩展阵列带宽。②构造宽带天线阵列。由于人们关注的是阵列带宽,如果辐射单元在阵列中可以工作在比孤立单元时更低的频带上,也就是阵列中的辐射单元工作低频点可以向更低的频率上扩展,采取该方法也可以获得更宽的阵列带宽,如目前常见的强耦合超宽带宽角扫描天线阵列,详细介绍可参考本节常见宽带宽角相控阵辐射单元部分。

天线的工作频率与天线的电尺寸相关,若天线的电尺寸有限,则天线的工作带宽必定是有限的,目前,拓宽相控阵天线辐射单元带宽的几种常见方法如下:

(1) 采取渐变结构。为了尽量减小天线形状对频率的影响,可采用依赖于渐变结构形状的天线,如螺旋天线、双锥天线、渐变槽线天线等,典型宽带天线阵列如图 2-58 所示。渐变槽线天线是通过线性或指数渐变的槽线进行辐射,相当于形成了不同宽度的喇叭口,较低频率由最宽的喇叭口的尺寸决定,而较高的频率则是由最窄喇叭口的结构决定,因此渐变槽线天线的带宽与开槽的宽度以及天线的高度有较大关系。

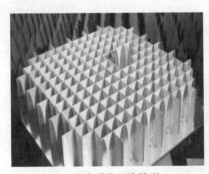
(a) 渐变槽线天线阵列

(b) 紧耦合天线阵列

图 2-58 典型宽带天线阵列

(2) 自补结构天线。简单的例子是条状的偶极子天线与同样形状的开槽天线构成磁电偶极子[14],带宽可得到扩展,并在宽带内可保持波瓣、增益的稳定。双极化磁电偶极子单元如图 2-59 所示。

(3) 补偿与加载[15]。两者的理论比较类似,都是基于传输线理论来分析。

图 2-59 双极化磁电偶极子单元

当频率偏离谐振点时,天线系统的输入阻抗不再是纯电阻,所以必须对天线进行电抗补偿,以控制天线在所需频率范围内在零电抗附近波动。常用的加载方法有阻性加载和电抗加载、集总参数加载和连续加载等。

（4）增加谐振结构。这类天线的主要特征是辐射只发生在天线中的有效区域,有效区域的长度大约是半波长或者周长大约是一个波长,随着频率的增加,有效区域会慢慢移向尺寸较小的部分。例如,增加寄生贴片是当前微带贴片天线扩展阻抗带宽常用方法,如图 2-60 所示。

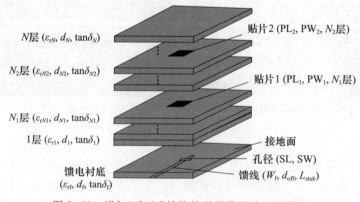

图 2-60 增加"寄生"结构扩展微带贴片天线带宽

此外,在天线设计中,引入"粗""宽""厚"的结构也有利于提高天线的频带宽度。

2. 宽角匹配技术

根据相控阵天线方向图乘积定理可知,阵列方向图是阵中单元方向图与阵因子的乘积,因此阵中单元方向图的波束宽度直接影响相控阵的扫描性能。由于包含互耦影响,有源输入阻抗随扫描角度会发生变化,如何减小扫描范围内的阻抗波动进而实现宽角阻抗匹配是保证相控阵天线扫描性能的另一个关键技术。扩展相控阵天线扫描范围的常见方法如下:

1) 构造宽波束单元方法

基于基本电磁原理,国内外学者提出了一系列的方法,对于一维扫描阵列的扫描角度的拓宽卓有成效,主要有基于镜像原理法、表面波辅助法、微带多模理论法等。

参考文献[17]基于镜像原理和等效原理,探究了一维电扫阵列实现宽角扫描的理论可能。文中概括了电流源和磁流源两种等效理想辐射源,以及电壁、磁壁两种理想边界;两种源与两种边界分别垂直与平行,总共可以构成8种理想的辐射单元,如图2-61所示,其中磁流源平行于电壁(MpE)和电流源平行于磁壁(JpM),两种单元在一维扫描方位面具有180°波束宽度,是实现一维宽角扫描的理想选择。

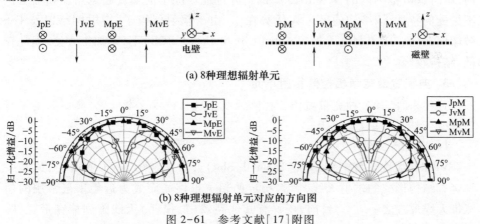

(a) 8种理想辐射单元

(b) 8种理想辐射单元对应的方向图

图2-61 参考文献[17]附图

2) 宽角匹配层法

对于二维扫描的相控阵天线而言,上述介绍的构造宽波束单元方法不能实现两个方向的扫描角度扩展,而通过在阵面天线上方增加阻抗匹配层是改善阻抗匹配、提高相控阵扫描能力的一种方法。

近年来,宽角匹配层的方法得到了广泛的研究,并被证明是适合运用于实际工程的方法。2015 年,Cameron 和 Eleftheriades 在参考文献[18]中利用开口环谐振单元组成的超表面来代替传统的介质块进行宽角阻抗匹配,如图 2-62 所示,用于偶极子相控阵,可以使偶极子天线在 D 面及 H 面的扫描能力分别提高 16°及 10°,同时几乎不影响 E 面的扫描情况。目前,该方法常用于提高宽带紧耦合相控阵天线的扫描范围。

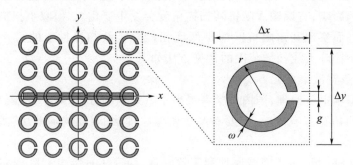

图 2-62　开口谐振环宽角匹配层[18]

参考文献[19]提出了采用印刷频率选择表面构成的宽角匹配层,用于紧耦合阵列的宽角匹配,替代了传统的笨重介质层的形式,如图 2-63 所示。该阵列在 6.1∶1(0.5~3.1GHz)的工作带宽内,实现了 E 面±75°范围内、D 面±70°范围内、H 面±60°范围内的 VSWR<3.2 的优异性能。除了能实现超宽角度扫描阻抗不失配的特性,该结构的另一大优势在于,由于辐射偶极子、馈电网络以及 FSS 被印刷在同一层印制电路板(Printed Circuit Board,PCB)上,其加工方便、损耗较低、结构较轻。

3. 典型宽带宽角相控阵辐射单元

近年来,已有多种宽带宽角相控阵天线出现且技术逐渐成熟,典型的主要有 Vivaldi 天线、强耦合天线等。

1) Vivaldi 天线

Vivaldi 天线又称渐变缝隙(Tapered-Slot)开口槽缝(Flared-Notch),这是一种竖直结构形式的端射天线,因其稳定的超宽带性能而成为近年来最常用的超宽带天线形式之一[20]。目前,还鲜有其他高效(低损耗)天线阵列能在带宽、匹配水平和宽角扫描阻抗匹配可以与 Vivaldi 相媲美。

Vivaldi 天线的关键特征之一是指数渐变槽,通过槽缝的宽度改变实现从传输线相对低的阻抗到自由空间阻抗的平滑阻抗过渡转换;其次是 Marchand 巴伦结构,它包含一个槽线腔和连接到馈线末端的开路或短路枝节,实现从非平衡的 50Ω 馈线到平衡式槽线的转换。最典型的形式是基于 PCB 结构工艺实现的 Vivaldi 天线,如图 2-64 所示。

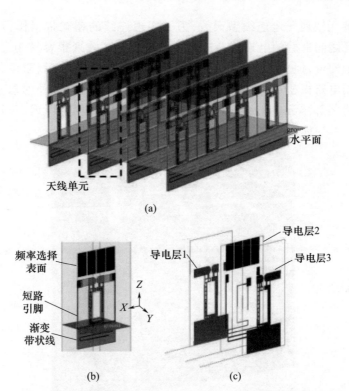

图 2-63 参考文献[19]中的紧耦合阵列与 FSS 匹配层

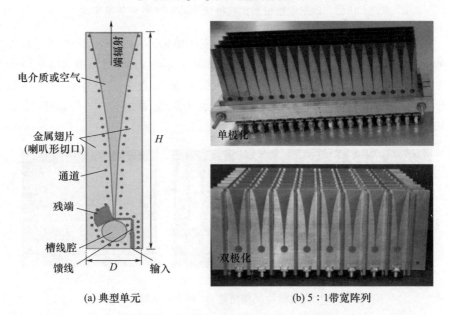

图 2-64 PCB 结构形式的 Vivaldi 天线阵列

Vivaldi天线属于电连续型天线,为了实现连续的超宽带工作带宽,需保证其相邻单元之间良好的电连续。这对于单极化形式阵列很容易实现,单条印制电路板印刷即可,但对于双极化却难度很大。如图2-65所示,双极化阵列两个方向的印制电路板相互交叉形成一个个矩形腔,通常将交叉处的垂直接触缝进行焊接来将相邻单元电连续,但当天线工作频段高、带宽比大时,小尺寸单元间距以及大尺寸腔体深度使得焊接难度大、装配困难。

图2-65　印制电路板形式双极化Vivaldi天线电连续实现

面对不同的工作频段、带宽比以及工作环境需求,可结合多种制造技术实现Vivaldi天线的加工及装配,如纯金属机加工、3D打印制造技术、立体光刻以及非金属表面金属电镀等工艺,当然需要根据工艺实现难度相应地调整馈电巴伦结构。图2-66和图2-67所示分别为纯金属结构[16-17]与3D打印[18]的Vivaldi实例。

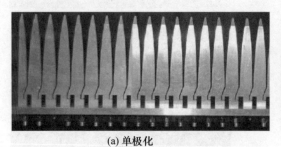

(a) 单极化　　　　　　　　　(b) 双极化

图2-66　金属结构渐变槽线,1~8GHz,空域±45°扫描

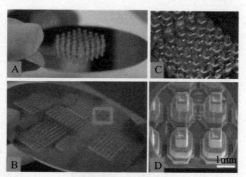

(a) 集成于印制电路板上　　　　(b) 集成于硅晶片上

图 2-67　3D 打印 Vivaldi 天线

Vivaldi 天线的高度由巴伦深度和槽线渐变段两部分组成,如带宽比为 3∶1 的 Vivaldi 天线高度剖面高度约为 $0.5\lambda_L$ 或 $1.5\lambda_H$,λ_L 和 λ_H 分别代表低频和高频的工作波长。虽然 Vivaldi 天线具有优越的宽带特性,但由于高剖面使得槽线上存在高比例的纵向电流分量而致使其在斜切面大扫描角处交叉极化分量高,这对于一些对极化纯度要求高的系统非常不利。为解决此问题,可通过采取将渐变槽线段小尺寸分段抑制纵向电流分量来抑制斜切面交叉极化[15,19],如图 2-68 所示。

(a) 印制电路板形式单极化　　　　(b) 金属结构形式双极化

图 2-68　斜切面低交叉极化 Vivaldi 天线

由于 Vivaldi 天线剖面较高,不利于其应用于一些高集成、低剖面、小型轻量化的宽带系统。为此有学者提出一种平面叠片式的 Vivaldi 天线,采用轻量、层压泡沫及金属板替代阶梯槽线,将竖向结构的馈电及槽线平面折叠低剖面化[20],如图 2-69 所示。相比于传统形式,剖面高度降低近 50%,交叉极化改善,但同时可实现的带宽会缩减,并存在层叠结构复杂,不利于应用于高频段。

2) 强耦合天线

强耦合超宽带天线技术的基本思想起源于 Wheeler 在 1965 年提出的无限

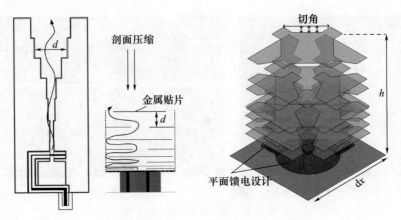

图 2-69 平面化 Vivaldi 双极化天线单元

电流片阵列天线(Current Sheet Array,CSA)概念[21],这是一种只在理论上存在的理想阵列天线,它不包含具体的馈电结构,没有反射地板,输入阻抗和辐射阻抗中均不包含电抗分量,其辐射电阻只与波束指向有关,因此 CSA 具有极宽的工作频带和很宽的波束扫描范围。为此,该概念一直积极推动着天线工程师寻求最佳的宽带宽角扫描阵列天线的物理实现方法。

常见的强耦合辐射单元形式如下:

(1) 双极化强耦合偶极子天线。图 2-70(a)所示为紧耦合天线提出者 Munk 等教授与 Harris 公司 2003 年合作发表的 CSA 阵列样机[22]。该阵列采用交指耦合结构和差分馈电形式,上方加载两层介质板。这种差分馈电网络由外置巴仑、双同轴线和接地屏蔽装置共同组成。该阵列的设计带宽可达到 9∶1,总剖面高度约为 $\lambda_l/10$(不含地板下方馈电网络)。图 2-70(b)和图 2-70(c)分别展示了单元剖视图和接地屏蔽装置。

(2) 集成巴仑的紧耦合偶极子阵列。2012 年,俄亥俄州立大学的 Volakis 团队提出了一种非平衡馈电的紧耦合天线阵[23],如图 2-71 所示。为了降低从同轴线到天线口径的阻抗匹配难度,该设计中将阵列单元一分为二,使口径面辐射阻抗减半[24]。与此同时,使用威尔金森功分器将同轴端 50Ω 输入阻抗变换为 100Ω,再由 Marchand 巴仑完成非平衡到平衡的变换。该阵列地板上方的剖面高度约为 $\lambda_l/10$。

(3) 紧耦合八角环阵列。电子科技大学陈益凯等于 2012 年提出一种双层八角环结构的紧耦合天线阵[25],如图 2-72 所示。该阵列中,下层八角环为辐射单元,上层尺寸更小的八角环为匹配加载,中间由重量很轻、厚度约为 $\lambda_h/3$ 的泡沫材料填充支撑。为吸收边缘反射波,阵列的边缘加载一排接匹配负载的"哑

(a) 样机

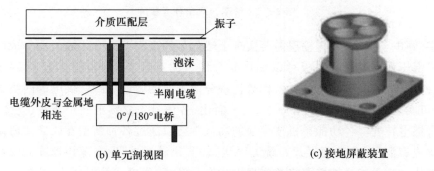

(b) 单元剖视图　　(c) 接地屏蔽装置

图 2-70　2~18GHz 双极化紧耦合偶极子阵列

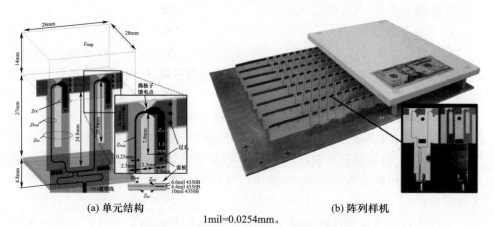

(a) 单元结构　　　　　　　　　　(b) 阵列样机

1mil=0.0254mm。

图 2-71　集成巴仑的紧耦合偶极子阵列

元"。该阵列在 4.4∶1(2.5~11GHz)的带宽内可实现±45°的波束扫描。

2.5.2　阵面信号综合传输技术

开放式雷达阵面天线单元层和有源层之间,需要互联不同类型信号:模拟与

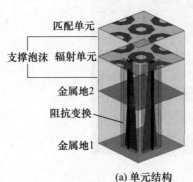

(a) 单元结构　　　　　　　　(b) 阵列样机

图 2-72　紧耦合八角环天线阵

数字、强电与弱电等,传输层需要实现上述信号的高密度混合传输。高集成微波数字混压多层印制电路板可以优化混合信号的互联形式、电路走线、叠层布局等,研制该形式综合馈电网络,代替传统分散独立的微波、控制、供电等网络的形态,可实现混合信号传输由分立式、平面化、各信号独立馈电向集成式、立体化、综合馈电转变。各功能单机或模块的高低频接口通过各种新型互联形式研制成高集成有源子阵,实现天线系统无引线、轻薄化设计,开发有源相控阵天线系统新架构。阵面综合馈电网络的实现形式有分布式、集成式及混合式,其主要技术包括综合网络技术、互连技术等。

1. 综合网络技术

阵面综合层作为综合网络中的关键技术历经了几代发展。机械压合式综合层属于第一代产品,在研制过程中解决了多层板埋阻设计、微波信号垂直过渡设计、多信号完整性协同仿真设计等关键技术;第二代是热压式综合层,通过半固化片高温热压提高了汇流板层间绝缘、综合层可靠性及可批产性;第三代是芯片集成式综合层,解决了弹性互连的封装设计、波控、电源芯片与多层板的集成设计、板内任意层间信号互连设计、大电流铜板埋入设计等关键技术。随着阵面综合层的环境适应性的同步解决,该技术广泛应用于星载、机载、舰载、地面、导引头等雷达中。

机械压合即用螺钉将微波多层板、波束控制板及电源汇流板固定成一个整体。其中的微波多层板、波束控制板及电源汇流板可以各自独立设计,每种多层板设计时要考虑板间的结构及电信号的兼容性,保证压合后各板之间结构不干涉、信号干扰小。

电源汇流板通常采用环氧多层板设计,假如电流量不是很大,可以与波束控制板一体化设计。大电流电源板一般用汇流条实现,设计时要充分考虑汇流条的电流容量及电源压降,可以通过相关软件仿真分析。

与 T/R 组件相关的波控电源信号主要通过低频连接器实现,要实现连接器与波束控制板、电源汇流板的互连,要考虑板间避让需求。各种多层板之间叠层关系、高低频连接器布局或低频电缆的穿层设计等需充分论证。

微波多层板、波束控制板及电源汇流板通常是由上而下按此顺序进行叠层固定的。微波多层板中电路走线少,可避让空间多,因此放在最靠近 T/R 组件的最上层。电源汇流条尽量避让少些,这样,厚度一样的汇流条传输的电流会更多,因此将它放置于最下面,如图 2-73 所示。汇流条之间一般采用 0.3mm 厚的环氧板作为绝缘板,电压很高时绝缘板的厚度适当增加。如果需要焊接,则焊接面环氧板增加厚度,在环氧板内开孔实现焊点避让。当然根据需要,可以适当调整微波多层板、波束控制板及电源汇流板的叠层顺序。

机械压合式综合层加工容易,主要应用在低成本、尺寸大的情况下。图 2-74 所示为机械压合式综合网络实物,其微波多层板、波束控制板和电源汇流板是通过机械压合在一起的。该综合网络总电流较小,波束控制板与电源汇流板一体化设计。

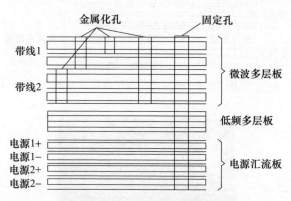

图 2-73　微波多层板、低频多层板及电源汇流板叠层

图 2-74　机械压合式综合网络实物

热压式综合层是将微波多层板、波束控制板及电源汇流板通过热塑型或热固型半固化片压合在一起。如需要汇流板,则可以将汇流条压在一起再与多层板机械固定。目前,在多层板内埋入铜条,增加传输电流能力的设计制造技术已广泛应用。热压式综合母板对外互连的连接器采用分步焊接,必要时需采用不同的焊接温度。

图 2-75 所示为热压式综合层叠层示意图,微波多层板与低频对层板之间采用半固化片热压。图 2-76 所示为热压式综合层样品,其功能是给 16 个组件提供电源及控制信号;该综合层由上下两层带状线微波层夹多层环氧板热压而成。带状线微波层实现微波信号的分发、合成等功能;环氧板层主要是波控信号的分配及小电流电源信号的传输,通过环氧板间镀厚铜的方法实现电源稍大电流的分送。

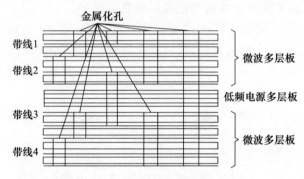

图 2-75 热压式综合层叠层示意图

图 2-76 热压式综合层样品

热压式综合层样品正面上的高频连接器及对应的低频连接器直接与发射或接收组件相连,两侧的多芯连接器与波控主控板或电源发生器连接。背面的射频连接器与激励源或信号处理单元相连。该综合母板的微波信号穿层设计时经过中间的环氧板层。

波控芯片、电源芯片、功分芯片、延迟线芯片及多功能芯片等器件集成到混压式多层板上形成集成芯片式综合层。此时,综合层的表面布满了各种各样的器件,量大时,综合层的上下两表面都可以放置器件。

集成芯片式综合层研制初期,研究人员开发出了集成电源芯片、波控多功能芯片、驱动芯片及各种阻容器件的子阵综合层,如图 2-77 所示。该综合母板的射频电路为 1 分 16 功分网络,通过焊接在母板上的接线柱输入发射电源及数字电源,发射电源在板内通过厚铜传送到每个分口;控制信号通过多功能芯片实现差分单端转换后与每个分口相连。图 2-78 所示为综合层的背面,共与 16 个 T/R 组件通过触点实现连接。

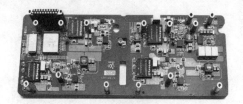

图 2-77　集成芯片式综合母板

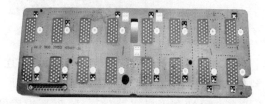

图 2-78　集成芯片式综合母板背面

该集成芯片式综合层的微波层为两层 1mm 的板材压合而成,其他电路都由环氧板实现。整体叠层采用偏置模式,必须控制总板厚度及整板的面积,以保证母板良好的环境适应性。

当芯片的功能越来越强大后,综合母板的作用将会越来越大,目前封装式数字 SIP、模拟 SIP 及光电转换芯片已经可以继承在综合层上,综合层集成的芯片集成密度将会越来越大。

2. 互连技术

雷达内部互连技术可以分为单元级互连(图 2-79)、子阵级互连(图 2-80)、阵面级互连(图 2-81)及雷达级互连(图 2-82)。单元级互连主要实现天线单元馈电点位置与 T/R 组件互连位置的转换,内部可能还要集成环形器等器件,特点为低损耗、高密度、可散热等。子阵级互连主要是相控阵雷达子阵内部的连接,其方式有很多种,特点为高集成、高性能、快散热、可维护等。阵面级是阵面组件之间的连接,有电缆、波导连接方式,也有连接器对插等方式,特点为高屏蔽、机械及温度稳定、电光热集束等。雷达级互连主要包括雷达阵面连接外面信号、能源等的互连,特点为长距离、粗重。其主要用于电源、冷却、控制等系统。

图 2-79　单元级互连

图 2-80　子阵级互连

图 2-81　阵面级互连

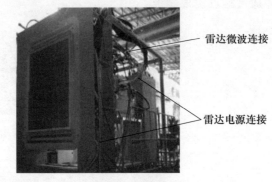

图 2-82　雷达级互连

当单元与网络一体化设计时,单元与网络之间可以采用连接器互连,也可以采用玻珠焊接或金丝互连等手段。连接器直接对插互连时,尺寸相对大、重量相对重,优点是耐功率较大。玻珠互连可以减少损耗,提高集成度,降低重量,主要用在板与板之间的连接。金丝互连主要应用在相对封闭的空间内,适合单元与环形器集成设计用,该种互连需要的空间小,但属于开放式互连,需要增加屏蔽手段以提高电磁兼容性。

子阵级互连可以分为模块内部互连、模块与综合母板互连及综合母板内部互连几种。模块内部互连小型化、集成化是发展趋势。金丝互连(图 2-83)、金带互连(图 2-84)、微凸点互连(图 2-85)、硅通孔 TSV 互连(图 2-86)等形式已经广泛应用在各种子阵内部。单根金丝互连适合低频信号,三根以上的金丝可以实现高频信号的良好互连。当信号功率较大时,可以采用金带进行互连传输。微凸点互连适合低剖面器件安装,硅通孔 TSV 互连适合硅基板之间的传输。

模块与背板之间互连可以分为焊接式互连及非焊接式互连。焊接式互连采用密集的方形扁平无引脚(Quad Flat No-lead,QFN)封装(图 2-87)、球栅格阵列(Ball Grid Array,BGA)封装(图 2-88)、金属焊柱的陶瓷柱栅阵列(Ceramic Column Grid Array,CCGA)封装(图 2-89),将封装后的器件/模块贴装至综合母板,大幅度减少连接器数量、增加互连密度、提高子阵集成度。根据模块封装尺寸、材料、工作频率的不同,可选择对应的表贴互连形式。

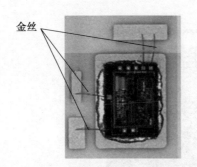
图 2-83 金丝互连

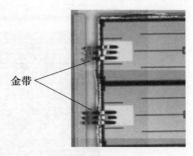
图 2-84 金带互连

图 2-85 微凸点互连

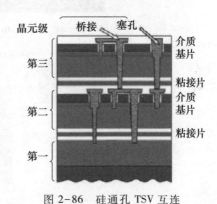
图 2-86 硅通孔 TSV 互连

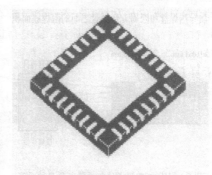

图 2-87 QFN 封装焊接

QFN 焊接互连距离短、散热好、对平面度要求高。大面积焊接时会出现虚焊风险。BGA 互连时金属球直径可以根据需要选择,目前最小直径为 0.2mm,该互连排布密度可以较高、信号的工作频率也较高。CCGA 互连柱的直径根据金属柱的长度选择合适的值,该形式互连可靠,适用于异质互连。

非焊接式模块与综合母板间的互连有弹针互连(图 2-90)、毛纽扣互连

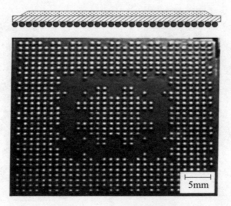

图 2-88　BGA 封装焊接

图 2-89　金属焊柱 CCGA 焊接

(图 2-91)及弹圈簧片互连(图 2-92)。弹针连接器与毛纽扣连接器的特点是利用弹簧特性进行压接,不需要焊接,装配与拆卸方便,有益于器件的维修。此外,弹性互连还具有如下优势:

(1) 结构尺寸小,有利于信号集成。

(2) 工作频带宽,最高可工作到 40GHz。

(3) 防震动耐冲击,使用寿命长。弹簧互连主要用于电源电流传输。

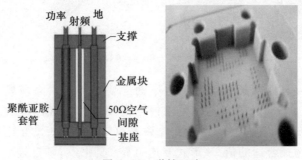

图 2-90　弹针互连

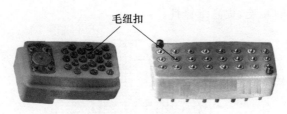

图 2-91　毛纽扣互连

图 2-92　弹圈簧片互连

综合母板内部互连可以采用准同轴结构及准带状线结构,根据信号传输方向可以选择反向互连(图 2-93)和同向互连(图 2-94)。当同轴线的外导体变成多个金属化孔、内导体变为中心金属化孔时,同轴线模型即转化为印制电路板式的准同轴互连结构。当带状线的上下层地用金属化孔代替、带线变为单个金属化孔时,带线结构变为准带线互连结构(图 2-95)。图 2-96 与图 2-97 所示为 4 层微波板厚度为 1mm、介电常数为 2.94 的准带线互连的驻波及损耗仿真曲线,仿真的最高频率为 26GHz。当改变金属化孔的直径及相互间的间隙时,工作频率可以进一步提高。

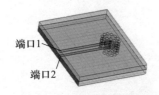
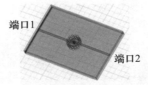
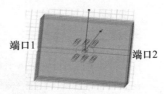

图 2-93　反向准同轴互连　　图 2-94　同向准同轴互连　　图 2-95　反向准带线互连

阵面互连可分为高功率互连、中小功率互连、柔板互连等形式。模块化集成互连及集束互连是最新出现的中功率互连形式。阵面转接层如图 2-98 所示,是常见的集成互连。它具有高精度浮动盲插、电磁兼容性好等特点。集束互连即将高频、低频、光纤等互连方式进行一体化集成设计,如图 2-99 所示,该形式可以简化阵面对外的互连,提高维修性。

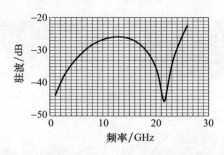

图 2-96 准带线垂直互连驻波曲线

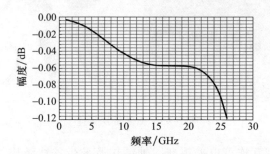

图 2-97 准带线垂直互连损耗曲线

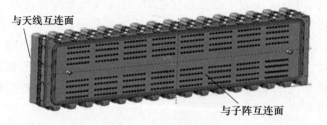

图 2-98 阵面转接层

图 2-99 阵面集束互连

挠板互连是利用挠性材料进行共形设计,通过合理的机构设计形成三维立体电路,其应用实例如图 2-100 所示,适用于共形阵、智能蒙皮等领域。利用挠性板可以减少阵面互连电缆、连接器的使用量,有利于实现阵面的低剖面、轻量化。挠板可以直接制作成立体电路实现系统间互连,也可以与硬板一体化制造,实现硬板之间的柔性互连。

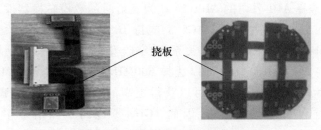

图 2-100　挠板互连的应用实例

2.5.3　宽带收发射频技术

开放式相控阵系统对硬件层提出了标准化、模块化、可重构、多功能的需求,积木化有源子阵中的射频收发通道亟待突破一系列难题,需满足:系统对工作频率、瞬时带宽两者的宽带化要求,可重构链路技术要求,电路的小型化高集成设计要求。

宽带收发链路设计的首要问题是收发架构的选择,目前主流的三种射频收发架构有超外差架构、零中频架构以及射频直采/射频信号直接产生架构。零中频架构由于射频工作频率最高仅支持 6GHz,瞬时带宽有限,适合用于窄带系统或通信收发链路中。射频直采/射频信号直接产生架构最符合标准化、通用化、多功能的需求,可用于 C 波段及以下频段射频收发链路;受限于模数/数模转换器件在成本和有效位数上的劣势,在高频段通常采用超外差架构,该架构具有出色的抗干扰、动态范围性能,同时能灵活选择变频频率关系及滤波器配置,是开放式相控阵系统中射频收发链路的优选架构。

下面针对开放式相控阵宽带射频收发需求,结合超外差与射频直采/射频信号直接产生架构,设计了一款 0.2~18GHz 宽带可重构射频收发链路,最大瞬时带宽支持 1GHz。

1. 频率关系设计

频率关系设计与数字收发平台设计,ADC、DAC 器件指标参数紧密相关。系统最大瞬时带宽为 1GHz,根据奈奎斯特定理模数/数模转换率应大于 2GS/s。考虑滤波器的实际特性及抗混叠需求,通常将采样率放宽到中频带宽的 2.4 倍以上。同时,被采信号中心频率 f_0 满足以下关系时,可获得最大采样带宽。

$$f_0 = \frac{2n+1}{4} f_s \tag{2-37}$$

式中:f_s 为采样频率;n 为大于等于 0 的整数。选择 ADI 公司的 AD9208 作为采样器件,该器件为 14 位双通道 ADC,最大采样率为 3GS/s,支持 JESD204B 协议。同时,可匹配选择 ADI 公司的 AD9154 作为发射时的数模转换器件,该器件为 16 位四通道 DAC,最大转换率为 2.4GS/s,支持 JESD204B 协议。考虑雷达常用系统时钟 120MHz 与转换率的整数倍关系,数字收发中频转换率可设计为 2.4GS/s,根据式(2-37)可知中频频率可以选择 600MHz、1800MHz、3000MHz 等。根据 ADC 器件特性,更低的中频频率可以获得更高的瞬时动态,但是滤波器实现和变频杂散规避会变得更加困难,因此 1GHz 带宽的中频信号中心频率多为 1800MHz 与 3000MHz,其中 1800MHz 应用更加广泛。

对于 0.2~18GHz 的宽带工作频率,可采用分段方式进行组合设计,频率关系框图如图 2-101 所示。

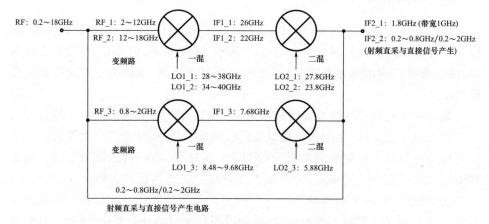

图 2-101　0.2~18GHz 频率关系框图

0.2~0.8GHz 频段由于绝对频率较低,导致本振与 2 倍射频的混频分量很容易干扰主信号,因此考虑对该频段采用射频直采/射频信号直接产生架构,转换率为 2.4GS/s。0.8~2GHz 频段由于 1.2GHz 附近位于采样折叠区,仅部分频段工作时仍可采用射频直采/射频信号直接产生架构。

针对 0.8~18GHz 频段,应首先分析一次变频可能性。由于低频段与中频 1.8GHz 的变频比不好,存在射频与中频之间的直接泄漏,无法采用一次变频。6GHz 以上的高频段对于中频 1.8GHz 有合适的变频比,但是考虑发射本振泄漏的抑制需求,需将射频频率进行分段滤波且每段滤波器带宽需控制在 1.2GHz

内,以保证对本振泄漏的良好抑制。仅 6GHz 以上高频段的一次变频方案需要 10 段以上滤波器覆盖,考虑滤波器交叠则更难实现。因此,0.8~18GHz 应考虑二次变频架构。

0.8~2GHz 频段的二次变频架构,考虑一中频选择 7.68GHz,二中频固定 1.8GHz。由于一混变频比大于 3,可有效避免低次混频杂散,提高链路性能。二混变频比在 4.26 附近,也能获得良好的杂散抑制。

2~18GHz 频段考虑采用双一中频两次变频架构实现,一中频选择频率相近的 22GHz 与 26GHz,分别对应 12~18GHz 与 2~12GHz 的射频频段,二中频固定 1.8GHz。一混为了获得良好杂散性能选择高本振混频方案,2~12GHz 的变频比范围为 2.17~13,12~18GHz 的变频比范围为 1.22~1.83,有效避开了大量低次混频杂散,仅在 8.66GHz 及其附近频率工作时存在射频的三次杂散,但可通过将一中频由 26GHz 切换到 22GHz 来提高该段频率杂散性能。

2. 滤波器设计

滤波器是超外差链路中的关键无源器件,实现有用信号选择并抑制带外干扰的功能。滤波器种类繁多,根据物理实现方式可分为 LC 滤波器、介质滤波器、晶体滤波器、声表面(SAW)滤波器、薄膜体声波(FBAR)滤波器、低温共烧陶瓷(LTCC)滤波器、腔体滤波器、硅基微机电系统(MEMS)滤波器、微波单片集成(MMIC)滤波器、集成无源器件工艺(IPD)滤波器等种类。表 2-4 总结了常见滤波器的特性。

表 2-4 常用滤波器物理分类表

序号	种类	频率范围	相对带宽	尺寸	备注
1	硅基 MEMS	2~40GHz	5%~70%	毫米级	裸芯片
2	超薄 MEMS	3~40GHz	5%~60%	毫米级	裸芯片
3	GaAs MMIC	0.5~40GHz	15%~100%	毫米级	裸芯片
4	IPD	0.2~20GHz	10%~100%	毫米级	裸芯片
5	SAW	0.1~2.4GHz	2%~13%	毫米级	裸芯片、封装均有
6	FBAR	2~8GHz	1%~7%	毫米级	裸芯片、封装均有
7	介质	0.3~10GHz	0.4%~40%	与波长有关,几毫米至几十毫米	SMT 工艺,与金属隔墙有间距要求
8	LC 滤波器	0.01~3GHz	3%~100%	厘米级	SMT 工艺,焊接有温度要求
9	LTCC 叠层	0.03~8GHz	5%~100%	毫米级	SMT 工艺
10	晶体	100MHz 以下	0.1%~1%	厘米级	矩形系数好
11	腔体	0.1~18GHz	0.1%~100%	与波长有关,尺寸大	耐大功率

根据滤波器在电路中的功能可分为镜像抑制滤波器、射频预选滤波器、混频杂散抑制滤波器、中频抗混叠滤波器、激励信号选择滤波器、带宽选择滤波器等,单个滤波器可身兼多个功能。

根据图 2-101 中的频率关系设计可以细化各级功能滤波器设计,得到图 2-102 中的含滤波器的收发链路框图。

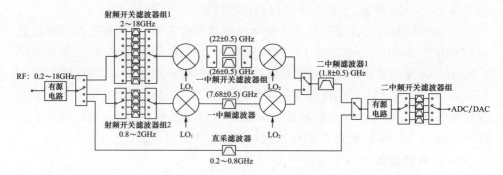

图 2-102　含滤波器的收发链路框图

雷达是时分半双工系统,为了提高收发射频链路集成度并降低成本,通常将收发滤波器进行复用设计。接收工作时,图 2-102 中射频开关滤波器组对射频信号进行预选,抑制镜像干扰频率与其他带外干扰频率;一中频开关滤波器组及一中频滤波器根据射频工作频率选择 22GHz、26GHz 与 7.68GHz 一中频频率,并抑制一混的混频杂散与本振泄漏;二中频滤波器 1、二中频开关滤波器组主要抑制二混的混频杂散及本振泄漏,可根据信号带宽选择 1GHz 及多种窄带带宽,二中频滤波器组兼顾抗混叠滤波器功能。直采滤波器兼顾抑制带外干扰与抗混叠功能。

发射工作时,滤波器名称及混频器顺序习惯仍按照图 2-102 中所标注的接收时称谓。二中频开关滤波器组、二中频滤波器 1 及直采滤波器用于滤除 DAC 器件产出中频激励信号的其他奈奎斯特域干扰信号,同时抑制中频有源器件谐波;一中频开关滤波器组根据工作频率选择 22GHz、26GHz 与 7.68GHz 一中频频率,并抑制二混的混频杂散与本振泄漏;射频开关滤波器组根据工作频率选择对应的通带,同时抑制一混频杂散、本振泄漏、有源器件谐波。

值得一提的是,发射工作时的射频滤波器组要求比接收时高。由式(2-38)与式(2-39)可知一本振泄漏频率 f_{LO_1} 相比接收时的镜像频率 f_m 距离射频信号更接近,其中 f_{RF} 为射频工作频率,f_{IF_1} 为一中频频率。

$$f_{LO_1} = f_{RF} + f_{IF_1} \quad (2-38)$$

$$f_m = f_{LO_1} + f_{IF_1} = f_{RF} + 2f_{IF_1} \quad (2-39)$$

0.2~0.8GHz 的直采滤波器可使用 LTCC、IPD 或 MMIC 滤波器实现；0.8~2GHz 与 2~18GHz 可分别选用 4 路与 8 路 MMIC 单片集成开关滤波器组，具有集成度高、平面尺寸小的优点。高频段的一中频滤波器组可选用 MMIC 单片集成开关滤波器组或两路硅基 MEMS 滤波器外置射频开关进行构建，7.68GHz 的中频滤波器可采用 MMIC、FBAR 及 MEMS 滤波器构建。二中频滤波器 1 可采用 LTCC、MMIC、LC 滤波器构建，二中频滤波器组具有多种频率带宽，采用 LTCC 滤波器与分立射频开关实现，具有成本低、远端抑制好的特点。

3. 宽带可重构链路设计

为实现增益、工作频率、带宽及工作方式的可重构，本次设计方案在引入宽带低噪声放大器基础上采用多个数控衰减器与射频开关，提出图 2-103 所示的 0.2~18GHz 宽带可重构通用射频收发链路。

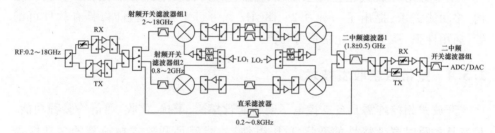

图 2-103　0.2~18GHz 宽带可重构通用射频收发链路

0.2~18GHz 的射频双放无法同时兼顾增益平坦特性、低噪声特性与宽带特性，现阶段将其按工作频段分为多个放大器实现仍是最优选择。一中频对接收、发射的增益分配需求不同，收发工作时均应先进行滤波再进行放大，因此在一中频利用射频开关与放大器设计了 BYPASS 放大器电路。2~18GHz 工作频率对应的一本振频率范围为 28~40GHz，为了降低本振网络的走线损耗，在本振输入端设计了驱动与倍频电路，可以选择 2 倍频与 4 倍频，此时本振传输频率降低到 7~10GHz 与 14~20GHz，降低了频率源设计难度与传输损耗。二混复用与一混同样的混频器与本振驱动倍频电路，提高了设计效率。在二中频则采用 0.2~2.5GHz 频段的双向放大器电路，接收与发射均有多位数控衰减器，可以提高链路增益可重构能力。同样，0.2~0.8GHz 的直采双放驱动链路也可复用二中频双放的设计。

4. 芯片化链路集成

随着芯片技术不断发展，利用 GaAs 或硅基工艺单片集成射频开关、放大器、数控衰减器、倍频器、混频器等有源电路的技术已日趋成熟。针对图 2-104 的宽带可重构通用射频收发链路，可将除开关滤波器组以外的所有有源电路与单路滤波器进行芯片化集成,如图中虚线框所示。剩余的开关滤波器组单独进行芯片化集成或制作为 SiP 模组,可根据项目具体需求灵活配置滤波器分段与特性。

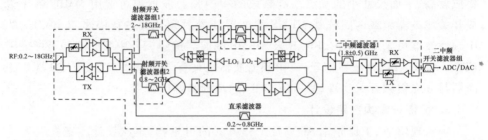

图 2-104 宽带可重构射频链路芯片化集成方案

本节针对开放式相控阵系统硬件层中射频收发电路标准化、模块化、可重构、多功能需求,提出了一种 0.2~18GHz 宽带可重构收发链路,具有软件可配置、通用性强、易于芯片化集成等特点。

2.5.4 宽带数字收发技术

开放式相控阵需具备支撑电子装备实现探测、干扰、侦收、通信等多种功能。只有具备瞬时宽带特性的数字 T/R 组件,才能满足开放式相控阵的多功能需求。因此,宽带数字收发技术是开放式相控阵的重点关键技术之一,它在数字收发技术的基础上强调了瞬时带宽的指标。目前,对于窄带、宽带与超宽带尚无规范的统一定义,不过普遍认可的定义是:当信号带宽与中心频率之比小于 1% 称为窄带(Narrow Band,NB),在 1% 与 25% 之间称为宽带(Wide Band,WB),大于 25% 时称为超宽带(Ultra Wide Band,UWB)。也有少数观点认为相对带宽小于 10% 为窄带,在 10% 与 100% 之间为宽带,大于等于 100% 为超宽带。

因为极大地提高了对瞬时带宽的要求,模数转换(ADC)和数模转换(DAC)的采样速率随之大幅提高,这使得宽带数字收发技术除了需要研究宽带高速 ADC 和 DAC 的使用与设计,还需要研究宽带数字下变频和上变频的 FPGA 实现、宽带信号数字均衡技术、高精度定时同步技术、大容量高速率数据传输技术等,如图 2-105 所示。

1. 模数转换

模数转换(ADC)的功能是将接收机已经混频、滤波、放大后的中频模拟信号转换为二进制的数字信号,其工作过程大致可以分为采样、保持、量化、编码、输出等几个环节。表 2-5 所示为宽带数字收发组件或接收机常用的 ADC 器件。

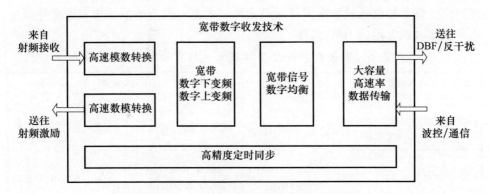

图 2-105　宽带数字收发技术的内容与组成

表 2-5　宽带数字收发组件或接收机常用的 ADC 器件

型号	转换位数	采样率	模拟输入带宽	SFDR	接口	功耗
ADS5463	12	500MS/s	2GHz	75dBc@450MHz	LVDS 并行	2.2W/单通道
AD9680	14	1GS/s	2GHz	80dBFS@1GHz	JESD204B	1.65W/单通道
AD9208	14	3GS/s	9GHz	70dBFS@2.6GHz	JESD204B	1.65W/单通道

ADS5463 采样率只有 500MS/s，采样中频带宽可以达到 2GHz，SFDR 指标也可以满足常规需求；但其 LVDS 的并行接口，使得设计使用时多比特数据线的走线难以同步，且后端的接收时钟分频特性也使得同步困难，因此虽然推出较早，但一直没有在宽带数字阵列上大规模应用。AD9680 和 AD9208 是近期的新款 A/D 器件，采用了 JESD204B 串行数据接口，有效地解决了在印制电路板设计时，高采样率下多比特数据线的同步走线问题，因此两者的采样率分别提升到了 1GS/s 和 3GS/s，中频模拟输入带宽也提高到了 2GHz 和 9GHz。这使得它们可以应用在宽带数字接收机里，并极大地提高宽带数字式 T/R 组件的瞬时带宽。但较高的采样速率会带来较高的处理成本，加上 A/D 器件本身的成本，综合考虑而言，AD9680 可以适用于信号带宽在 400MHz 以下的宽带数字式 T/R 组件，而 AD9208 则适用于带宽在 GHz 量级的宽带数字接收机。

2. 数模转换

数模转换（DAC）的功能可以看作 ADC 器件功能的逆过程，是一种将输入的数字信号转换成模拟信号输出的电路或器件，广泛地应用在数字通信、信号采集和处理、自动监测、自动控制和多媒体技术等领域。DAC 器件的输入是一个由后端数字信号处理系统产生的数据码，利用基准电压，这些并行二进制信号转换成等价的模拟信号。模拟输出信号经过滤波和放大后应用于模拟信号处理系统中。高速模数转换和高速数模转换是数字收发和模拟收发的交互边界，它们直接决定了整个接收机或数字组件的最大瞬时带宽。表 2-6 所示为宽带数字收发组件或接收机常用的 DAC 器件。

表 2-6　宽带数字收发组件或接收机常用的 DAC 器件

型号	转换位数	速率	SFDR	相位噪声	接口	功耗
AD9959	10（32 位频率字，14 位相位字）	500MHz	81dBc@200MHz（±1MHz）	-134dBc/Hz@100kHz offset(100MHz)	SPI 控制	540mW/4 通道
AD9910	14（32 位频率字，16 位相位字）	1GHz	83dBc@320MHz（±1MHz）	-123dBc/Hz@1kHz offset(400MHz)	SPI 控制/并行数据	800mW/单通道
AD9739	14	2.5GHz	69dBc@350MHz（±1MHz）/1.2GHz 速率	-111dBm/Hz@1kHz offset(920MHz)	LVDS 并行	1.1W/单通道，2.5GHz 速率
AD9154	16	2.4GHz	72dBc@180MHz（±1MHz）/2GHz 速率，-6dBFS	-125dBm/Hz@1kHz offset(401MHz)	JESD204B	2.1W/双通道，1.6GHz 速率
AD9172	16	12GHz	72dBc@1800MHz（±1MHz）/12GHz 速率，-7dBFS	-97dBm/Hz@1kHz offset(1800MHz)	JESD204B	2.5W/双通道，12GHz 速率

　　AD9959 和 AD9910 是 DDS 器件，内部集成了相位累加器、幅度调制器甚至倍频器、内插滤波器等控制核。SFDR 和相位噪声也可以满足一般性需求，加上接口简单，功耗很低，内部的 32 位频率字和 14 位相位字分辨率足够，非常适合用来产生高奈奎斯特区的点频信号；SPI 接口可以简单快速地配置频率和相位，从而采用相位时域等间距补偿的方法修正大带宽信号的相位波动，移频移相的方法解决窄带数字相控阵的孔径渡越问题，因此可以广泛应用于窄带数字式 T/R 组件，或者宽带模拟去斜数字式 T/R 组件。AD9739、AD9154、AD9172 不具备内部 DDS 核，需要外部器件提供数据源驱动，具有更高的使用灵活度和应用范围。因为 AD9739 的数据接口采用乒乓模式的 LVDS 接口，数据线数量较多，在高密度的宽带数字式 T/R 组件设计时难度较大，且转换位数不如 AD9154，因此目前已经有被 AD9154 逐步取代的趋势。AD9154 的转换位数达到 16 比特，最高速率高达 2.4GHz；输出信号中频可以轻易达到 1GHz 左右。动态和相位噪声表现优秀，JESD204B 的数据接口解决了高速率下数据线同源同步的难题，目前开始成为 200~400MHz 带宽的宽带数字式 T/R 组件的设计首选。AD9172 的

转换速率最高达到 12GHz,理论上已经可以做到 S 波段的信号直接输出,且瞬时带宽达到吉赫兹量级。但过高的数据率,给前端的数字信号处理模块带来的压力太大,计算处理成本太高,因此在工程实现上,更多的是将其使用于集中式的信号产生模块或者小规模的宽带数字阵面。

3. 高速数模转换和模数转换的硬件设计和软件设计

根据系统指标要求选用合适的 ADC 和 DAC(或者 DDS)器件后,还需要良好的硬件设计和软件设计以保证实现最终的系统功能和指标要求。硬件设计包括使用低相位噪声的时钟信号源,尽量短且良好屏蔽的时钟信号的布局,使用线性电源给采样电路供电,采用高频特性好、漏电流小的钽电容和陶瓷电容对模拟器件和 ADC/DAC 器件电源滤波,设计时充分考虑系统的散热问题,最终降低采样时钟的相位噪声和相位抖动,以获得优异的动态指标。

软件设计一般是指在 FPGA 上进行的数据处理。FPGA 是在 PLD(可编程逻辑器件)、CPLD(复杂可编程逻辑器件)等可编程器件的基础上进一步发展的产物。它是作为专用集成电路(ASIC)设计领域中的一种半定制电路而出现的,既解决了 ASIC 器件的固化度过高、灵活度不足的缺陷,又克服了原 PAL、GAL 等可编程器件的门电路数量较少、计算能力较弱的缺点。因此,在众多电子产品中得到广泛应用。尤其是在军用雷达、电子战等领域,由于各个型号的电子设备使用场景、战术背景不同,对数字接收机或者数字式 T/R 组件的具体要求各不相同,要求的处理内容、方式、格式、接口等都不相同,使用 FPGA 作为数字接收机或者数字式 T/R 组件的处理核心,可以极大地缩短系统和模块的设计周期,并有效地降低成本。

宽带数字组件或者数字接收机的采样速率在 500MHz 以上,而当前 FPGA 的流水处理速度在 200~300MHz 级别,这使得 FPGA 内部的数据处理部分需要采用多相并行结构来设计,尤其是数字下变频部分和数字上变频部分。多相并行结构会消耗更多的资源(尤其是 FPGA 内的乘法器 DSP 资源),考虑数字子阵、单元级数字组件需要并行处理多通道数据,这对 FPGA 的软件设计带来较大的资源消耗压力。合理地选择采样中频,选择适当的滤波器系数阶数和位宽,设计分支对称的多相结构方式,利用雷达收发分时的特征采用分时复用,可以降低最终实现的数字上变频和下变频处理模块的资源总消耗,这也是宽带数字收发的研究重点之一。

2.5.5 超宽带链路幅相特性数字修调技术

在大扫描角空间目标探测背景下,为了探测目标可能的空域,要求开放式相控阵雷达具有宽角扫描能力;为了识别高速飞行的空间目标,要求开放式相控阵雷达具有高距离分辨力和角分辨力,即雷达发射信号要具有大带宽,相控阵天线要具有大口径。但是,在大扫描角情况下,宽频带相控阵雷达天线扫描波束随着频率变化会发生指向的偏移,称为相控阵天线的孔径效应。随着天线口径的增加,不同天线单元之间雷达波的传输时间差将不可忽略,发射和接收信号将无法相参叠加,这就是孔径渡越时间问题。孔径效应会引起雷达回波信号幅度损失,造成雷达威力下降,严重影响雷达系统性能。此外,虽然从数字域产生的宽带信号是接近理想的,但是由于信号产生、传输、发射、接收中各级滤波器、环形器、放大器等元器件的非理想特性,雷达收到的回波信号会产生变形、失真。如果此时仍然采用发射信号做匹配滤波,将会导致脉压后的主瓣展宽、旁瓣抬高,使脉压性能变差。

综上所述,在宽带宽角扫描的工作环境下,必须对雷达宽带链路进行校准补偿。补偿分为两个层面:在阵面级,通过延时子阵计算划分来完善宽带链路设计,采用数字调制技术等方式,进行不同通道的信号延时,解决宽角扫描波束发散的问题;在数字组件级,通过对信号的去斜、采样、FPGA处理等流程,在数字板上实现移频移相、数字延时、宽带修正等功能,保证信号相参合成,形成波束。同时,对信号产生进行预失真补偿,测量出信号的失真程度,将之转化为修正量,然后将这个修正量反向补偿至数字控制环节,即可改善信号产生的质量[26]。

1. 天线阵面级链路延时设计与补偿

目前,实现大瞬时带宽相控阵天线的主要方法是时延补偿技术,就是在天线馈电射频链路中加入延时器用于补偿天线阵列的孔径效应。为改善天线的频率响应,理论上在阵列系统中使用单元级延时器的天线性能最好,但工程上为降低天线系统的设备规模和研制成本,在大型宽带相控阵系统中采用子阵级延时器、单元级移相器的方案,有效改善了波束指向频响。本节主要介绍一种基于大型宽带相控阵天线的多级子阵分级延时的设计方法,该方法不仅可以实现大带宽、大扫描角的高精度天线方向图,同时还可显著降低大型天线系统配套硬件的复杂度和研制难度,从而达到兼顾高性能、可工程化以及低成本的目的。

针对大型宽带宽角扫描相控阵天线,采用多级子阵分级接入延时器的技术方案,即不同层级的延时器仅需满足本层级子阵间的时间补偿。一种常见的三级子阵延时架构拓扑示意图如图 2-106 所示,第一级延时器会计算当前扫描角的理论延时量,对所控制范围内的单元进行延时控制,工程应用中延时器通常采用二进制控制,因此每一级子阵在延时器使用过程中必然存在剩余延时量。该剩余量可由下一层级延时器逐级补偿,并最终由 T/R 组件移相器完成阵元级等效相位补偿。

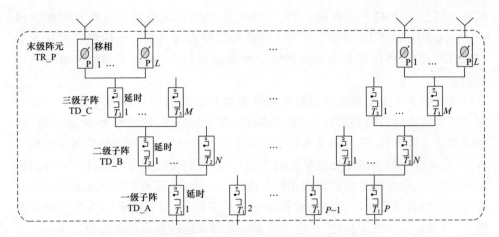

图 2-106 三级子阵延时架构拓扑示意图

在子阵级使用延时器,需要评估延时子阵的规模,既要易于工程实现,又要保证孔径渡越损失在系统容许范围内。孔径渡越对系统影响在工程上一般从两方面考虑:脉冲展宽和方向图指向偏离(也称色散)。整个阵列脉冲压缩后的输出信号波形可看成各个天线单元的信号分别进行脉冲压缩后在接收机输出端进行线性相加的结果。天线孔径渡越时间 T_{A0} 至少应小于脉冲宽度 τ,否则,天线阵列两端天线单元接收到的信号经脉冲压缩后将在时间上完全分开,无法进行相加合成。根据这一原则,可知延时子阵的数目 N 满足

$$T_{A0}/N \leqslant \frac{1}{2} \cdot \frac{1}{\Delta f} \tag{2-40}$$

式中:T_{A0} 为全阵孔径渡越时间;N 为 x 或 y 方向的延时子阵数目;Δf 为最大瞬时带宽。

从宽带信号引起的波束指向偏转效应即"空间色散"效应来看,均匀划分子阵后,子阵方向图的波束指向会发生偏转。工程设计中,一般考虑均匀划分延时子阵后,子阵波束偏转角小于子阵波束宽度的 1/4 左右,即延时子阵数目 N 满足

$$N \geqslant (\Delta f/f_0) \times (2 \times \sin\theta_B/\theta_{bw}) \tag{2-41}$$

式中:f_0 为中心基准频率;θ_B 为扫描角;θ_{bw} 为阵列波束宽度(弧度)。

综上所述,通过合理的分级延时规划和延时子阵设计,可有效补偿全阵宽带宽角扫描带来的失真,最大限度地提升宽带相控阵天线的方向图性能。

2. 数字组件级延时实现与预失真补偿

由于体积限制和成本约束,组件级延时目前都是采用数字延时的方法来实现的。传统的数字时延方法有很多种,如采用过密采样、数字时域内插等方法,但它们无法获得信号的任意时延,而且会造成数据量的激增,而频域线性相位加

权方法则由于受 FFT 点数的影响,时延精度受到很大限制。分数延时滤波器(Fractional Delay Filter,FDF)是一种对输入信号实现连续可变的精确时延的数字滤波器,配合移位寄存器为基础的整数刻度延时器,可以实现组件级延时的目的。

宽带数字收发处理的对象是射频模拟接收的输出信号,宽带信号在模拟处理过程中需要经过射频滤波器、中频滤波器等无源器件,以及放大器、混频器、射频开关等有源器件,不可避免地产生各种非线性失真,尤其是幅频失真和相频失真,对回波脉压的主副瓣比结果影响严重。此外,宽带数字阵列的各个通道间因器件的差异、老化等带来幅频和相频特性的不一致,即通道失配。通道失配的存在会对阵列雷达后续的信号处理算法产生严重影响,降低阵列雷达的测角测距精度、分辨力以及抗干扰能力,进而使宽带阵列雷达的整体性能受到影响。

选用高品质的器件,精心设计印制电路板,提升装配工艺和提高刷选标准,可以适当降低这些失真和通道失配,显著增加成本,且加大设计难度和生产难度;在数字域进行宽带信号均衡可以补偿这些非线性失真和通道失配,成本的额外增加也不大,因此对宽带阵列雷达中的非线性失真和通道失配进行校正就显得格外重要,这也是宽带信号均衡技术研究的意义和目的。

有大量关于宽带信号均衡研究的论文和参考文献[27]。研究表明,只要通道间频率响应一致,带内误差对方向图影响非常小。而通道间频率特性不一致时,通道失配对波束形成的影响并不是单看在整个带宽波动周期的个数,而是看通道之间的失配程度。同时,存在幅度失配和相位失配时,对均匀加权波束形成影响较小,但对采用加权时的波束形成影响非常大,严重地限制了数字阵列雷达实现低旁瓣波束。

为了校正频率响应的失配,应在每个通道中安装一个数字滤波器,使得通道总的频率响应与频率无关,或者至少是所有通道的频率响应均相等。这种滤波器称为均衡校正滤波器,又称为均衡滤波器。因为 FIR 滤波器具有良好的相位特性,均衡滤波器一般采用可编程的复系数 FIR 滤波器。

均衡滤波器的 FPGA 实现和常规的 FIR 低通滤波器实现基本一致,但因为其系数是复数,计算对象也是复数,消耗的资源比同等阶数的 FIR 低通滤波器要多,设计时需要根据实际情况选择合适的阶数。均衡器的原理实现框图如图 2-107 所示。

宽带数字收发的均衡技术难点在于从监测结果中计算均衡器系数。根据对均衡器自适应权系数的计算可以归纳为时域算法和频域算法两种基本算法。它们的核心思路都是让失配通道的频率响应向参考通道逼近,不同点在于时域均衡算法是以最小均方误差为准则,在时域对信号数据进行采样计算求解系数,且

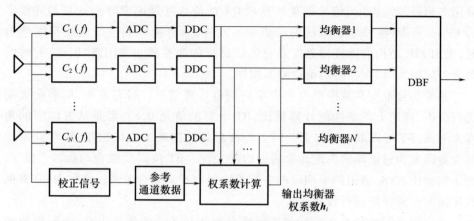

图 2-107 均衡器的原理实现框图

时域算法能够自适应求解系数；而频域算法则是用最小二乘拟合的方法，使用数据的频域值求解均衡器的系数。因此，虽然时域算法相对简单，但校准精度较低，且校准目标的频域带宽不容易控制；频域算法需要进行数据的时频转换，校准精度高，目标的频域带宽容易控制，但运算量和运算复杂度是远高过时域算法的。

一般可以认为在去除温漂、老化、故障等因素后，数字组件通道的射频幅相失配/失真是不会发生快速的、显著的变化，只和工作频点有关联。因此，对于雷达系统而言，系数的计算对速度要求并不苛刻，可以离线进行计算，并不需要将系数的求解部分放置在信号处理等 DSP 硬件实时模块上进行。目前，工程实现时有在数字组件生产线或者在阵面统一进行均衡器系数求解两种方式。前者可以借用信号源来产生幅相性能趋近理想信号的校正信号，计算求解精度高，但工作量大，且容易受到测试台夹具、电缆、切换开关等外围因素的影响；后者在阵面依赖一个监测组件产生校正信号，幅相特性有所失真，求解精度略差，但不影响整体失配通道的均衡结果，且没有非装机因素影响，但对计算速度和存储能力有一定要求。

均衡器系数的求解需要向待均衡通道注入一个校正信号，校正信号的信噪比会严重地影响最终的系数求解结果。研究表明，校正信号的信噪比在 50～60dB 时能够获得较好的均衡效果，继续加大信噪比均衡性能提升并不明显。低于 50dB 会有逐渐恶化的趋势。

均衡处理只能对模拟通道的幅相失真和失配做一定程度的接近平坦的固定式均衡，因此不能将所有幅相失真和失配的问题都由数字均衡处理来解决，否则严重的幅相失真和失配会需要更多阶数的均衡器来补偿，尤其如果均衡器需要采用多相处理结构(当信号带宽大于 FPGA 的流水处理速度时),这将消耗极多的 FPGA 资源,额外增加系统的总成本。此外,通道频率响应的失配程度严重时,采用 FIR 结构的滤波器逼近具有尖锐谱峰的滤波器非常困难,因此,此时的剩余失配很大,均衡器的均衡效果不理想。

基带信号带宽和数据率也会影响均衡器处理结果。研究表明,用剩余失配进行分析,理论上考虑性能计算量比,BT 最好的值是 0.5。但是从方向图的角度来考虑,BT 可以取 0.8 以上。因为均衡后各通道间的失配很小,影响波束图的主要因素为通道间的失配而非通道内的失配。BT 值需要综合均衡器长度 L、校正信噪比 SNR、通道频率响应的失配程度等因素来联合考虑。实际中,宜根据具体情况对采样率进行设置。

选定均衡器的阶数和实际的失配情况密切相关。阶数较小时,随着阶数的增加,剩余幅度失配和剩余相位失配减少得非常快,但随后趋于平缓,逐渐地接近某一较小值,主要原因是受到噪声的影响。因此,可以根据实际失配情况进行多种阶数的计算,最后根据总资源消耗和均衡后的结果进行折中,选定滤波器阶数。剩余幅度失配和剩余相位失配的均方根值不可能无限的小。

在采样率和带宽固定的情况下,校准信号的时宽越大,则频带划分越细,计算量越大。理论上最好选择时宽越大越好,但工程中需要根据实际所能接受的计算量进行选择。

3. 宽带接收系统修正补偿技术

开放式相控阵系统一般采用宽带架构,而宽带接收系统(含本地振荡器、激励源、放大器、混频器等)不可避免地会产生幅相失真。由于温度变化、结构件松紧、器件老化、电源扰动、其他参数变化等因素,收发系统的幅频传递函数还具有一定时变特性。仿真表明,系统总相位波动为 3.6°、幅度波动为 0.5dB 时,副瓣电平才能达到-30dBc 的要求。

为了保证收发链路在全工作频段内均具有良好的传输特性,需架构快速测量、估计方法,对工作频段内的链路幅相特性进行评估,最后分别利用预失真和数字补偿等手段,对发射和接收链路的幅相特性进行数字修调,彻底解决非高斯扰动条件下,超宽带链路的幅相特性难以估计和补偿的难题,消除了器件的非线性效应和系统性能波动所引入的幅相误差。

图 2-108 所示为某 1GHz 带宽 X 波段雷达接收系统未修正补偿时的频谱,由该图可以看出,副瓣电平仅达到-16dBc 左右,远不能满足系统要求。

目前的宽带接收系统以去斜接收体制为主,去斜过程可以大大降低 ADC 的采样频率和后续 DSP 的处理能力要求。但是去斜接收体制的相位失真,既包含宽带系统的幅相失真,还包含线性调频信号本身的失真,即引入了附加失真,使系统的补偿变得特别复杂。以 ISAR 系统接收链路为例,给出了去斜接收机的幅相修正原理,如图 2-109 所示。

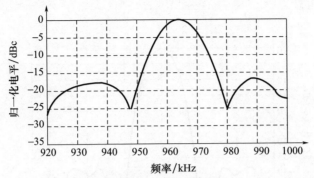

图 2-108　接收机未补偿时录取 I、Q 数据 Hamming 加权后的频谱

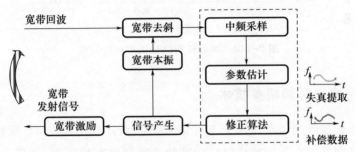

图 2-109　去斜接收机幅相修正原理

宽带去斜信号系统补偿是在输入"宽带激励"的情况下,以去斜方法在求得其复解调样本 $C(k)$ 的条件下,如何求得相应的复数 $g(k)$,使满足复检波的信号 $d(k)$ 是理想的复正弦波:

$$C(k) \times g(k) = d(k)$$

经推导可得

$$\begin{cases} \hat{M} = \dfrac{1}{N} \sum_{k=1}^{N} A(k) \\ \hat{\theta} = \dfrac{6}{N(N-1)} \sum_{k=1}^{N} \varphi(k) \left(\dfrac{2N+1}{3} - k \right) \\ \hat{\varphi} = \dfrac{6}{N(N-1)(N+1)} \sum_{k=1}^{N} \varphi(k)(2k - N - 1) \end{cases}$$

解得

$$g(k) = \dfrac{\hat{M} \exp j(\hat{\varphi} \cdot k + \hat{\theta})}{C(k)}$$

将上式作用于系统,就实现了对系统的幅度相位补偿。

图 2-110 所示为某接收机相位补偿后加权频谱,其副瓣电平可达 -38dBc 左右,效果非常明显。

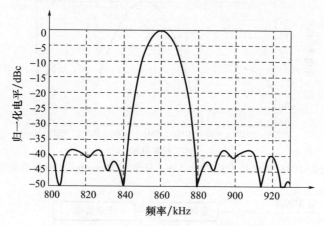

图 2-110 接收机相位补偿后加权频谱

2.5.6 高精度时频相参技术

开放式相控阵列通常使用分布式信号产生和分布式宽带 AD 采样技术,各分布式节点的收发信号需要进行严格同步才能保证波束性能,因此需要对各节点的定时控制信号进行高精度同步操作。

定时信号在物理层采用基于高速 Serdes 技术的光纤传输技术进行实现,主控制节点需要将定时信号通过光纤分配网络传输至各分布式有源子阵,由于数字阵列分布式节点数量巨大,经过多级光分路后到达各分布式节点的光功率已经无法满足要求,所以需要使用光功率放大器提高输出光功率来实现分布式光纤网络传输。采用功分网络形态的光纤传输架构能够支持节点数量扩展,最大限度地发挥开放式相控阵积木化可拼接的优势。由于 1550nm 光纤传输具有最低损耗窗口以及能够被掺铒光纤放大器(Erbium-Doped Fiber Amplifier,EDFA)高效放大,因此定时信号的传输模式采用 1550nm 单模光纤。分布式定时信号光纤传输网络原理框图如图 2-111 所示。

定时信号的精度直接影响发射与接收波束的性能。分布式节点定时信号的控制精度除了受光纤网络长度不一致的影响,还来自定时信号在不同时钟域之间的多次传递,这些时钟不存在相参性,造成定时信号的绝对传输时间存在不确定性,对大规模分布式开放式阵列控制的高精度定时同步带来很大的挑战。高精度定时同步的基本原理是采用相位控制技术,在定时数据发送端采用发射相位控制模块,根据参考时钟,鉴别发送时钟相位,并反馈至 Serdes 发送端,使得发送时钟最终稳定在所预设的相位上。同理,在定时数据接收端,接收相位控制模块根据参考时钟,鉴别接收时钟相位,并反馈至 Serdes 接收端,使得接收时钟最终稳定在设计的相位上。传输基本原理框图如图 2-112 所示,采用这种方法能够很好地克服收发时钟的不确定性,进而实现高精度的定时信号传输与同步。

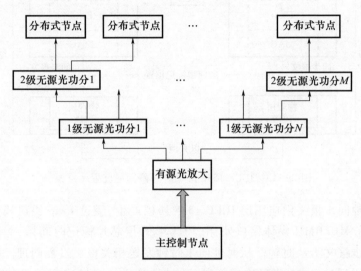

图 2-111 分布式定时信号光纤传输网络原理框图

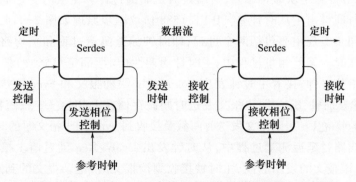

图 2-112 基于 Serdes 的高精度定时信号传输基本原理框图

定时信号在应用层采用基于 IEEE 1588 标准的精准时间同步协议进行传输。IEEE 1588 是一种网络测量与控制系统精密时钟同步协议标准,它定义了一种精确时间协议(PTP),可基于以太网实现高精度时钟同步。IEEE 1588 协议中,通过设置不同的报文发出间隔,主从节点之间周期性地交互报文,后依据报文中的发送和接收时间戳信息计算从时钟与主时钟间的时间偏差。采用软硬件结合方式实现 IEEE 1588 协议,利用 PHY 硬件实现靠近物理层的位置上对同步报文标记时间戳,时间戳标记位置示意图如图 2-113 所示。

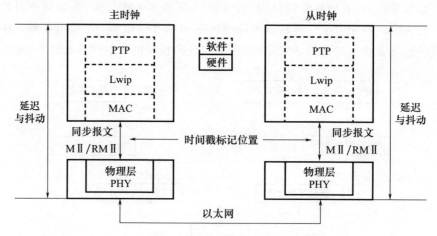

图 2-113　IEEE 1588 协议时间戳标记位置示意图

主时钟同步报文由应用层 IEEE 1588 协议产生,经过 Lwip 协议栈传输层和 MAC 层,在 MII/RMII 媒体接口处,由 PHY 物理层芯片标记时间戳,并通过以太网发送同步报文给从时钟。从时钟向主时钟发送相关报文过程同理。同步链路时延量使用延时请求-请求响应机制,通过计算主从时钟之间的整体链路路径延迟(Dealy)得到主从时钟偏差,对端延时机制通过计算主从时钟之间每一条路径的延迟时间得出主从时钟差。IEEE 1588 协议同步原理如图 2-114 所示。

一次同步实现主要包括两个过程,即时钟偏差测量过程和平均路径延时测量过程。在时钟偏差测量过程中,主时钟周期性(周期固定可修改)的发出 Sync 同步报文给从时钟,接着主时钟发出 Follow_Up 跟随报文和 Sync 同步报文的发送时间戳给从时钟,Sync 同步报文发送时间戳存储在 Folllow_Up 跟随报文中,从时钟记录 Follow_Up 跟随报文发送时间戳及接收到 Sync 同步报文时的时间戳。

在平均路径延迟测量过程中,从时钟发出 Dealy_Req 延迟请求报文给主时钟,并记下该报文的发出时间,主时钟接收到该报文后,记录报文的到达时间,并向从时钟发出 Delay_Resp 延迟请求响应报文和 Deary_Req 延迟请求报文,Dealy_Req 延迟请求报文发送时间戳存储在 Delay_Resp 延迟请求响应报文中。随后从时钟利用接收到的报文发送和接收时间戳计算主从时钟间的平均路径延迟。

2.5.7　同时同频全双工技术

当前的射频系统包括雷达、通信和电子战等主要采用收发分离的半双工模

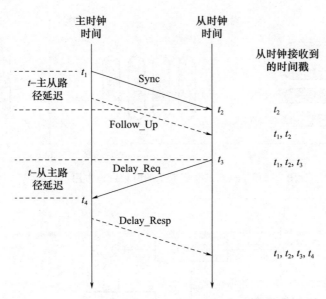

图 2-114 IEEE 1588 协议同步原理

式。通常需要两条独立的通道以实现双向射频信号传输,以避免收发之间的冲突,这两条独立通道可从时域或者频域划分开,在通信中分别对应时分双工和频分双工两种双工技术。时分双工在雷达中对应脉冲体制式的分时收发;在电子战中对应间歇式的侦收和干扰。对通信系统而言,单向传输速率只有通道总速率的一定百分比例。而频分双工将射频信号的发射与接收在频域上分离开来,一个频段用作发射使用,另一个频段作为接收使用,也存在频率利用效率低的问题。

同时同频全双工(Co-time Co-frequency Full Duplex,CCFD)技术使得收发信道不受时间、频域、空域的限制,多个功能同时工作,协同增效,达到 $1+1 \geqslant 2$ 的效果。例如,通信、雷达或者干扰分别和频谱感知同时工作时,可以与环境不断交互和学习,获取环境信息,结合先验知识和推理,不断调整发射参数,可以自适应调整通信信道、自适应探测目标或者自适应攻击目标,提高复杂时变以及未知电磁环境与地理环境下的适应性能。再如,可以用于多传感器融合、无源引导有源、干扰效能闭环评估等。全双工与半双工的时频资源占用示意图如图 2-115 所示。

同时同频全双工技术的关键在于对消自身的干扰,其原理如图 2-116 所示。自干扰的对消一般分为空域、射频域和数字域的对消,通过各自重建通道的信号输出,抵消这三个域的干扰,达到干扰对消的目的。

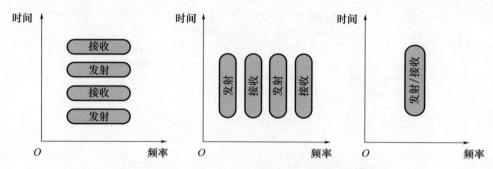

图 2-115　全双工与半双工的时频资源占用示意图

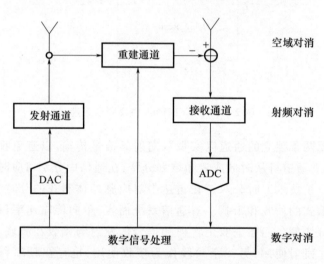

图 2-116　同时同频全双工自干扰对消原理

1. 空域对消

空域对消主要是指空域调零技术,如图 2-117 所示,主要利用多个发射/接收天线在接收/发射单元处矢量叠加抵消原理,其途径有两个方面:①在发射方向增益不变或少变的前提下自适应调整发射阵的权系数使得每个接收单元的干扰功率最小;②接收方向增益不变或少变的前提下自适应调整接收阵的权系数使之在每个发射单元的近场形成零陷。

空域对消所采取的波束权系统调整会影响收发主波束,因此收发主波束形成和空域对消需要统一考虑,将波束赋形增益和接收天线处的干扰功率最小或者信噪比最大作为优化目标,将接收单元饱和功率阈值作为约束条件,在此基础上进行最优波束赋形权值计算。过程可以分解为两个步骤:首先以接收机信噪比最大化为准则,优化接收机天线波束成形矢量;其次以自干扰最小化为准则,

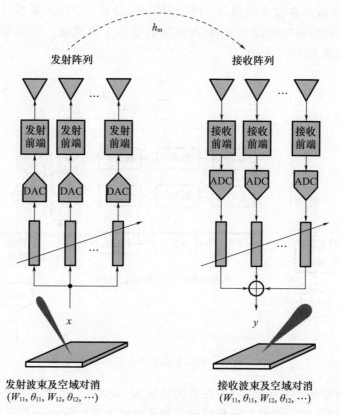

图 2-117 空域对消原理

优化发射机天线波束成形矢量。具体求解方法包括梯度下降法、谱分析方法、特征分解法和随机算法等。

2. 射频对消

射频自干扰抑制采用"重建+抑制"机制,采用射频自干扰重建电路精确地重建自干扰信号,然后将自干扰重建信号从接收机前端的接收信号中减去,以实现射频自干扰抑制。射频自干扰抑制分为单抽头自干扰抑制、多抽头自干扰抑制和数字辅助自干扰抑制,其工作原理和主要特点如下:

(1) 单抽头自干扰抑制:在发射机和接收机之间的耦合信道为单径信道的条件下,接收机中的自干扰信号为发射信号的延时、衰减和移相副本。此时,从功率放大器输出端耦合一路发射信号,经过延时、调幅、调相后和接收信号相加,可实现射频自干扰抑制。

(2) 多抽头自干扰抑制:在发射机和接收机之间的耦合信道为多径信道的条件下,接收机中的自干扰信号为多个发射信号的延时、衰减和移相副本的和。

此时,从功率放大器输出端耦合一路发射信号,经过一个抽头系数可调的抽头延时线电路结构后和接收信号相加,可实现射频自干扰抑制。射频多抽头自干扰抑制原理如图 2-118 所示。

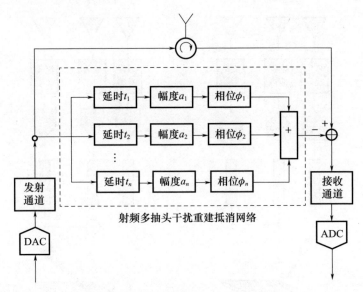

图 2-118　射频多抽头自干扰抑制原理

（3）数字辅助自干扰抑制:在数模转换器（DAC）之前耦合一路发射数字信号,在数字域经过一个抽头系数可调的抽头延时线结构后由一个辅助 DAC 变换到模拟域,然后由一个辅助发射通道上变频至射频和接收信号相加,以实现射频自干扰抑制。数字辅助射频自干扰抑制原理如图 2-119 所示。

3. 数字对消

虽然空域干扰抑制与射频自干扰抑制能够提供较大的抑制能力,但由于实现精度的限制,仅靠这两者仍无法将自干扰抑制到接收通道噪声底限的水平,还需要数字自干扰抑制的配合,解决线性、非线性及抬升的底噪等问题,才有可能达到这一理想目标。

数字自干扰抑制技术是指在数字域通过重建自干扰并将其从接收数字信号中减去,从而实现自干扰抑制,其又可细分为频域自干扰抑制和时域自干扰抑制,基本原理是根据发送的数字信号和接收的残留自干扰信号,在频域或者时域上估计出残留自干扰信道,再将重建出的自干扰从接收信号中减去,如图 2-120 所示。

对于自干扰线性或非线性分量,可以根据发射信号进行线性或者非线性估计后在数字域进行重建,但是发射通道的相位噪声、非线性与量化噪声一般情况

第 2 章 开放式相控阵天线

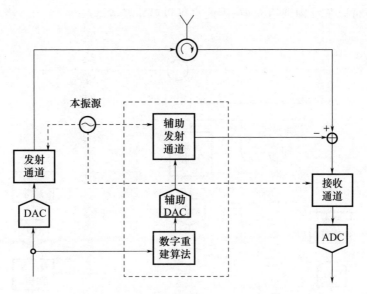

图 2-119　数字辅助射频自干扰抑制原理

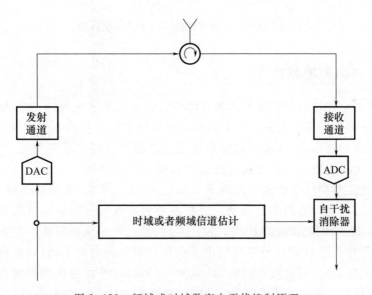

图 2-120　频域或时域数字自干扰抑制原理

下比线性分量弱得多,抑制难度和代价非常高,因此,还可以通过增加反馈辅助通道获知发射信号中的非线性分量,然后进行非线性估计和重建,基本原理如图 2-121 所示。发射通道的相位噪声、非线性与量化噪声可从反馈通道获得,因此可以基本消除。此外,反馈通道与接收通道使用了相同的本振,接收通道的相位噪声可以从反馈通道获取,因此也可以基本消除。

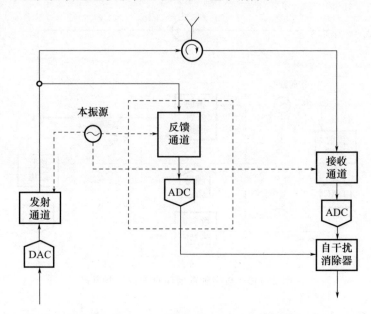

图 2-121　反馈辅助数字自干扰抑制原理

2.5.8　共形可承载技术

共形可承载技术作为开放式相控阵系统适应天基卫星、临近空间飞行器、浮空平台、下一代隐身飞机等新型平台在特定情况下的重要约束条件,是开放式相控阵实现多功能应用、环境自适应和规模可扩展等功能的重要基础。共形可承载技术类天线主要面向对安装天线有严苛要求的应用场景,尤其适合对气动外形、荷载重量和功耗等敏感度高的下一代有人/无人飞机、平流层飞艇、导弹、高超声速飞行器等形态的平台场景。这些平台的共性特征表现为气动形貌固化、承载能力低下、配电额度严控等,相当于分配给任务系统的资源严重不足,与此相对,这类作战平台对任务系统提出了远超常规的能力需求,包括宽视场、多功能、强效能等,导致载荷设计面临"供给侧"与"需求侧"严重失衡的尴尬局面,幸运的是共形可承载技术类天线的新形态、新特征和新能力为解决载荷设计的供需不匹配矛盾提供了理想选择,是新质武器装备开发的重要支撑技术之一。

此外,共形可承载技术是一种面向开放式有源相控阵天线系统架构的物理层实现技术,天线及阵列布局随形而定、呈分布化方式,具有极高的灵活性,且适配性和成长性俱佳,是物理实现层的优选适配方式之一。随着各类支撑技术和综合集成技术成熟度的不断提升,有望提供一系列全新的分析、制造、测试等技术工具,解决天线大口径、超轻量、高能效设计难题,为开启预警探测向无人、持续、隐身、低成本方向发展新篇章推波助澜,撬动预警探测作战效能的跨越式迈进,为加快武器装备提质增效和换代发展带来新希望。

根据共形可承载技术的核心特征"共形"和"承载",对其主要技术特点进行总结如下:

1. 同时提供天线、平台形貌和结构支撑能力

从设计角度看,由于将有源天线功能融入平台蒙皮和结构中,使设计结果不但拥有相控阵天线系统的所有属性,包括频率、极化、方向图、增益、覆盖空域、辐射效率、辐射功率、接收灵敏度、噪声系数和扫描灵活性等,同时,还具有平台的形貌和结构属性特征,提供必要的保形和承力等平台属性,即实现天线与平台完美一体化的同时双属性设计。因此,采用共形可承载技术开发的天线系统表现为一体两面,其既是天线,也是平台结构,是天线要素与平台结构要素的高度统一,既能够实现天线功能性能,也能够提供平台保形和结构支撑作用,具有天线与平台结构双属性特征,如图 2-122 所示。

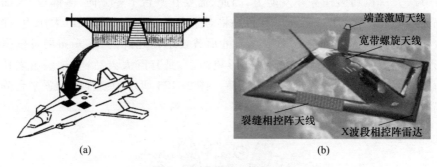

图 2-122 共形可承载天线

2. 形貌变化显著,阵元品类众多

飞行器形貌设计受飞行包线、速度、机动性、升阻比、目标特征等诸多要素要求约束,一般为不可展曲面形态,局部曲率变化剧烈。例如,隐身战斗机头部为多种形面拼合而成,机翼机身也是为适应超声速、超机动和强隐身而刻意进行了大量修形设计;高空长航时无人机为提高升阻比以获得更高的气动效率一般采用变截面大展弦比设计。为实现共形,天线阵元必须采用随形变化。一般情况下,对曲率变化小的局部可以通过单一形态阵元,并适度调整优化结构参数组合来适配形貌的小范围变化,以提高设计效率和降低后续生产制造复杂度;但是,大多数非规则二维不可展形貌区域,曲率变化大,对大尺度阵列来说,不同阵元区域形貌差异巨大,单一形态阵元很难满足要求,必须依据结构适配性选取阵元,以获得理想形貌特征。因此,大尺度复杂共形可承载天线系统一般表现为翼形异构分布化特征,导致阵元品类众多,这可以通过合理规划和布局调整进行优化。图 2-123 所示为多种形态阵元示意图。

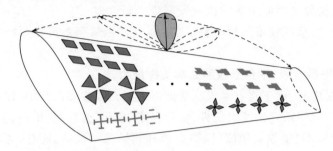

图 2-123 多种形态阵元示意图

3. 阵形布局灵活,适配多种任务

电磁频谱作战要求未来作战平台具备多功能、多任务模式,以实现预警探测、侦察、射频对抗、通信、导航、识别和制导等各种功能,要求天线系统提供宽频、广域、大口径和多任务并发能力,因此,需要在平台上多方向、多部位、大面积布局天线阵元,若采用平面阵进行布局将对平台空间和形貌造成巨大压力,往往无法达成设计目标,此时,若采用共形可承载技术构建阵列,阵元布局可依据平台形貌灵活展开,不再受平台空间和形貌约束,具有巨大灵活性,这些由多任务能力要求导致的布局难题便能迎刃而解。图 2-124 所示为多样性配置平台阵列布局。

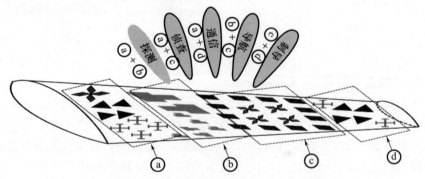

图 2-124 多样性配置平台阵列布局
(不同单元构成不同区域,不同区域组合实现不同功能)

4. 三维随形分布,阵列控制复杂

共形可承载类天线是典型的空间三维阵列,由于其在任意投影面都呈现不规则分布,导致传统规则周期阵列的快速扫描控制方法不再适用。空间三维阵列扫描控制需要在其方向图形成方法基础上,结合雷达系统架构科学制定,涉及方向图形成算法、控制信息传输架构、阵列阵元信息存储和调用方式以及运算单元架构等诸多方面信息。全阵列阵元控制矢量的快速生成方法可以采用先集中计算再分发方式,也可以采用分布式计算分发方式,需要根据具体物理系统架构来确定。工程上,全域控制模式一般可分为存储调用、存储计算联合操控和实时生成操控三种,实施装备开发时需要从共形阵列的控制响应时间、存储和传输资源开销等实际需求出发,通过分析对比上述三种控制方式进行优化,厘清逻辑架构,进而规划制订具体控制方案。典型控制逻辑基础架构如图2-125所示。

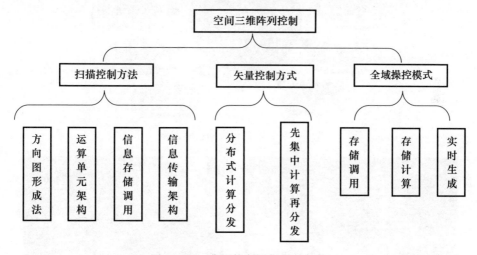

图 2-125　典型控制逻辑基础架构

5. 多域多场耦合,联合建模分析

大型共形承载天线系统一方面包括阵元、微波电路、线缆、光纤和冷却等有源天线系统构成要素,另一方面也包括蒙皮、中间支撑体、结构件、安装件等平台要素,是由复材、金属、有源电路、光纤、冷道等构成的复杂体,存在射频、机、电、热等多域多场强烈耦合。设计中,不同部位阵元方向图、阵列方向图、结构力学、温度管理,以及上述各方面在可靠性、环境适应性和各类动静载荷作用下的稳定性都需要建模和仿真分析与评估,需要运用电磁、力学、热学等各方面仿真方法联合建模才能有效开展分析评估。联合建模和仿真图例如图2-126所示。

6. 异质异构融合,制造工艺复杂

共形可承载天线包括大量复材、金属、电路、线缆、光纤等,是典型的深度耦合异质异构融合体。虽然在工程实践中可以将共形可承载天线视为平台的功能部件,但是,对大阵列来说,无法整体制造极其困难,任何过程瑕疵都可能导致残次品,甚至制造失败,风险非常高,因此,需要按照制造能力和成本控制等多维度标准将天线阵面合理划分成多个功能子阵部件,由于大多数情况下整个大阵列都是不可展的且三维形貌不规则变化,使得各个分区子阵各不相同,每一个功能子阵部件都需要独立的成套制造方法和配套工艺流程,制造过程复杂度远高于常规相控阵天线系统。金属-复材混合结构和制造工艺图例如图 2-127 所示。

图 2-126 联合建模和仿真图例

图 2-127 金属-复材混合结构和制造工艺图例

7. 过程伴随检验,结果综合评估

由于共形可承载天线构成材料和零部件要素复杂,包括大量复材、金属、电路、线缆、光纤等,需要集成-集成-再集成多层次嵌套,制造工艺和过程纷繁复杂,各个工序工步都可能产生各种误差、结构缺陷、连接不可靠、管线排布固定瑕疵等制造缺陷,需要在制造过程中设置必要的检验评估环节,对过程质量进行评估,及时发现不可接受质量瑕疵缺陷,避免后续不可挽回的制造质量事故。按照积木式开发方法的层级划分,共形可承载天线属于异质异构深度融合的复杂制件,越靠近底层的工序瑕疵对制造周期和制造成本的影响权重越大。建设并完善过程伴随检验是制造合格功能子阵部件的有力保障,能够为制造结果的综合评估奠定基础。

共形可承载天线的综合评估一般包括天线电特性测试评估和平台承载能力测试评估,测试评估涵盖功能性测试评估和指标性测试评估,可以根据具体研发对象制订方案。例如,与天线有关的分布化供电、控制逻辑、天线方向图、有源驻波、辐射功率、冷却效果等,与平台承载能力相关的静力、动载等项目。积木式开发过程框图和射频、力学测试图例如图 2-128 所示。

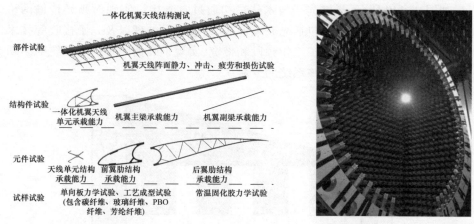

图 2-128　积木式开发过程框图和射频、力学测试图例

2.5.9　微波光子技术

开放式相控阵要求系统在硬件层具有宽覆盖的工作频率范围、大的瞬时带宽并具备可重构能力,以提供宽裕的开放式可调度资源,支持以软件定义的形式满足各类功能需求。当前数字微波组件(合成器、模数转换器等)的带宽有限并且噪声随载波频率升高而恶化,因此纯数字相控阵系统通常只能在数 GHz 范围内工作。而光子技术支持高至毫米波频段的任意波形低噪声射频信号的灵活产生,在宽带情况下仍能保持较为优异的带内幅相特性。此外,基于光子技术的接收系统具备高精度的直接数字化能力,并可以简化传统接收链路中较为复杂的变频过程。传统相控阵系统在进行功能重构时,FPGA 板需要重烧甚至改变与各数字通道的连接方式,灵活性受限。模数转换器的受限采样率也使得现有的数字重构技术无法应用于宽带信号。相比之下,基于光子架构的相控阵系统重构十分便利,并且支持极大的信号带宽。依托具有灵活分配和路由能力的微波光子传输网络,以及宽带低损耗光延时阵列,可以构建灵活的宽带多波束形成系统,完成对任意选定通道的多路宽/窄带信号可控合成,从而实现系统功能重构乃至具备同时多功能能力。此外,光采样技术具有大带宽、时间抖动小、抗电磁干扰能力强等诸多优点,在光子辅助模数转换器中得到应用。光子辅助模数转

换器在大的模拟带宽下具有较高的有效位数,保证了对宽带信号的高保真数字化能力。这些光子赋能的新型微波技术支持更大的工作频率范围和瞬时带宽,具备灵活的功能重构能力,帮助实现相控阵系统功能与硬件架构的逐步解耦,为实现更加开放、标准、通用、智能的相控阵系统奠定了技术基础。

1. 微波光子相控阵系统架构设计

如图2-129所示,微波光子技术从最初通过电光接口实现射频光传输网络的简单应用,逐渐演变为对包括光波束形成、光域信号处理以及光子接收等技术的全面综合运用,逐步拓宽了工作频段和带宽,实现了阵面的重构和系统的多功能一体,推动了开放式相控阵系统的发展。

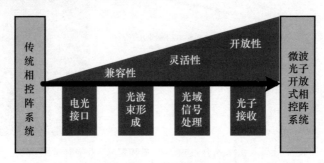

图2-129 微波光子技术在相控阵系统中的演进

1)微波光子模拟阵架构设计

微波光子相控阵雷达的模拟阵体制架构如图2-130所示。发射时,由信号处理控制微波光子收发系统产生载有雷达激励波形的光信号,经过光波束形成延时后经光纤网络送至阵面,在阵面综合电光网络中完成电光变换,生成的雷达激励经T/R组件放大后,经天线向空间辐射;接收时,目标反射的回波经天线和T/R组件接收放大后,在阵面综合电光网络调制到光载波上,经光纤网络送至后端微波光子处理单元,光波束形成根据雷达需求给相应通道设定时延后进行多通道信号合成;将载有回波的合成光信号送至微波光子接收机,完成模数转换;最后,由信号处理回波信息提取目标参数信息。

2)微波光子数字阵架构技术

微波光子相控阵雷达的数字阵体制架构如图2-131所示。与模拟阵不同的是,不包含光波束形成部分,而是通过多通道微波光子超宽带信号产生补偿发射相位、通过多通道微波光子超宽带采样阵列补偿接收相位,增强雷达系统灵活性,同时增强抗杂波、抗干扰性能。

2. 射频光传输网络技术

光载射频传输(Radio Over Fiber,ROF)是光纤链路应用的典型场景,它首先

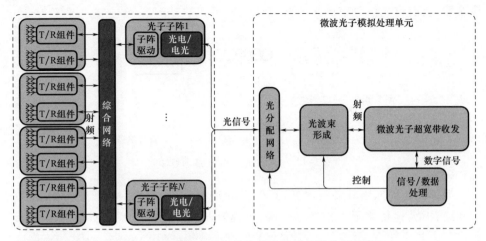

图 2-130 微波光子相控阵雷达的模拟阵体制架构

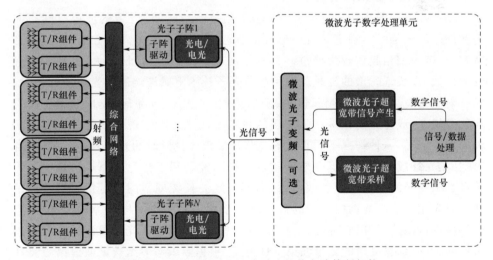

图 2-131 微波光子相控阵雷达的数字阵体制架构

将射频信号调制到光载波，再利用光纤进行传输，通过光电变换转化为射频信号。随着相控阵系统工作频段的不断提高，传输损耗不容忽视，以 Ka 频段信号传输为例，若采用同轴射频电缆传输，损耗约 1dB/m 甚至更高，若采用光纤传输，其传输损耗仅为 0.2dB/km。光载射频传输技术具有远距离传输损耗小、抗干扰能力强、质量轻、布线方便的特点，是实现信号远距离传输的有效途径。典型的微波光子链路由发射端、传输链路、接收端等部分组成。图 2-132 展示了一个典型的射频光传输链路，射频信号经电光（E/O）转换模块被转换到光域，利用光纤等光传输媒介可实现对光载射频信号的传输，并将信号馈送到光电（O/E）

转换器,从而将光信号解调为射频信号。

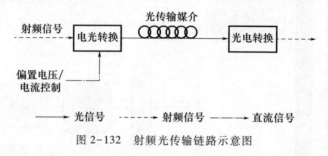

图 2-132 射频光传输链路示意图

射频光传输网络具备低损耗、高保真的稳相传输能力。相对于传统射频传输网络,极大地拓宽了工作频率范围,可提升开放式相控阵系统对不同频段、带宽信号的兼容性。

3. 微波光子波束形成技术

相控阵雷达需采用真延时技术解决"孔径渡越时间"导致的波束空间指向色散问题。电延时实现宽带波束形成面临较大的技术瓶颈。一方面,电延时带宽较小,带内幅相起伏较为严重。另一方面,电传输线的损耗较大,不利于实现较大位数、较长延时量的延时。利用微波光子技术将微波调制到光域进行延时,具有射频带宽大、带内幅相起伏小、延迟量大、体积小、质量轻、不同延迟态插损均匀等优点,成为当前在雷达中应用的热点方向之一。实现光真延时主要有三种典型方法:第一种切换不同长度的光路是实现光真延时的直观方式,可以在自由空间、光纤或片上波导等介质中实现。第二种是基于光色散原理。该技术的特点是利用导波介质的群色散特性,切换载波波长实现不同延时量。第三种是基于对光相位响应的调控。光的群延时等于相位对频率的导数,对光相位响应的斜率进行调控,可以实现连续的延时调节。此外,得益于光子灵活的分配和路由特性,可以构建灵活的宽带波束形成系统,根据需求对多组选定通道信号实现多波束合成,实现开放式相控系统的功能重构乃至同时具备多种功能。

4. 微波光子信号产生技术

信号产生装置是现代相控阵系统的重要组成部分,为发射机提供激励、本振信号。利用微波光子技术,可以直接实现超大带宽任意波形产生,有效满足开放式相控阵系统对高载频大带宽信号产生的需求。近 20 年来,基于微波光子技术的超宽带波形产生方法被广泛研究和应用。总结起来,主要分为两大类:第一类是以光为主导或全光的超宽带雷达信号产生方法,包括光数模转换法、光频时映射法、光注入半导体激光器法等,这一类方法主要利用光的非相干叠加、色散、干涉等特性,实现高载频、超大带宽和高采样率的超宽带信号产生;第二类是光电混合或光子辅助的超宽带雷达信号产生方法,包括微波光子倍频法、电光相位调制与外差法等,这一类方法主要利用电光调制器的相位调制和幅度调制等特性,实现变频转换和载波频率与带宽的倍增。基于光子技术实现任意波形射频信号产生,在宽带情况下仍能保持较为优异的带内幅相特性,可以满足开放式相控阵在不同频段、不同功能下的波形需求。

5. 微波光子接收机技术

随着雷达工作频率不断提高,需要电子接收机能够实时地对多种类型的信号进行接收,且需要具备宽带处理能力。微波光子接收机技术得益于微波光子在高频大带宽信号接收采样方面的优势,以光子信道化、光子模数转换等典型技术,突破传统雷达接收机的性能瓶颈,为下一代超宽带雷达的发展提供新的可能性。

1) 微波光子信道化接收技术

微波光子信道化接收机的基本理念是通过光频梳对待测的宽带射频信号的频谱进行分段,在不同子信道中获得多个中频或基带信号,并进行分析以获得宽带接收信号。如图 2-133 所示,信道化处理技术利用微波信号,产生信号光频梳和本振光频梳。光处理器将 I 路和 Q 路的输出信号按照梳齿的间隔分割成多个子信道,随后将 I 路和 Q 路对应同一通道的光信号送入同一模拟处理单元内进行后续处理。

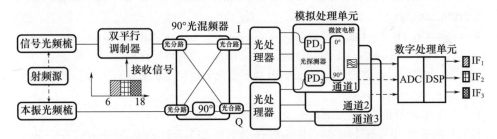

图 2-133 基于光子的超宽带信道化接收示意图

2) 微波光子模数转换技术

为适应下一代雷达的宽带化及跨频段发展趋势,实现大瞬时带宽信号的接收,并简化接收机下变频链路,ADC 应具备高采样率、大模拟带宽和高有效位数(Effective Numbers of Bits,ENOB)的特点。由于光子器件具有大带宽特点且具有超低定时抖动的优势,光子技术已成为提高 ADC 性能的重要潜在技术,光子技术已在采样、量化以及模拟信号的预处理及 ADC 的多个组成模块中开始使用。实验证明,利用光子技术进行辅助采样和对模拟信号进行预处理可有效拓展 ADC 性能,而利用微波光子时、频域技术实现信号的串并转换,则可实现 ADC

性能的倍增。

微波光子接收机具备对宽带信号的高保真数字化能力,对于宽、窄带信号可以进行一体化采集和处理。带宽信号采集和处理能力的加强一方面可以提升系统的距离分辨率,从而实现目标高分辨成像和精细化目标识别;另一方面也为相控阵系统在数字域实现对宽带通道的重构奠定基础,推动开放式相控阵的发展。

参考文献

[1] 胡明春.开放式有源相控阵天线系统[J].现代雷达,2008,30(8):1-4.

[2] 齐飞林,李朋涛,姚近,等.新一代综合射频系统关键技术研究[J].现代导航,2022(2):127-133.

[3] JOHNSON R C. Antenna engineering handbook[M]. New York: McGraw Hill Book Company, 1984.

[4] BROOKNER E. Practical phased array antenna systems[M]. London: Artech House, 1991.

[5] 王永良,丁前军,李荣锋.自适应阵列处理[M].北京:清华大学出版社,2009.

[6] 张科,季少卫.雷达供电系统架构可靠性研究[J].现代雷达,2020,44(1):83-89.

[7] 季少卫,孙勇,谢宁.高海拔与周期负载条件下的雷达供电系统可靠性分析[J].现代雷达,2018,40(11):57-63,67.

[8] MIDDLEBROOK R D. Input filter consideration in design and application of switching regulators[C]// Proceedings of IEEE Industry Application Society Annual Meeting. Chicago: IEEE, 1976: 366-382.

[9] FENG X G, LIU J J, LEE F C. Impedance specifications for stable DC distributed power systems[J]. IEEE Transactions on Power Electronics, 2002, 17(2): 157-162.

[10] 张金平,任波,朱富国.基于阵元特性的相控阵方向图建模测试研究[J].现代雷达,2016,38(3):65-69

[11] 牛宝君.大型相控阵外监测系统[J].现代雷达,1999,21(1):53-57.

[12] 李迪,王华.中场测量相控阵扫描方向图的方法研究[J].现代雷达,2005,27(7):48-50.

[13] 连迎春,于大群,韩旭.一种一维相扫数字阵列快速校准方法研究[J].微波学报,2022,38(3):14-19.

[14] WU B Q, LUK K M. A broadband dual-polarized magneto-electric prop dipole antenna with simple feeds[J]. IEEE Antennas and Wireless Propagation Letters, 2009, 8: 60-63.

[15] GUSTAFSSON M. Use of dielectric sheets to increase the bandwidth of a planar self-complementary antenna array[C]// IEEE Antennas and Propagation Society International Symposium. Alvuquerque: IEEE, 2006: 2413-2416.

[16] TARGONSKI S D, WATERHOUSE R B, POZAR D M. Design of wide-band aperture-stacked patch microstrip antennas[J]. IEEE Transactions on Antennas and Propagation, 1998, 46(9): 1245-1251.

[17] WANG R,WANG B Z,DING X,et al. Planar phased array with wide-angle scanning performance based on image theory[J]. IEEE Transactions on Antennas and Propagation,2015,63(9):3908-3917.

[18] CAMERON T R,ELEFTHERIADES G V. Analysis and characterization of a wide-angle impedance matching metasurface for dipole phased arrays[J]. IEEE Transactions on Antennas and Propagation,2015,63(9):3928-3938.

[19] YETISIR E,GHALICHECHIAN N,VOLAKIS J L. Ultrawideband array with 70° scanning using FSS superstrate[J]. IEEE Transactions on Antennas and Propagation,2016,64(10):4256-4265.

[20] GROSS F B. Frontiers in antennas:next generation design & engineering[M]. New York:McGraw-Hill,2011.

[21] WHEELER H A. Simple relations derived from a phased array antenna made of an infinite current sheet[J]. IEEE Transactions on Antennas and Propagation,1965,13(4):506-514.

[22] MUNK B,TAYLOR R,DURHAM T,et al. A low-profile broadband phased array antenna[C]// IEEE Antennas and Propagation Society International Symposium. Columbus:IEEE,2003:448-451.

[23] DOANE J P,SERTEL K,VOLAKIS J L. A wideband,wide scanning tightly coupled dipole array with integrated balun(TCDA-IB)[J]. IEEE Transactions on Antennas and Propagation,2013,61(9):4538-4548.

[24] WHEELER H A. The radiation resistance of an antenna in an infinite array or waveguide[J]. Proceedings of the IRE,1948,36(4):478-487.

[25] CHEN Y K,YANG S W,NIE Z P. A novel wideband antenna array with tightly coupled octagonal ring element[J]. Progress in Electromagnetics Research,2012,124(8):55-70.

[26] 龙腾,毛二可,张洪纲,等.宽频带相控阵雷达子阵数字调制新技术[J].现代雷达,2014,36(11):1-7.

[27] 洪香茹,徐玮,张雨轮,等.基于单路DDS源的双路宽带信号预失真技术[J].火控雷达技术,2018,47(4):52-55,62.

第3章 开放式相控阵资源调度

为提升对任务和环境实时快速变化的自适应能力,开放式相控阵应当能够通过对资源的数字化和虚拟化,实现灵活调度和优化配置。

本章主要以开放式相控阵雷达为例,介绍其资源调度框架,并对资源表征、优化建模及求解方法进行详细阐述,最后以干扰对抗和目标识别两个典型场景为例,展示开放式相控阵资源调度的具体应用[1-3]。

3.1 资源调度框架

开放式相控阵资源调度,在充分发挥相控阵的灵活性和多功能等特性的同时,通过环境感知和闭环控制来优化调度策略,提升对任务和环境的自适应能力。本节主要介绍开放式相控阵资源调度架构设计和流程设计。

3.1.1 架构设计

开放式相控阵资源调度基于对当前环境特性、目标态势等信息的感知与分析结果,结合自身系统的资源约束,生成满足任务需求的全局最优调度与决策方案,实现对任务的实时响应。同时,利用数据库存储历史录取、操作和决策过程的输出结果,通过离线学习和事后分析的方式,设计新的知识发生器,从而使开放式相控阵系统具备对实时任务输入与未知环境的自适应应对能力,实现智能化调度能力的持续提升。

开放式相控阵资源调度架构如图3-1所示。

开放式相控阵资源调度架构主要包括以下功能模块:

1. 任务输入模块

任务输入模块接收上级指控任务和工作任务,生成"引导、协同、搜索、截获、跟踪、识别"等任务的实时任务队列;按照任务队列中每个任务的具体要求,依次完成任务优先级分配。

2. 态势输入模块

态势输入模块实时统计并输入跟踪航迹质量、目标类型、目标分布态势、目

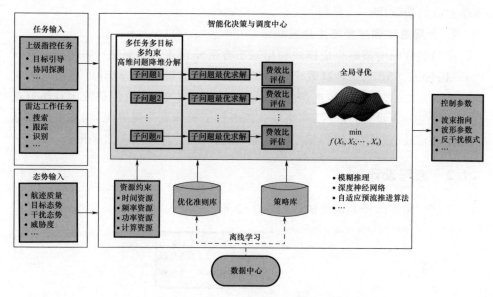

图 3-1 开放式相控阵资源调度架构

标威胁度、干扰类型和模式等态势信息,为调度决策提供依据。

3. 资源在线统计模块

资源在线统计模块对资源进行在线估计,生成孔径、时间、频率、极化、计算、传输等资源约束,辅助调度决策。

4. 环境感知学习模块

环境感知学习模块完成三方面工作:一是实现环境模式的学习与识别,进行信息度量评价;二是接收前次评价结果信息、背景信息,完成反馈信息存储;三是将接收数据及系统度量评价信息加入已有训练集,完成知识的产生。

5. 资源调度策略学习模块

资源调度策略学习模块利用深度神经网络(Deep Neural Network,DNN)等调度策略学习手段,将环境信息、目标信息以及资源约束条件作为输入,最佳调度参数作为输出,训练获得优化策略生成模型。

6. 调度策略费效比评估计算模块

调度策略费效比评估计算模块根据任务对系统资源的需求(孔径资源、时间资源、频率资源等)以及采用当前调度策略时的探测效能(探测威力、航迹质量等)评估计算调度策略费效比。将两方面的因素按照高低划分为5个等级,分别用模糊语言描述为很高(VH)、高(H)、一般(M)、低(L)、很低(VL),构造探测效能与资源需求程度等级之间的模糊规则,通过模糊推理计算获得不同调度策略对应的费效比。

7. 全局最优调度策略生成模块

全局最优调度策略生成模块利用基于自适应预流推进算法（Self-Adaptive-Push-Relabel，SAPR，一种高效求解多类拓扑网络的最优算法）等经典组合优化问题求解方法，将不同的候选调度子策略看作网络中的节点，将费效比看作节点之间的边上的流量，通过寻找网络最大流进行资源调度全局寻优，相比于传统基于优先级与最小期望时间的相控阵资源调度算法，资源利用率大幅提升。

3.1.2 流程设计

开放式相控阵资源调度流程如图 3-2 所示。

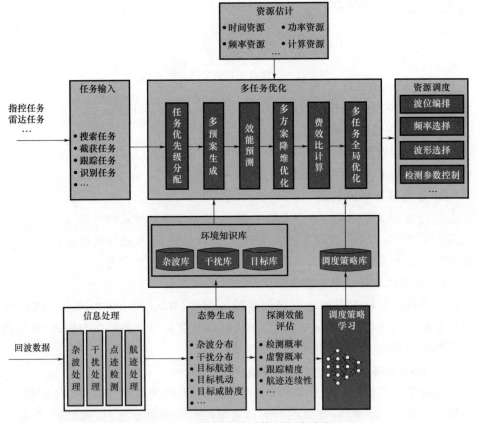

图 3-2　开放式相控阵资源调度流程

（1）任务管理模块接收指控或工作任务请求，生成实时任务队列。

（2）对于任务队列中每个任务，依次完成任务优先级分配、多预案生成、效能预测,按任务类型和调度策略进行多预案降维优化,并计算各预案的费效比。

(3)根据各预案的费效比计算结果,在满足资源约束条件的前提下,完成资源分配的全局最优决策,生成每一任务的执行方案;同时,支持操作员对任务执行方案进行人工干预和调整。

(4)根据生成的任务执行方案,确定调度策略和参数,分配执行每个任务,依次完成波位编排以及各维度的参数控制,并按规定时序发送控制指令,完成对指定区域或目标的探测。

(5)接收回波数据,通过杂波处理、干扰处理、点迹检测、航迹处理生成环境态势、目标态势信息。

(6)通过对资源进行动态实时估计,生成时间、功率、频率、计算等资源约束。

(7)通过接收环境态势、目标态势信息完成探测效能动态评估反馈,并据此完成策略库的在线和离线学习与更新。在此基础上,实现对多任务执行方案的实时闭环优化调整。

3.2 资源表征与优化问题建模

资源调度问题本质是一个最优化问题,通过对孔径、时间、频率、能量、极化等资源进行优化调度,使得开放式相控阵的工作性能达到最优。优化问题主要由优化变量、约束和目标函数三个部分组成。本节将分别对这三个部分进行介绍,并对优化问题进行建模。

3.2.1 开放式相控阵资源数学表征

通过对开放式相控阵资源进行数学表征,给出不同类型资源(孔径资源、时间资源、频率资源、能量资源、极化资源)的数字化定义及描述,明确优化问题中的优化变量与约束。

1. 孔径资源

天线根据不同功能所需的辐射功率、天线增益、波束形状、波束指向、波束宽度和零点等参数,合理分配功能孔径区域,完成对不同子阵的划分。通过波控设置组件发射、接收相位,实现发射波束指向的控制,以达到更优的性能。孔径资源的调度方案可以表征为一个矢量 **Array** $= (a_1, a_2, \cdots, a_{N_u})$,其中 N_u 表示天线单元数目。矢量中的每个元素 $a_n \in \{1, 2, \cdots, N_a\}$ 表示其隶属于第 a_n 个子阵,N_a 表示孔径重构后的子阵总数目。图3-3为孔径资源划分的一个示例。

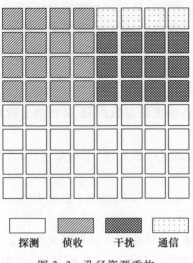

图 3-3 孔径资源重构

在实际系统中,子阵划分需满足一定的设计需求,不可无约束地任意划分。将预设好的可行孔径资源调度方案集合记为 A,则设计的孔径资源调度方案必须隶属于可行的方案集合,即 $\mathbf{Array} \in A$。

2. 时间资源

通过合理调度时间资源,避免开放式相控阵执行各类任务时在时间域上产生冲突,提升任务执行效能。时间资源的调度方案主要分为两个部分:其一为对快、慢时间的调度方案,其二为对多任务的时间调度方案。

快时间和慢时间的调度方案可以表征为一个二维矢量,其中两个元素分别代表信号的采样时间间隔和脉冲重复间隔。多任务的时间调度方案可以表征为一个矢量 $\mathbf{Time} = (\mathrm{exp}T, \mathrm{excu}T, \mathrm{dwell}T, \mathrm{delta}T, \mathrm{timeEly}, \mathrm{timeLast})$,其中 $\mathrm{exp}T$ 为该任务的期望执行时间,$\mathrm{excu}T$ 为该任务的实际执行时间,$\mathrm{dwell}T$ 为该任务的驻留时间长度,$\mathrm{delta}T$ 为该任务的数据率,$\mathrm{timeEly}$ 为该任务的最早可执行时间,$\mathrm{timeLast}$ 为该任务的最晚可执行时间。图 3-4 为多任务下时间资源划分的一个示例。

在实际中,时间资源的调度方案需满足系统的需求约束。例如,任务的实际执行时间必须落在任务可执行的时间范围内,即 $\mathrm{timeEly} \leqslant \mathrm{excu}T \leqslant \mathrm{timeLast}$。需要注意的是,波形资源作为一种特殊的时频联合配置资源,优化空间维度巨大,难以对波形进行实时的任意优化。实际中,往往是通过建立波形库的方式,将可选的波形存入波形库中,进行调度配置。波形调度方案可以表征为 $\mathbf{Waveform} \in \{w_1, w_2, \cdots, w_{N_w}\}$,其中 N_w 为系统可供调度的波形数目。每一种可供调度的波

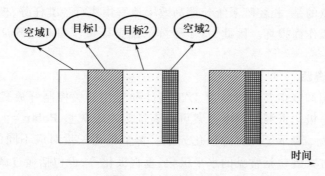

图 3-4　时间资源划分

形 w_n 既包括参数化波形，即通过对脉宽、带宽、调制样式、子脉冲宽度、子脉冲频率等参数的设置，实现信号波形的重构；也包括非参数化波形，即通过预先或实时导入波形文件方式快速生成所需波形，实现信号波形的重构。

3. 频率资源

通过合理调度频点、带宽等频率资源，优化任务执行性能。频率资源的调度方案可以表征为一个矢量 $\mathbf{Fre} = (f_1, \Delta f_1, \cdots, f_{N_f}, \Delta f_{N_f})$，其中 f_n 为子阵 n 的中心频点，Δf_n 为子阵 n 的信号带宽。图 3-5 为多任务下频率划分的一个示例。

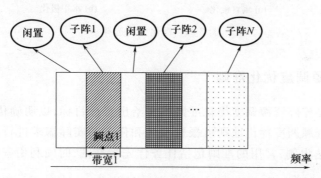

图 3-5　频率资源划分

在实际系统中，频率资源的调度方案需满足实际系统需求。例如，信号的频带必须落在可行的频率范围内，且频点和带宽选择需满足系统的设计约束。

4. 能量资源

能量资源主要是指开放式相控阵系统在执行多任务时，不同子阵配置的能量大小。能量资源的调度方案可以表征为一个矢量 $\mathbf{Energy} = [e_1, e_2, \cdots, e_{N_a}]$，其中 e_n 表示子阵 n 的配置能量大小，N_a 表示孔径重构后的子阵总数目。基于不同子阵完成任务的不同，对能量进行优化配置。

需要注意的是,相控阵系统长期高效率地密集执行各类任务,极易造成天线因持续过热工作而损坏。因此,每个子阵的配置能量不可超过阵面可承受的能量阈值 E_u。

5. 极化资源

极化资源调度主要是指通过 T/R 组件和极化开关控制开放式相控阵阵面的极化方式。极化资源的调度方案可以表征为一个矢量 $\mathbf{Polar} = [h_{r,1}, h_{r,2}, \cdots, h_{r,N_a}]$,其中 $h_{r,n}$ 表示子阵 n 的极化矢量。每个极化矢量对应不同的极化方式,可选的极化方式既包括常见的水平极化、垂直极化等,也包括通过调控极化分量幅度和相位后重构的任意极化方式。图 3-6 所示为部分可选的极化方式。

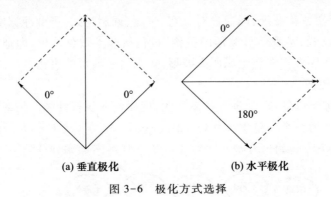

图 3-6　极化方式选择

3.2.2　资源调度优化准则

开放式相控阵资源调度优化准则旨在给出寻优目标,以明确优化问题中的目标函数。资源调度优化准则可根据系统和任务的实际需求进行选择和设计,以相控阵雷达为例,常用的准则包括任务优先级准则、时间利用率准则、期望时间准则等。

1. 任务优先级准则

相控阵由于其波束可任意指向,并能在微秒级内进行捷变,因而具有多功能和高度自适应能力,灵活性极大[1],可以同时执行多个搜索、跟踪、识别等不同类型任务。但系统的资源总是有限的,当有多个任务请求对同一资源产生竞争时,资源自适应调度首先就是要根据不同任务的优先级划分,按照从高到低的先后顺序依次执行不同的任务请求,对当前不满足执行条件的任务延迟执行,或者忽略该请求。因此,开放式相控阵的自适应资源调度设计首先就是划分任务的优先级。

任务的优先级通常可以分为静态优先级、动态优先级和综合优先级三类。

1）静态优先级

静态优先级是指不同类型的任务之间的相对优先级,该优先级通常由系统设计师根据系统任务需求和工程经验来确定,一般在设计过程中就事先确定好了,并在工作过程中保持不变。需要指出的是,不同领域、不同体制的雷达对任务类型及其静态优先级的划分不尽相同,需要根据实际情况确定。最高工作方式优先[2]和最早截止期优先[3]是确定任务优先级的主要因素之一。考虑上述任务优先级确定的方法,对相控阵的静态优先级确定如表 3-1 所示(数值越大,优先级越高)。

表 3-1 静态优先级

任务	优先级
搜索	1
交接引导	2
目标分类识别	3
跟踪	4
确认	5
丢失再捕获	5

2）动态优先级

动态优先级是指同一类型的多个任务之间的优先级,该优先级需要根据各任务的具体参数实时计算,其中最主要的参数为执行时间窗。执行时间窗是指一个时间段,雷达任务只有在该时间段内执行才能有效完成预期的任务。因为雷达的照射波束指向都是根据申请照射时刻目标的预测位置决定的,如果实际执行时间过于靠前或者过于靠后,则照射时目前很可能尚未进入雷达波束的半功率宽度以内或者已经穿越该范围,导致探测失败。因此,当前任务调度的时间与执行时间窗之间的相对关系成为动态优先级划分的关键。此外,对于多个目标同时跟踪时的优先级划分,还可以考虑根据不同目标的威胁度确定跟踪任务的动态优先级。

3）综合优先级

雷达任务的综合优先级由静态优先级和动态优先级综合考虑得到[4-5]。在实际使用过程中,不同雷达任务的优先级排序可以把静态优先级作为首要考虑的因素,动态优先级作为次要考虑的因素,即进行优先级排序时首先根据静态优先级进行排序,对于静态优先级相同的同一类型的任务,再根据动态优先级进行排序。

2. 时间利用率准则

时间利用率准则指的是在相控阵雷达的时间资源约束条件下尽量提高时间

利用率,尽可能增加一个调度间隔内可安排的雷达任务,使一个调度间隔内的空闲时间达到最少,即如下式所示,调度间隔与被调度总任务执行时间之差趋于 0^+。

$$\left(\mathrm{SI} - \sum_{i=1}^{N_j} \mathrm{dwell}T_i\right) \to 0^+ \tag{3-1}$$

式中:SI 为当前调度间隔总时长;N_j 为第 j 个调度间隔被调度执行的雷达任务数;$\mathrm{dwell}T_i$ 为各任务的驻留时间。

3. 期望时间准则

为尽可能使时间上产生冲突的任务得到有效调度,根据时间窗的概念,可以将雷达任务的执行时间在一定范围内进行调整,期望时间准则即为了保证任务调度的有效性,使得雷达任务的实际执行时刻尽量接近其期望执行时刻,$|\mathrm{exp}T - \mathrm{excu}T| \to 0$,其中,$\mathrm{exp}T$ 为该任务的期望发射时间,$\mathrm{excu}T$ 为该任务的实际执行时间。

3.2.3 资源调度优化问题建模

通过对资源表征确立的优化变量和约束,在给定调度的目标函数下,资源调度的优化问题可以建模为

$$\begin{cases} \max_{\{A\}} & f(\boldsymbol{A}) \\ \mathrm{s.\,t.} & h(\boldsymbol{A}) \end{cases} \tag{3-2}$$

式中:资源的调度方案 $\boldsymbol{A}$ 为优化变量,可能包括不同类型资源方案的组合。探测性能 $f(\boldsymbol{A})$ 作为目标函数,如最大化时间利用率。雷达的资源情况 $h(\boldsymbol{A})$ 作为约束函数,包括不同资源的系统约束。

以时间资源调度为例,建立雷达任务模型如下[6-8]:

$$\boldsymbol{A} = (\mathrm{id}, \mathrm{pri}, \mathrm{type}, \mathrm{range}, \mathrm{az}, \mathrm{el}, \mathrm{Time}) \tag{3-3}$$

式中:id 为该任务的任务号;pri 为该任务的优先级;type 为该任务的具体类型;range、az、el 分别为该任务对应的目标距离和波束方位、俯仰指向;Time 为时间资源调度方案。

在得到雷达任务的模型之后,就可以定义单个任务的调度收益,记为

$$f(\boldsymbol{A}) = \mathrm{pri} + \mathrm{e}^{-\left(\frac{\mathrm{timeLast} - \mathrm{cur}T}{|w|}\right)} \tag{3-4}$$

式中:$\mathrm{cur}T$ 为当前时间;$|w|$ 为该任务的时间窗长度。在式(3-4)中,等号右边的第一项表示由任务优先级贡献的调度收益大小,第二项表示由时间紧迫性贡献的调度收益大小。

基于此,给出调度问题模型:

$$\begin{cases} \max \quad f(\boldsymbol{A}_i) \\ \text{s. t.} \quad \text{timeEly} \leqslant \text{excu}T \leqslant \text{timeLast} \\ \quad \bigcap_{i=1}^{N_1} [\text{excu}T_i, \text{excu}T_i + \text{dwell}T_i] = \varnothing \end{cases} \quad (3-5)$$

式中:第一个约束是任务执行时间需在可行时间窗内;第二个约束是一个时刻只能分配一个任务。

3.3 资源调度优化算法与求解

本节主要介绍资源调度优化问题的常用寻优算法,并通过实例展示资源调度优化问题的求解过程。

3.3.1 资源调度优化算法

开放式相控阵资源调度要解决三个问题[9-12]:

(1)多任务、多目标、多约束的高维优化问题降维分解。开放式相控阵面临同时多任务、多目标的应用场景,并且空、时、频等资源均可以独立调度,极大地增加了调度问题的维度,扩展了优化问题的可行域,但同时也给寻优算法的有效性、实时性带来挑战。因此,需要对优化问题进行降维处理,降低资源的寻优空间维度,解决资源维度高和调度响应快之间的矛盾。

(2)在线多任务调度全局最优策略生成。针对不同任务独立生成的调度子策略仅仅是满足单个任务的局部最优策略,并不一定是符合整个系统工作需求的全局最优策略。为了解决多约束条件下的系统全局资源优化分配问题,还需要在多个局部策略中进行寻优。可通过使用自适应预流推进算法,并结合策略库中的优化策略,实现开放式相控阵的全局最优资源分配,最大化系统的性能。

(3)智能化离线学习提升。为了提高在不同场景下的智能化调度能力,利用深度神经网络模型,深入挖掘数据中心所记录的各种场景下的环境评估信息、任务需求、系统的最佳工作策略、工作效能等数据之间的潜在联系,迭代更新优化准则库和策略库,实现系统数据记录、学习挖掘、离线更新、回放验证的闭环,持续提升开放式相控阵调度的智能化水平。

1. 群体智能优化算法

群体智能优化算法是一种随机搜索算法,通过模拟生物行为设计搜索规则,以获得问题的最优解。其优势在于普适性强、算法实现简单,并有一定的性能保障。典型的代表算法包括粒子群算法、差分进化算法等。

1)粒子群算法

粒子群算法是通过模拟鸟群的迁徙和觅食行为来进行问题求解的。在一个粒子群中有多个粒子,每个粒子的位置代表一个可行的资源调度方案,粒子通过在空间中移动进行搜索,以求得最优解。算法流程总结如下。

首先,算法进行参数初始化,确定粒子群规模 L 和迭代次数 T。通过随机生成 L 个可行方案,其中 $\boldsymbol{A}^l = (a^{l,1}, a^{l,2}, \cdots, a^{l,D})$ 表示第 l 个粒子的位置, D 表示解空间的维度。此外,每一个粒子 l 需产生一个随机速度矩阵 $\boldsymbol{v}^l$,其中每一个元素服从 $[-v_{\max}, v_{\max}]$ 之间的均匀分布。

其次,粒子群进行局部最优和全局最优迭代更新。在每一个迭代周期 t,计算不同粒子对应方案 $\boldsymbol{A}_t^l$ 下的适应度函数 $f(\boldsymbol{A}_t^l)$,并更新自身的历史局部最优位置 lbest_t^l:

$$\mathrm{lbest}_t^l = \underset{\boldsymbol{A} \in \{\boldsymbol{A}_1^l, \boldsymbol{A}_2^l, \cdots, \boldsymbol{A}_t^l\}}{\arg\max} f(\boldsymbol{A}) \tag{3-6}$$

所有粒子历史局部最优更新完成后,粒子群更新历史全局最优 gbest_t:

$$\mathrm{gbest}_t = \underset{\boldsymbol{A} \in \{\mathrm{lbest}_t^1, \mathrm{lbest}_t^2, \cdots, \mathrm{lbest}_t^L\}}{\arg\max} f(\boldsymbol{A}) \tag{3-7}$$

最后,每个粒子按下式更新其速度和位置:

$$\boldsymbol{V}_t^l = \boldsymbol{V}_{t-1}^l + c_1 r_1 (\mathrm{lbest}_{t-1}^l - \boldsymbol{A}_{t-1}^l) + c_2 r_2 (\mathrm{gbest}_{t-1} - \boldsymbol{A}_{t-1}^l) \tag{3-8}$$

$$\boldsymbol{A}_t^l = \boldsymbol{A}_{t-1}^l + \boldsymbol{V}_t^l \tag{3-9}$$

式中: c_1 和 c_2 为加速因子; r_1 和 r_2 为 $[0,1]$ 之间的随机分布小数。

在经过 T 次粒子反复运动后,选择粒子群中历史的最优位置 $\boldsymbol{A}$ 作为最终的调度方案。

2)差分进化算法

差分进化算法是一种基于种群遗传进化的优化方法,种群中的每个个体视为问题的一个可行解。在种群中,个体间通过变异、交叉、选择三类操作,进化产生新个体,并择优保留。

首先,算法进行参数初始化,确定种群规模 L 和进化数 T。通过随机生成 L 个可行调度方案,其中 $\boldsymbol{A}^l = (a^{l,1}, a^{l,2}, \cdots, a^{l,D})$ 表示第 l 个个体, D 表示解空间的维度。

其次,种群中个体进行变异、交叉操作,进化生成新个体。在每一个迭代周期 t,为保持种群的多样性,按下式进行变异操作,产生变异个体:

$$\boldsymbol{V}_t^l = \boldsymbol{A}_t^{l_1} + F(\boldsymbol{A}_t^{l_2} - \boldsymbol{A}_t^{l_3}) \tag{3-10}$$

式中: l_1、l_2 和 l_3 为种群中随机选择的三个不同个体。通过不同个体的差分操作,产生新的变异个体 V_t^l。产生变异个体后,通过将变异个体与原个体进行相应的交叉操作,产生交叉个体 U_t^l,其中交叉个体的元素为

$$u_t^l = \begin{cases} v_t^l, & \text{rand} \leq \varepsilon \\ a_t^l, & \text{其他} \end{cases} \tag{3-11}$$

即交叉个体中的元素以 ε 的概率继承变异个体,以 $1-\varepsilon$ 的概率继承原个体。

最后,对种群中的个体进行选择操作。为保持进化过程中种群的规模不变,差分进化算法拟采用贪婪选择机制,对原个体 A_t^l 和变异交叉后生成的新个体 U_t^l 下目标函数进行对比,保留性能更优的个体进入下一代,即

$$A_{t+1}^l = \begin{cases} A_t^l, & f(U_t^l) < f(A_t^l) \\ U_t^l, & \text{其他} \end{cases} \tag{3-12}$$

在经过 T 代种群个体的反复变异、交叉、选择操作后,选择种群中最优的个体 A 作为最终的调度方案。

2. 自适应预流推进算法

资源的最优调度是一个经典的组合优化问题,可借用求解网络最大流方式来得到最优解,如图 3-7 所示。在资源调度中,将不同的候选调度子策略看作网络中的节点,将费效比看作节点之间的边上的流量,则资源调度的全局寻优问题可以转化为寻找网络最大流的问题。

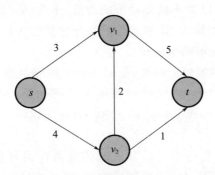

图 3-7 寻找网络最大流

设有向网络 $G(V,E)$,其中 V 为顶点集合,A 为有向弧集合。记 s、t 分别为源点和汇点,U 为有向弧上的最大允许流量集合,则流网络 $N=(s,t,V,A,U)$ 上的一个预流 x 是指从 N 的弧集 A 到实数集合 R 的一个函数,使得对每个顶点 i 都满足

$$e(i) \geq 0, i \neq s,t; \quad 0 \leq x_{ij} \leq u_{ij}; \quad \forall (i,j) \in A \tag{3-13}$$

式中

$$e(i) = \sum_{e_{ij} \in A} x_{ij} - \sum_{e_{ij} \in A} x_{ij} \tag{3-14}$$

称为预流 x 在节点 i 上的冗余。$e(i)>0$ 的节点 $i(i \neq s,t)$ 称为活跃节点。

预流推进算法处理步骤如下：

（1）预处理：置初始可行流 x 为零流；对节点 s 的每条出弧 (s,j)，令 $x_{sj} = u_{sj}$；对任意的 $i \in V$ 计算精确的距离标号 $d(i)$；令 $d(s) = n$。

（2）如果残量网络中不存在活跃节点，则已经得到最大流，结束算法；否则继续。

（3）在网络中选取活跃节点 i；如果存在节点 i 的某条出弧 (i,j) 为允许弧，则将 $\min\{e(i),u_{ij}(x)\}$ 个单位的流从节点 i 推进到节点 j；否则，令 $d(i) = \min\{d(j)+1|(i,j) \in A(x)$，且 $u_{ij}>0\}$，转至步骤（2）。

算法的每次迭代都是一次推进操作或者一次重新标号操作，直至算法终止。

通过采用费效比模糊推理方法和基于自适应预流推进算法的全局寻优技术，较传统基于优先级与最小期望时间的相控阵资源调度算法，资源利用率提高 16%。

3. 智能化离线学习算法

深度神经网络（DNN）是一种有效地进行调度策略学习的方法。在开放式相控阵资源管理中，可以将不同环境下的杂波、干扰感知结果、目标态势以及系统资源约束作为网络的输入，而将最佳的调度参数作为网络的输出，经过训练，就可以得到相应的优化策略生成模型。

策略的学习基于专家的先验知识，对不同策略下的效能进行预先评估与计算，得到最优的工作参数，然后通过使用多层感知机（Multi Layer Perceptron，MLP），利用反向传播（Back Propagation，BP）算法完成网络模型的构建。其具体学习过程如下：

输入的环境信息、目标信息以及资源约束条件通过整个网络完成向前传输的刺激，并在输出层得到生成的调度参数，并计算其与基于专家先验知识所设定的最佳参数之间的误差，并将误差信号沿网络向后传输。通过使用这两种方向的传输，完成深度网络的训练。输出神经元 j 的信号流图如图 3-8 所示。

以第 j 个神经元的输出信号流为例。误差信号计算为

$$e_j(n) = d_j(n) - y_j(n) \tag{3-15}$$

式中：$d_j(n)$ 与 $y_j(n)$ 分别为期望值与输出值。$d_j(n)$ 是利用先验知识对训练数据标注获得的，$y_j(n)$ 是 j 个神经元的激活函数的输出，表示为

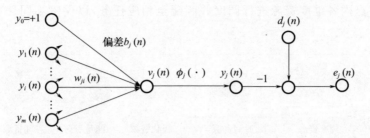

图 3-8　输出神经元 j 的信号流图

$$y_j(n) = \phi_j(v_j(n)) \tag{3-16}$$

$\phi_j(\cdot)$ 假设为非线性的激活函数，$v_j(n)$ 为在输入激活函数之前产生的信号，也表示为

$$v_j(n) = \sum_{i=0}^{m} w_{ji}(n) y_j(n) \tag{3-17}$$

$w_{ji}(n)$ 是之前层中的第 i 个神经元到当前层中第 j 个神经元的突触权重。

计算网络中所有的节点的输出误差和

$$\varepsilon(n) = \frac{1}{2} \sum_j e_j^2(n) \tag{3-18}$$

利用梯度下降的思想，对权重 $w_{ji}(n)$ 的修正，即 $\Delta w_{ji}(n)$，有

$$\Delta w_{ji}(n) = -\eta \frac{\partial \varepsilon(n)}{\partial w_{ji}(n)} \tag{3-19}$$

式中：η 表示学习速率参数。

将式(3-19)所需的等式代入，可计算得到权重修正值为

$$\Delta w_{ji}(n) = \eta e_j(n) \phi'_j(v_j(n)) y_j(n) \tag{3-20}$$

通过多次迭代修正网络中的权重，即可完成网络训练，实现调度策略的记忆存储和新策略知识的生成。

3.3.2　资源优化问题求解

1. 单节点资源优化

在开放式相控阵系统的资源优化问题中，需要通过单个节点对多个任务的合理调度，即确定开放式相控阵节点在何时、以何种频率、能量、极化方式等执行哪个任务，从而最大化节点的任务执行性能[13-14]。典型调度示例如图 3-9 所示，系统中有 4 个任务，其中包括 1 个通信任务、2 个探测任务和 1 个侦收任务，

通过对节点内各维度资源进行调度并匹配至相应任务,以保障不同任务的有效执行。

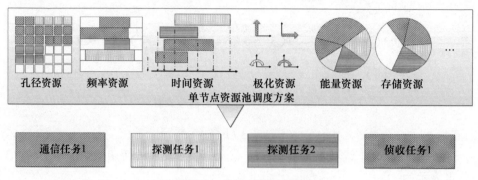

图 3-9　单节点调度示例

在开放式相控阵系统的资源调度问题下,多功能任务模型为

$$A = (\text{id}, \text{pri}, \text{type}, \text{req}, \text{Array}, \text{Time}, \text{Fre}, \text{Energy}, \text{Polar}) \quad (3\text{-}21)$$

式中:req 表示不同任务的需求,对于探测任务而言,任务需求为跟踪目标的位置 req = {range, az, el⋯},其中 range、az、el 分别为该任务对应的目标距离和波束方位、俯仰指向;对于通信任务而言,包括通信目标的位置、数据传输速率等要求。时间资源的调度主要为对 Time = (expT, excuT, dwellT, deltaT, timeEly, timeLast),其中 expT 为该任务的期望执行时间,excuT 为该任务的实际执行时间,dwellT 为该任务的驻留时间长度,deltaT 为该任务的数据率,timeEly 为该任务的最早可执行时间,timeLast 为该任务的最晚可执行时间。一个任务驻留时间越长、数据率越高,对节点时间资源的消耗越多。对于成功调度执行的任务,其实际执行时间 excuT 是在 $w = [\text{timeEly}, \text{timeLast}]$ 内的,因此 w 即为该任务的可执行时间窗。同理,可针对孔径、频率、能量、极化等资源进行相应的表征。

在得到多功能任务的模型之后,就可以定义任务的调度收益,记为 $f(A)$。在定义 $f(A)$ 的具体形式时,需要考虑以下两个方面的因素:①任务的优先级反映了任务的重要程度,因此,对高优先级的任务进行优先能够获得的系统收益更高;②在同等优先级条件下,其最晚执行时间和当前时间越接近,则调度收益越高。需要注意的是,不同任务可同时执行,如通过孔径划分的物理隔离或者频率划分的频率域隔离等方法,从而极大地节约时间资源。资源调度收益可以根据系统的需求进行精细化设计,此处以时间资源最优考虑,任务调度收益函数 $f(A)$ 见式(3-4)。

假设当前共有 N 个任务申请调度执行,给出如下调度问题模型:

$$\begin{cases} \max_{\{A\}} \quad \sum_{i=1}^{N} b_i f(\boldsymbol{A}_i) \\ \text{s. t.} \quad \text{timeEly}_i \leqslant \text{excu}T_i \leqslant \text{timeLast}_i, b_i = 1 \\ \quad \text{孔径、频率、能量、极化等约束}, b_i = 1 \\ \quad b_i = \begin{cases} 1, \text{资源满足任务 } i \text{ 需求} \\ 0, \text{资源不满足任务 } i \text{ 需求} \end{cases} \end{cases} \quad (3-22)$$

模型中目标函数为调度收益最大化,前两个约束是任务能够成功调度的必要条件,第一个约束条件表明各个任务的实际执行时间应该在任务的可执行时间范围内,即其时间窗之内,第二个约束条件表明任务成功调度时其他类型的资源约束也需满足,第三个约束条件说明调度是否成功取决于分配的资源是否可以满足任务顺利执行的需求。

该问题可以通过 3.3.1 节所介绍的差分进化算法进行优化求解,从而得到开放式相控阵系统单节点多任务优化调度结果。

2. 多节点资源优化

在多节点资源优化问题中,需要通过多节点对多任务的合理分配调度,即确定哪些开放式相控阵节点在何时、以何种频率、能量、极化方式等执行哪个任务,以最大化节点的任务执行性能[15-16]。与单节点资源优化问题相比,多节点资源优化问题最大的难点在于如何解决节点间的资源协同问题,以最大化多节点网络的整体性能。

多功能任务模型 A 与单节点资源优化问题类似,对于多个任务的表征,每个任务都有独特的任务号和优先级。同时,任务的类型包括通信、探测、侦收等类型任务。每个任务的执行对相控阵节点提出了需求,对于跟踪任务而言,其包括跟踪目标的 RCS、距离、方位角、俯仰角等。基于对跟踪任务的需求参数,决定单次跟踪的波束驻留时间、跟踪数据率等调度方案,驻留时间越长、跟踪数据率越高,则对时间资源消耗越多。对于通信任务而言,任务需求包括传输的数据量等。基于通信任务的参数,当单次传输的数据量越大,要么消耗更多的时间资源进行更长时间的传输,要么消耗更多的频率资源,利用更大的带宽进行高数据率的传输,以满足通信任务的需求。

多节点资源优化问题主要分为两类:第一类是单个任务最多仅能分配至一个节点执行,若多个节点被分配执行同一个任务,则会产生冲突,造成资源浪费;第二类是一个任务可以分配至多个节点共同执行,多节点通过协同执行单个任务,产生比单节点执行该任务更高的收益。

对于第一类多节点资源优化问题,以时间资源最优考虑,单个任务的调度收益函数 $f(\boldsymbol{A})$ 可定义为

$$f(\boldsymbol{A}) = \text{pri} + e^{-\left(\frac{\text{timeLast}-\text{cur}T}{|w|}\right)} \tag{3-23}$$

假设当前共有 N 个不同类型的任务申请调度执行，系统中有 M 个节点，需要确定每个任务由哪些节点，在何时、以何种频率、能量、极化方式执行。该问题可以建模为

$$\begin{cases} \max_{|\boldsymbol{A}|} \sum_{i=1}^{N} \sum_{j=1}^{M} b_{i,j} f(\boldsymbol{A}_{i,j}) \\ \text{s.t.} \quad \sum_{j=1}^{M} b_{i,j} \leq 1, \text{任务 } i \\ \quad \text{timeEly}_i \leq \text{excu}T_{i,j} \leq \text{timeLast}_i, b_{i,j}=1 \\ \quad \text{孔径、频率、能量、极化等约束}, b_{i,j}=1 \\ \quad b_{i,j} = \begin{cases} 1, \text{节点 } j \text{ 资源满足任务 } i \text{ 需求} \\ 0, \text{节点 } j \text{ 资源不满足任务 } i \text{ 需求} \end{cases} \end{cases} \tag{3-24}$$

式中：目标函数为调度收益最大化，即在给定资源调度方案后整个网络的调度性能。单个任务最多仅能分配至一个节点执行，因此目标函数可以写成多个节点执行任务收益和的形式。第一个约束表明每个任务 i 至多可被分配至一个节点执行，以避免多节点间产生冲突，重复执行单个任务，以产生资源浪费。第二～四个约束与单节点问题的约束相同，表明节点 j 可执行任务 i 的前提是节点需满足执行该任务对时间、孔径、能量、极化等资源约束。

上述问题的典型调度示例如图 3-10 所示，系统中有多个任务，通过对多个节点内各维度资源进行调度并匹配至相应任务，以保障每个任务由不同节点独立高效地执行，在避免节点间冲突的同时，最优整体网络的性能。图中节点 1 独立执行其对应的三个任务，节点 M 独立执行其对应的两个任务。

对于第二类多节点资源优化问题，以任务执行性能最优考虑，单个任务的调度收益函数可记为 $f_i(b_{i,1}\boldsymbol{A}_{i,1}, b_{i,2}\boldsymbol{A}_{i,2}, \cdots, b_{i,M}\boldsymbol{A}_{i,M})$，其取决于多个执行该任务节点协同执行任务的性能，其中 M 为系统中节点的数目。对于探测任务而言，单个开放式相控阵节点可以成功执行该任务，并获得一定的收益。若该探测任务改由多个节点协同执行，则探测精度等性能指标可得到改善，获得更优的探测性能。对于通信任务而言，单个开放式相控阵节点可以成功地执行该任务，并获得一定收益。若该通信任务改由多个节点协同执行，则可获得更高的传输精度和更低的误码率，获得更优的通信性能。需要注意的是，多节点协同执行单个任务虽然可以提升单个任务的性能，但是同时也消耗了网络更多的资源。因此，需要对网络的资源进行协同优化，以最大化网络的整体性能。类似地，多节点优化调

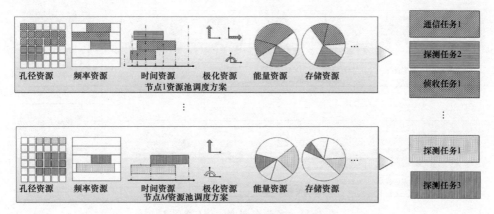

图 3-10 多节点调度示例(类型 1)

度问题可以建模为

$$\begin{cases} \max_{\{A\}} \sum_{i=1}^{N} f_i(b_{i,1}\mathbf{A}_{i,1}, b_{i,2}\mathbf{A}_{i,2}, \cdots, b_{i,M}\mathbf{A}_{i,M}) \\ \text{s.t.} \quad \text{timeEly}_i \leqslant \text{excu}T_{i,j} \leqslant \text{timeLast}_i, b_{i,j} = 1 \\ \qquad 孔径、频率、能量、极化等约束, b_{i,j} = 1 \\ \qquad b_{i,j} = \begin{cases} 1, 节点 j 资源满足任务 i 需求 \\ 0, 节点 j 资源不满足任务 i 需求 \end{cases} \end{cases} \quad (3-25)$$

其中,目标函数为调度收益最大化,允许多个节点共同执行单个任务。第 1~3 个约束与单节点问题的约束相同,表明节点 j 可执行任务 i 需满足时间、孔径、能量、极化等资源约束。

上述问题的典型调度示例如图 3-11 所示,系统中有多个任务,通过对多个节点内各维度资源进行调度并匹配至相应任务,以保障每个任务既可由不同节点独立执行,也可由多个节点协同执行,从而最优整体网络的性能。对于节点 1,其独立执行对应的两个任务,对于节点 M,其独立执行对应的一个任务。同时,对于探测任务 1,其可由节点 1 和节点 M 协同执行,从而获得相比单节点独立执行更优的探测性能。

3.3.3 多雷达协同跟踪调度应用

以相控阵雷达的时间资源优化为例,介绍多雷达的协同跟踪调度问题。如图 3-12 所示,多雷达的协同跟踪调度问题旨在解决雷达如何在有限的时间资源内,选择合适的目标进行协同跟踪,以最大化系统总的性能。

如图 3-13 所示,假设系统中共有 $N = 52$ 个不同类型的目标,包括高威胁目

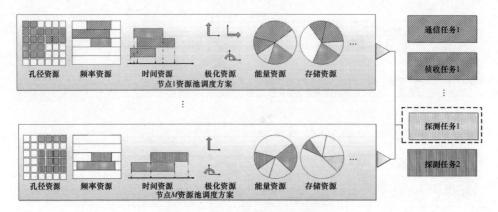

图 3-11 多节点调度示例(类型 2)

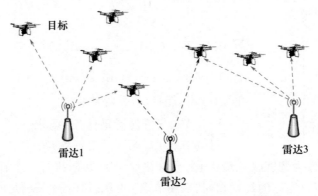

图 3-12 系统模型

标 10 个(红色),中高威胁目标 5 个(黑色),中低威胁目标 14 个(黄色),低威胁目标 22 个(绿色)。每个目标 n 的跟踪价值记为 p_n,威胁度越高的目标跟踪价值越大。

考虑系统中有 $M = 3$ 个分布式相控阵雷达节点,不同雷达节点部署位置、阵面朝向、工作频段和工作模式不尽相同,因此每个雷达既有各自独立覆盖的空域,也有共同覆盖的空域。根据雷达的覆盖空域不同,每个雷达可跟踪的目标也各不相同,定义 $c_{m,n} \in \{0,1\}$ 表示目标 n 是否在雷达 m 的覆盖空域内。

多个雷达通过给多目标分配不同的时间资源,实现多目标的协同跟踪。如图 3-14 所示,每个雷达通过对时间资源进行数字表征,形成虚拟时间资源池。定义雷达 m 的时间资源池容量为 s_m,该参数可由资源管理监视模块通过对资源池进行实时监视和管理给出。雷达 m 对目标 n 进行跟踪需要消耗一定的时间资

源 $r_{m,n}$，其取决于跟踪的数据率、跟踪波束的驻留时间等参数。显然，雷达 m 跟踪多目标所消耗的时间资源不可超过其时间资源池的容量 s_m。

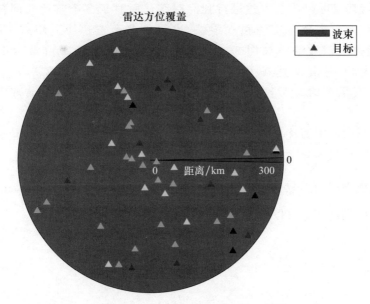

图 3-13　目标分布示意图（见封三彩图）

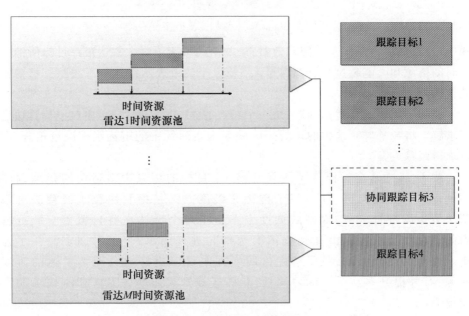

图 3-14　多雷达时间虚拟资源池

雷达资源调度方案可以表示为跟踪决策矩阵 $A^{M\times N}$，其中元素 $a_{m,n}\in\{0,1\}$ 表示雷达 m 是否跟踪目标 n。需要注意的是，对于每个雷达独立覆盖空域内的目标，其仅可由单个雷达进行独立跟踪。而对于多个雷达共同覆盖空域内的目标，既可由单个雷达独立跟踪，也可由多个雷达协同跟踪，并通过信息融合增强跟踪效能。如图 3-14 所示，目标 1 和目标 2 由雷达 1 独立跟踪，而目标 3 则由雷达 1 和雷达 M 协同跟踪。定义函数 $f_n(a_{1,n}c_{1,n},\cdots,a_{M,n}c_{M,n})$ 表示多雷达对目标的跟踪效能，其可以是跟踪精度、航迹质量等性能指标。

多雷达时间资源优化问题旨在雷达的时间资源约束下，通过优化跟踪决策矩阵 $A^{M\times N}$，以最大化系统总的跟踪效益。跟踪效益可以定义为所有目标威胁度与跟踪效能乘积的加权和，可记为 $\sum_{n=1}^{N}p_n f_n(a_{1,n}c_{1,n},\cdots,a_{M,n}c_{M,n})$。因此，多雷达的协同跟踪调度问题可以建模为

$$\begin{cases} \max_{\{a_{m,n}\}} & \sum_{n=1}^{N}p_n f_n(a_{1,n}c_{1,n},\cdots,a_{M,n}c_{M,n}) \\ \text{s.t.} & \sum_{n=1}^{N}a_{m,n}\cdot r_{m,n}\leqslant s_m,\forall m \\ & a_{m,n}\leqslant c_{m,n},\forall m,n \\ & a_{m,n}\in\{0,1\},\forall m,n \end{cases} \quad (3-26)$$

式中：目标函数为系统总的跟踪效益；第一个约束表示每个雷达跟踪目标所消耗的时间资源和不能超过其资源容量 s_m；第二个约束表示雷达仅可跟踪其覆盖空域范围内的目标。

该问题属于组合优化问题，是一个经典的 NP-hard 问题，可由粒子群算法进行求解。将粒子群算法中的位置矩阵映射为本问题中的雷达跟踪决策矩阵，即可求得跟踪方案。

图 3-15 对 3 个相控阵雷达节点，52 个目标的场景中雷达协同跟踪调度问题进行了仿真验证，其中粒子群优化调度方案是指利用粒子群算法对跟踪决策矩阵进行求解，规则式调度方案是指每个雷达在各自覆盖空域范围内的目标中按威胁度由高到低依次选择并进行跟踪，直至时间资源耗尽为止。由仿真结果可知，粒子群优化调度方案可以更好地分配多雷达的时间资源，有效提升多雷达间的协同性，相较于规则式调度方案具有约 53% 的性能提升。

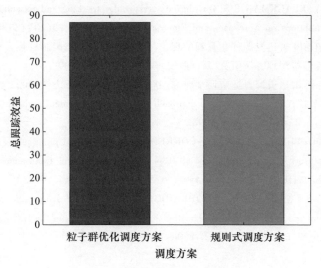

图 3-15 不同方案的跟踪效益对比

参 考 文 献

[1] ORMAN A J,POTTS C N,SHAHANI A K,et al. Scheduling for a multifunction phased array radar system[J]. European Journal of Operational Research,1996,90(1):13-25.

[2] HARITSA J R,LIVNY M,CAREY M J. Earliest deadline scheduling for real-time database systems[C]//Proceedings of Twelfth Real-time Systems Symposium. San Antonio:IEEE, 1991:232-242.

[3] 毕增军,徐晨曦,张贤志,等.相控阵雷达资源管理技术[M].北京:国防工业出版社,2016.

[4] 卢建斌,胡卫东,郁文贤,等.多功能相控阵雷达实时任务调度研究[J].电子学报,2006, 34(4):732-736.

[5] MOO P W,DING Z. Adaptive radar resource management[M]. Amsterdam:Elsevier,2015.

[6] HUIZING A G,BLOEMEN A A F. An efficient scheduling algorithm for a multifunction radar [C]//IEEE International Symposium on Phased Array Systems and Technology. Boston:IEEE, 1996:359-364.

[7] 刘先省,申石磊,潘泉.传感器管理及方法综述[J].电子学报,2002,30(3):394-398.

[8] XIONG N,SVENSSON P. Multi-sensor management for information fusion:issues and approaches [J]. Information Fusion,2002,3(2):163-186.

[9] NG G W,NG K H. Sensor management-what,why and how[J]. Information Fusion,2000,1 (2):67-75.

[10] KEUK G V, BLACKMAN S S. On phased-array radar tracking and parameter control[J]. IEEE Transactions on Aerospace and Electronic Systems, 1993, 29(1):186-194.

[11] 卢建斌.相控阵雷达资源优化管理的理论与方法[D].长沙:国防科技大学,2007.

[12] 刘先省.传感器管理方法研究[D].西安:西北工业大学,2000.

[13] 王峰.相控阵雷达资源自适应调度研究[D].西安:西北工业大学,2002.

[14] MCINTYRE G A. A comprehensive approach to sensor management and scheduling[D]. Virginia:George Mason University,1998.

[15] IZQUIERDO-FUENTE A, CASAR-CORREDERA J R. Optimal radar pulse scheduling using a neural network[C]//Proceedings of 1994 IEEE International Conference on Neural Networks. Orlando:IEEE,1994:4588-4591.

[16] MIRANDA S L C, BAKER K, WOODBRIDGE K, et al. Phased array radar resource management:a comparison of scheduling algorithms[C]// Proceedings of the IEEE International Radar Conference. Philadelphia:IEEE,2004:79-84.

第 4 章　开放式相控阵功能实现

本章主要介绍开放式相控阵功能实现框架,在此基础上,从自适应干扰对抗和智能目标识别两个方面,介绍开放式相控阵典型应用。

4.1　开放式相控阵功能实现框架

开放式相控阵能够利用系统积木化硬件和虚拟化资源,实现不同的功能。通过可重构设计与资源优化调度,使系统保持与外部电磁环境的最佳匹配,以此大幅提高相控阵系统在环境适应性等方面的综合能力。

4.1.1　功能实现框架

开放式相控阵系统处理架构的主要特点为灵活重构与闭环反馈。

1. 灵活重构

开放式相控阵处理流程重构框架如图 4-1 所示,资源层分配 $M \times N$ 个处理节点,构成二维处理矩阵,矩阵元素为处理节点,以传输链路连接,矩阵的每一行表示串行处理,每一列表示并行处理,处理节点可以是某一处理策略或算法,也可以是融合、判决、评估等。每个处理节点可将处理结果通过传输链路前馈至后级任意节点,也可根据需要反馈至前级的任意节点。在完成最右侧的节点处理后,对处理结果融合并输出。开放式相控阵这种二维矩阵式的处理架构,设计巧妙,资源运用灵活,能够大幅提升系统的处理效率。

在图 4-1 中,每个处理节点的输入与输出是逻辑结构体,既可以是时、频、空等域的数字信号,也可以是提取出的特征信息,还可以是零或者一的逻辑值等。相邻的两个或几个处理节点可以组合成一种处理模块,如图 4-2 所示,共有三种处理模块,第一种类型为多个处理节点串联构成的模块,处理通道个数可根据需要灵活调整,每个处理节点可以将结果前馈到后级的处理节点,也可以反馈至前级的处理节点;第二种类型为多个处理节点并联构成的模块,处理节点个数可根据需要灵活调整,同时每个处理节点也具备前馈与反馈接口;第三种类型为处理节点串并联组合构成的模块,处理节点个数也可根据需要灵活调整,处理环路中同样具有前馈与反馈网络。

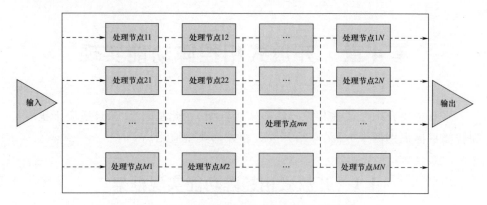

图 4-1　开放式相控阵处理流程重构框架

每个处理模块按照一定的逻辑架构执行子任务,如信号处理、数据处理等。处理模块的拓扑结构各异,串并行的顺序、规模以及前馈/反馈闭环的方式、位置等都可以实时灵活优化。

2. 闭环反馈

1) 大小闭环

开放式相控阵具备在线自适应能力,具体体现在处理流程具备大小闭环反馈。首先,在收到输入数据后,处理重构结合环境数据和历史数据提供的知识,重构出合理的处理架构,即形成各个处理模块,每个处理模块完成不同的功能。其中,每个模块内部具备前馈和反馈,能够实现实时闭环和实时决策,以雷达的MTD抗地杂波处理为例,在传统处理架构下,按照预先设计的滤波器性能实现预定的抗杂波能力,易导致强杂波区的剩余杂波多、清晰区的目标损失大等问题;在开放式雷达处理架构下,系统重构出感知模块与杂波抑制模块,感知模块先完成对探测范围内杂波强度等特性的感知,再自适应优选合适的滤波器系数。杂波抑制模块包含两个处理节点:一是强杂波区处理节点,根据感知参数自动选用深零陷滤波器组抑制强杂波;二是弱杂波区处理节点,自动选用低损耗滤波器组抑制弱杂波。通过这种实时重构、闭环处理架构,在实现杂波抑制的同时可减小目标损失。

另外,在整个处理架构上,具备结果评估反馈的能力,在当前帧处理结果完成之后,经过评估反馈,能够在下一帧开始前,实现发射波形、工作方式和处理方法的智能调整决策,在线实时匹配环境及目标变化。以雷达的主动抗干扰为例,在传统处理架构下,主动抗干扰措施需要操作员人工下达,决策迟滞易导致干扰环境下目标跟踪不连续不稳定等问题;在开放式雷达处理架构下,通过干扰感知

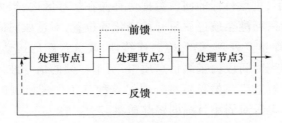

(a) 串行处理模块

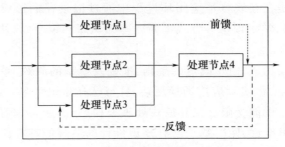

(b) 并行处理模块

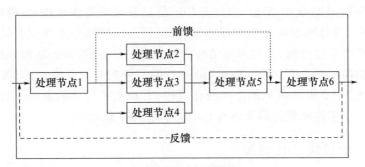

(c) 串并行复合处理模块

图 4-2　开放式相控阵三种处理模块

模块、干扰抑制模块等对当前帧回波受干扰和处理情况进行深入分析,自适应地选择下一帧的工作频点、信号波形,确保自身探测信号始终处于对方电磁干扰范围的低效或无效区域。通过这种帧间调整的实时决策,实现了抗干扰措施与电磁干扰环境的实时匹配。

更进一步,开放式相控阵处理还具备序贯回溯环路,即对一段时间内的多帧数据回溯处理,在多帧处理结果联合评估的基础上,在下一帧开始前,实现发射波形、工作方式和处理方法的智能调整决策,在线准实时匹配环境及目标变化。以雷达目标跟踪为例,在传统处理架构下,对于弱小目标,检测的不连续性带来的部分量测点缺失,易导致跟踪的运动状态估计质量下降,或跟踪断批;在开放式雷达处理架构下,重点目标的回波数据可存储在缓存区内,当评估航迹存在跟踪质量下降趋势时,回溯至航迹质量开始变化的位置,对这段时间内的回波数据进行低门限检测等重复处理,提升检测连续性,改善跟踪的运动状态估计性能。同时,综合评估回溯时间段内量测信息质量,对下一帧的信号波形及处理参数等进行调整,以确保航迹跟踪的稳定性。通过这种基于回溯机制的多帧联合的准实时决策,可大幅提升对弱小目标的跟踪质量。

2）离线自学习

离线自学习是在在线自适应闭环过程中通过记录存储形成历史观测大数据,通过深度挖掘、学习训练等方式不断完善知识库和策略库,从而实现在线处理能力的逐步升级。

在传统处理架构下,由于既定的规则、准则及模型的制约,系统能力在设计之初已经基本确定,但实际应用场景复杂,且与已有知识存在一定的偏差,易导致系统的实际使用性能受限。在开放式处理架构下,离线自学习为系统能力提供了动态提升的可能性,使得基于已有知识设计的系统能够在使用过程中逐步具备定制化的适应能力。以雷达为例,在部署的初始阶段,可在一段时间内通过回波数据分析周围地形、杂波、电磁等环境信息及运动特性分布、散射特性分布等目标信息,然后通过深度学习等方法,清洗筛选环境及目标深层次特征,对已有的规则和模型进行修订,对未知情况进行规则和模型的构建,从而形成与当前部署环境相匹配的专有知识。例如,通过长时间分析杂波强度、分布等特性,掌握昼夜变化、季节更替带来的杂波变化规律,自动选择合适的杂波抑制参数,确保雷达在整个工作时段内都能达到预期的抗杂波性能。

4.1.2 功能模块工作原理

开放式相控阵雷达遵循模块化设计的原则,各功能模块完成不同的信息处理功能,支持单独优化与调整,如图 4-3 所示。

下面介绍各功能模块的工作原理,并且对开放式相控阵各功能模块涉及的处理流程和工作参数等进行详细说明。同时,针对开放式相控阵雷达相对于传统相控阵雷达的优势进行总结。

1. 空间重构

空间重构的核心是数字波束形成技术(DBF)。开放式相控阵的天线阵面单元,通过子阵划分形成数字收发通道。每一个数字收发通道都连接一个单独的 ADC 负责数字采样,经过数字采样后在数字空间通过不同的加权形成特定波束,用于实现不同工作模式下的探测功能,如合成反干扰处理所需的副瓣对消辅助波束、副瓣匿影通道、用于环境感知的干扰测向波束等。

第 4 章 开放式相控阵功能实现

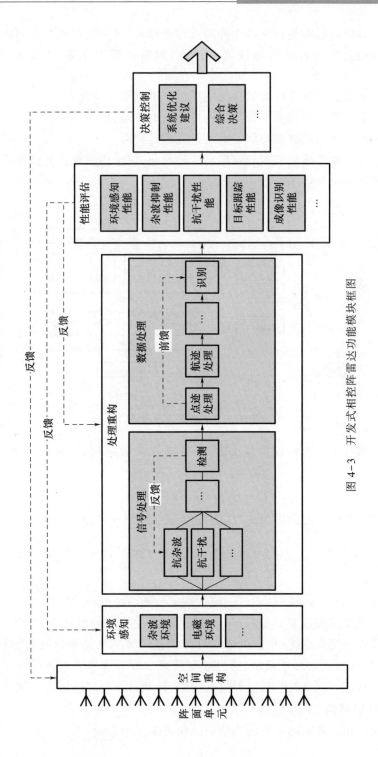

图 4-3 开发式相控阵雷达功能模块框图

空间重构的过程是首先以功能需求作为输入,可用孔径资源作为边界条件,通过子阵优化分配计算阵面权值,将不同权值加载至子阵,生成不同功能的波束。

空间重构的优势可以为雷达后端处理带来以下三个优点:
(1) 通过数字合成波束提升雷达接收端的空域自由度。
(2) 利用自适应波束形成对电磁干扰进行抑制。
(3) 数字多通道能够实现空域高分辨测角,便于将目标和干扰分开。

空间重构原理框图如图 4-4 所示。

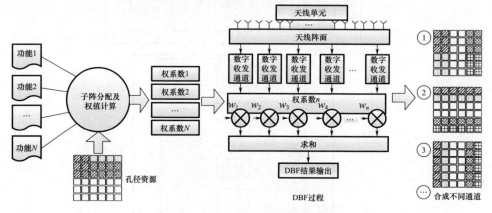

图 4-4 空间重构原理框图

DBF 模块的输出由权矢量决定:假设有 N 个数字通道,每个数字通道的权矢量为

$$w_k = a_k e^{j\varphi_k} \tag{4-1}$$

假设每个通道的输出为 x_k,则波束形成的输出 y 可以表示为

$$y = \sum_{k=1}^{N} w_k^* x_k = \mathbf{w}^H \mathbf{x} \tag{4-2}$$

式中

$$\mathbf{w} = [w_1, w_2, \cdots, w_N]^T, \quad \mathbf{x} = [x_1, x_2, \cdots, x_N]^T \tag{4-3}$$

通过改变权矢量 $\mathbf{w}$,可以形成不同的波束,完成不同的功能。

开放式相控阵系统中,波束形成可以依据环境感知结果以及目标探测的需求,智能化改变波束形成策略,通过改变波束合成数量和波束合成方式等,实现多源干扰对抗、强杂波抑制、广域目标搜索、机动目标跟踪等场景下的性能提升。

2. 环境感知

开放式相控阵雷达对电磁环境的感知包括三个方面:

（1）充分利用发射与接收端的空、时、频、极化等自由度与周围环境进行交互，获取环境中辐射源的无意、有意干扰和杂波信息，并测量电磁环境详细参数，构建电磁态势，为探测任务做充分准备。

（2）开放式相控阵雷达在干扰对抗环节需实时对敌方干扰机进行侦察，利用宽带侦收通道和窄带数字多通道，对干扰源进行参测，并将干扰信息与抗干扰策略库进行匹配，自适应地进行抗干扰。

（3）保存干扰的信息内容，形成雷达抗干扰的知识库，不断丰富开放式相控阵雷达的认知能力，通过"软"决策与信息处理方法，代替传统的"硬"信号处理方法，使开放式相控阵雷达具备在线提升的能力。

开放式相控阵环境感知工作原理如图4-5所示，首先通过天线阵面空间重构形成数字收发多通道，完成对空域信号的采样，并且实现空域辐射源的高分辨到达方向(Direction of Arrival,DoA)估计；其次通过机器学习与特征提取等方法对有意干扰实现类型识别和参数测量，形成干扰知识库；最后经处理重构模块完成自适应对抗，并将发射参数调控策略反馈给发射端，完成下一次发射。

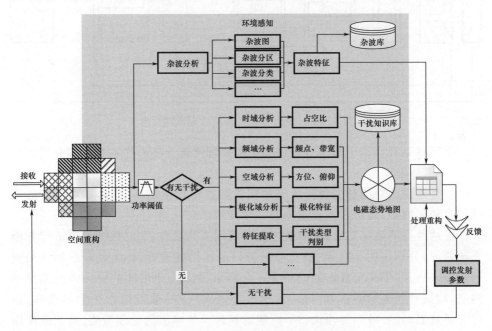

图4-5 开放式相控阵环境感知工作原理

3. 处理重构

开放式相控阵雷达在接收回波后，由环境感知模块完成对外部电磁环境的分析，经过分析后，由决策控制中心完成资源调度，并将参数与数据共同传送给处理重构模块。处理重构要完成雷达回波的信号处理、数据处理、成像以及目标识别等功能,然后通过效能评估将结果反馈给决策控制中心,由决策控制指引下一次的处理资源调度和波形发射。通过波形与外部电磁环境或者敌方目标进行动态交互,完成双方的博弈对抗。在整个过程中,决策控制中心每一次决策都被知识学习和策略优化网络记录下来,并不断进行迭代、优化,最终为雷达处理能力的在线提升提供知识基础。开放式相控阵雷达处理重构原理如图4-6所示。

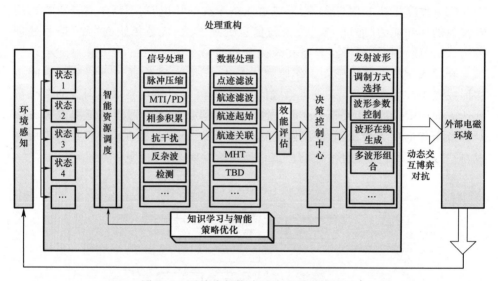

图4-6　开放式相控阵雷达处理重构原理

下面将处理重构中的信号处理和数据处理两部分核心内容做详细介绍。

1）信号处理

信号处理的功能是把目标从原始回波数据中检测出来,并形成高质量的点迹信息和回波表,其包含多项重要的处理技术。

雷达经过环境感知后,将当前电磁环境判断为某种状态,根据状态进行智能资源调度,分别在时、空、频、极化等域进行最优措施选择,再将处理后的结果进行效能评估,并传输到数据处理环节。在感知-处理-评估环节中加入反馈学习网络,即信号处理策略学习网络,该网络将每次状态-效能值作为学习内容,通过大量数据训练,得到每种状态下所能达到最大效能值的处理策略,将此策略作为雷达的智能知识库,并不断在线更新、学习,使开放式相控阵雷达在复杂时变的电磁环境中,具备智能进化的能力。

信号处理流程如图4-7所示。其中,时域处理技术有线性脉冲压缩、非线性脉冲压缩、时频二维相关、MTI/MTD等;空域处理技术有副瓣对消、副瓣匿影、盲源分离、ADBF等;频域处理技术有频域滤波、通带补偿、频域优选等;极化域处理技术有发射极化选择、接收极化选择、极化对消、极化鉴别等。其他处理包括一维像、ISAR、SAR、目标识别、干扰源跟踪等。

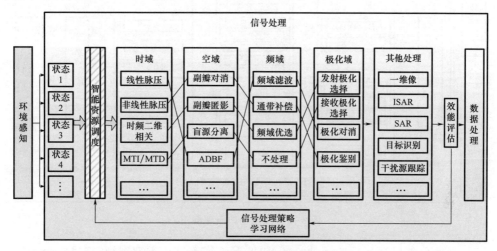

图4-7 信号处理流程

开放式相控阵系统中,信号处理可以依据环境感知结果以及目标探测的需求,智能化重构信号处理的架构流程、优化选择参数。还可以针对特定的目标探测场景进行多种流程的并行处理,然后进行结果融合,从而改善复杂杂波、低慢小目标或机动目标的探测性能。

2) 数据处理

数据处理接收信号处理的结果作为输入,根据当前时域、空域、频域、极化域等资源情况,优化点迹处理策略、航迹处理策略和特殊处理策略,将处理后的结果评估后反馈给资源调度中心,不断优化资源分配及处理策略。数据处理完成点迹处理、航迹处理,形成航迹信息,实现气动目标、弹道目标、卫星等目标分类。对于气动目标进行持续稳定跟踪,实时掌握空情态势;对导弹类目标进行群目标跟踪与非弹头目标滤除,完成导弹目标的威胁告警和发落点预报;对于卫星目标进行空间目标编目等。数据处理原理框图如图4-8所示。

点迹处理主要完成原始回波解算,对原始点迹进行测角、点迹凝聚、坐标转换处理,形成目标点迹,送航迹处理模块进行后续处理。

航迹处理主要根据点迹处理结果,进行点/航迹关联、滤波处理。对目标进行起批、转跟踪和跟踪维持,完成目标的快速截获、自动跟踪,对分离的群目标自动起批并维持跟踪,形成跟踪航迹,同时进行大气和电离层折射修正,并将修正后的航迹数据自动发送给其他分系统。

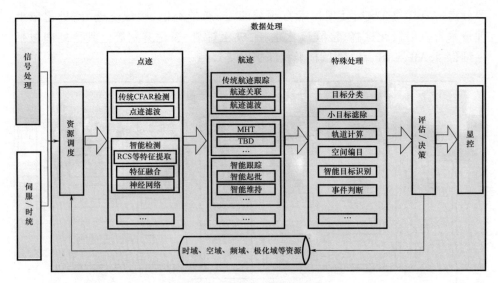

图 4-8 数据处理原理框图

目标分类根据目标的运动特征、RCS 等特征等进行类型判别,把目标分为气动目标、弹道目标、卫星目标、临近空间目标等。

小目标滤除是指在目标跟踪过程中,联合目标的轨道能量特征、运动和 RCS 等多特征构造小目标判别代价函数,将小目标和弹头群目标进行粗分类,对判成小目标的航迹置相应标记。小目标航迹若处于搜索屏内,则对其进行降数据率维持跟踪,避免删批后导致重复航迹起始,节约运算资源。小目标如果与弹头群目标空间距离有明显差别,且不在搜索屏内,则可直接删除,节约系统资源。

轨道计算利用雷达对弹道导弹被动段的跟踪测量数据,估计目标的运动状态。然后根据目标运动状态计算弹道导弹的 6 个轨道根数,据此可完成轨道预测和发落点预报等功能。

空间目标编目是基于雷达不断获取的大量目标多圈观测数据逐步生成空间目标较为精确的轨道根数,并不断利用新获取的观测数据进行轨道更新以保持编目根数的精度,动态编目的主要目的是利用编目根数实现各类空间情报应用,因此对编目根数有较高的精度要求,通常编目根数由目标多圈观测资料参加的轨道改进生成。

开放式相控阵系统中,信号处理可以依据环境感知结果以及目标探测的需求,智能化重构信号处理的架构流程、优化选择参数。还可以针对特定的目标探测场景进行多种流程的并行处理,然后进行结果融合,从而改善复杂杂波、低慢小目标或机动目标的探测性能。

处理重构与环境感知、性能评估、决策控制模块构成了开放式相控阵的闭环处理架构,通过与外部电磁环境的不断动态交互,实现开放式相控阵的感知-处理-评估-决策流程,正是基于和外部电磁环境之间的不断交互,开放式相控阵能够实现和敌方电子装备之间的博弈对抗。未来在高动态、强对抗的战场环境下,开放式相控阵能够依靠这种先进的工作体制获得战场有利地位。

4. 性能评估

性能评估是通过测试、计算和对比,评判系统的性能。对于开放式相控阵而言,性能评估是一个综合评估的过程。由图 4-9 可知,需要根据所给条件,采用一定方法,对其中环境感知、杂波抑制、抗干扰、目标跟踪和成像识别的性能进行综合评估,给每次决策赋予适当的评估值,据此优化下一步的重构和决策。具体而言,可通过数据采集、特征提取、指标计算,监测系统各部分状态,综合判断系统执行任务的能力和实际性能。

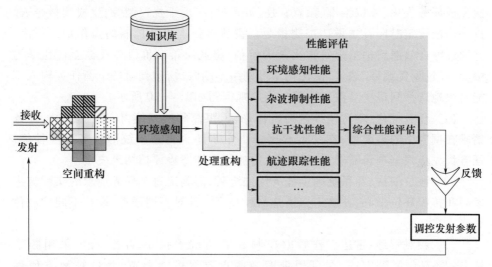

图 4-9　性能评估原理框图

环境感知主要是对雷达工作环境进行在线感知,为开放式相控阵提供补充信息,进一步实现杂波与干扰的自适应处理。环境感知获取的信息包含静态环境信息与动态环境信息。在性能评估环节主要对感知得到的动态环境信息进行有效性评估。通常需对背景电平、杂波模型与类型匹配、干扰个数与干扰类型识别等性能进行评估。

雷达接收信号中不但含有来自运动目标的回波信号,还有大量强杂波信号,严重影响雷达对运动目标的检测能力。杂波抑制是保证开放式相控阵雷达实现可靠检测的关键步骤。开放式相控阵中的杂波抑制性能,通常由杂波改善因子、杂波剩余与杂波虚警率等性能指标进行评估。

雷达抗干扰性能评估的意义在于科学地描述雷达在电磁环境中的工作能力,发现雷达在对抗不同干扰时的薄弱环节,有针对性地提升雷达的综合抗干扰能力。常用的抗干扰性能评估指标有干扰剩余、干扰抑制比等。

航迹稳定连续是开放式相控阵雷达有效探测目标。在目标跟踪性能的评估环节,常用的评估指标有航迹质量、虚假航迹数量与轨迹连续性等,性能评估原理框图见图4-9。

5. 决策控制

决策控制是开放式相控阵实现性能提升的核心。通过环境感知结果、目标探测需求,以及外部辅助信息等,进行探测模式、处理流程、工作参数等各个维度各种层级的决策与控制,实现开放式相控阵系统性能质的提升。

雷达决策控制在接收指控系统和本雷达下达的任务后,由优化学习中心依次完成任务优化、波位编排、频点管理、波形选择、反干扰控制等,生成宏指令表,进一步按规定时序发送雷达控制指令。雷达将每次决策控制的操作记录下来,并通过综合效能评估给出每次决策的价值,将此决策—价值表反馈至优化学习中心,经过反复循环、迭代,使优化学习网络不断收敛,达到对每个新任务输入都能最快地选择到最优参数。决策控制原理框图如图4-10所示。

(1)任务优化:雷达任务包括目标确认、跟踪和搜索等,任务优化表示任务请求在调度中的重要性,在一定程度上决定了整个雷达系统的任务调度性能。任务优先级根据项目需求、战场环境、雷达资源和态势评估结果决定。

(2)波位编排:在系统确定任务优先级后,需确定每个任务请求的实际波束发射和接收波位中心,并确定扫描策略和顺序。针对不同任务,设计不同的波位编排方式。

(3)频点管理:雷达工作频率控制是雷达抗干扰手段之一,可采用频率捷变、频率分集等方法,在可用带宽内频点要尽可能展宽,降低被敌方侦察概率。

(4)波形选择:根据目标距离探测范围、杂波统计及建议工作模式,确定当前工作模式,选择匹配的带宽、重频、脉冲数、参差比、滑窗数等参数。

(5)反干扰控制:雷达反干扰控制包括主动抗干扰措施与被动抗干扰措施:主动抗干扰措施主要包括掩护、跳频和复杂波形等;被动抗干扰措施主要包括副瓣对消、副瓣匿影、盲源分离、ADBF、点迹滤波等措施,根据干扰侦收分类及对抗策略,资源调度将相应的策略填入控制字段。

(6)生成宏指令表:资源调度在每个帧调度周期,生成宏指令表发送至雷达控制,完成对发射、接收、干扰侦察、信号检测等分系统的参数控制。

第 4 章 开放式相控阵功能实现

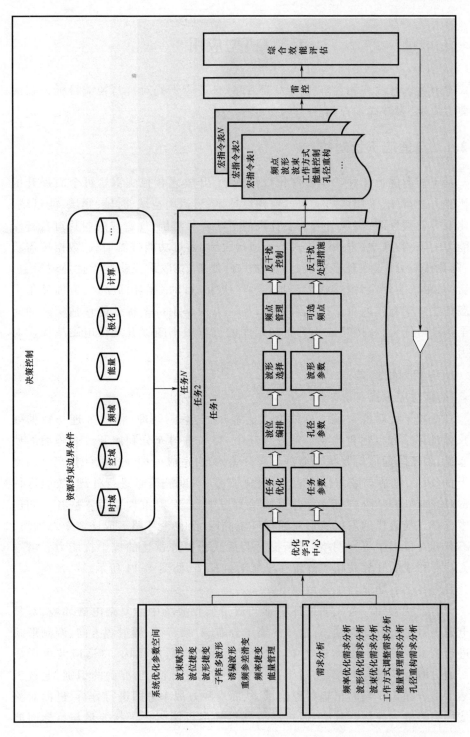

图 4-10 决策控制原理框图

4.2 典型应用

本节将以开放式相控阵雷达为例,针对自适应干扰对抗与智能目标识别两种典型应用,展开详细介绍。

4.2.1 自适应干扰对抗

基于资源虚拟化和功能软件化设计理念,开放式相控阵雷达可全面提升抗干扰能力。首先,采用射频资源可重构设计,灵活运用空域、时域、频域、能量域、极化域等射频资源,实现与电子干扰机的主动博弈对抗,规避或削弱其对自身探测能力的影响;其次,采用开放式系统架构设计,通过功能按需加载、数据按需获取、资源按需分配,实现多功能、多方法并行处理,获取最优化抗干扰处理得益;最后,采用智能化设计,构建"感知-评估-决策-行动"闭环回路,一方面基于干扰态势感知实施帧内抗干扰决策闭环,另一方面基于抗干扰效能评估实施帧间抗干扰策略优化,在持续迭代更新知识库的过程中不断提升复杂电磁战场应对能力。

1. 干扰对抗框架

1)自适应干扰对抗架构

自适应干扰对抗架构可总结为干扰感知、自适应处理(信号处理与数据处理)、效能评估和发射重构4个部分。其中,接收重构充分利用开放式阵面的侦收通道、多子阵通道对干扰环境进行充分感知,自适应处理通过软件化充分调度抗干扰资源(包括空域、时域、频域、极化域等)对回波信号进行处理,效能评估负责对当前处理结果进行评价并反馈给学习中心,发射重构则负责从各个知识库中选择当前最优的发射波形完成与环境的匹配,整个环路形成反馈学习网络,在不断的对抗当中更新网络,不断提升开放式相控阵雷达的抗干扰能力。由这四大功能构成的开放式相控阵雷达干扰对抗框架,如图4-11所示。

其中各部分功能详细介绍如下:

(1)干扰感知。首先通过环境感知通道侦收战场中的复杂电磁环境,对复杂电磁信号进行分类识别,对信号的能量分布、时频特征、辐射源方向、调制形式等进行测量。其自由度体现在单元数字化、通道自适应重构、自适应波束形成等。通过测量获得各类参数,对干扰或信号样式进行快速、准确的识别,通过识别结果结合知识库判断出辐射源信息,从而对敌方战术意图进行分析,进而对整个战场态势进行评估。其次,通过滤波器设计尽可能阻止干扰能量与目标回波

第4章 开放式相控阵功能实现

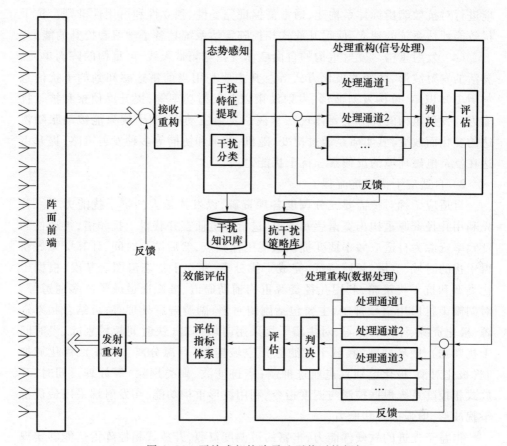

图4-11 开放式相控阵雷达干扰对抗框架

混叠,为后续信号和数据处理提供相对干净的回波信号。

(2)处理重构。抗干扰资源调度与处理重构是开放式相控阵雷达的重要功能,为满足处理所需要的自由度,不仅需要系统具备反馈能力,而且可以自适应控制发射。具体而言,通过接收重构阶段感知到的环境信息,以最大化目标信号的信干噪比与检测概率为准则,充分调度能够利用的软硬件资源,在时、空、频、极化、能量等域对干扰进行抑制,如在空域经常用到的技术是自适应波束形成或副瓣对消等技术,在极化域常用到的技术是极化鉴别和极化对消。处理重构能够根据环境特征,重构出最优的处理方法,最终实现雷达探测性能最大化。

(3)抗干扰效能评估。抗干扰效能评估是实现抗干扰能力最大化的重要保障。抗干扰措施采用之后,需要及时获取抗干扰处理效果。通过对雷达抗干扰的实时效能评估,可以实时调整主被动抗干扰措施,与此同时,通过不断的评估与学习,优化抗干扰策略。抗干扰效能评估需要针对雷达当前的作战任务与环境进行对抗效能指标体系构建,通常需保证完备性、独立性和可用性准则。抗干扰效能评估系统的建立,使得开放式相控阵雷达系统具备了学习和提升的能力。

(4) 发射重构。发射重构的自由度体现在宽频带天线、可重构的阵面单元、灵活的发射波形、捷变的极化方式等。其主要利用当前雷达感知到的干扰信息与历史知识库,重构发射波形、发射波束以及发射功率等,提升反侦察和抗干扰能力。发射重构的优势主要体现在掌握了发射主动权,而干扰只能被动跟随雷达的变化而改变,其实质是通过捷变、随机、诱骗和协同等多种发射策略,提升雷达在复杂电磁环境的反侦察和抗干扰能力。

2) 自适应干扰对抗流程

自适应干扰对抗需要充分调度各项资源,以发挥最大的抗干扰能力[5]。首先利用孔径资源重构出宽谱感知通道,进行环境侦察并获得干扰频谱,再通过调度频率资源为自适应频率捷变提供最优工作频点,然后结合时间、计算资源等获得干扰的时域、空域、频域特征,完成干扰分类,建立干扰态势图。其次,根据干扰类型和抗干扰策略,利用孔径资源重构辅助通道、匿影通道或子阵多通道等,对副瓣干扰启用空域抑制,主要包括副瓣对消、副瓣匿影处理等;再结合频率资源、极化资源、计算资源等,对主瓣干扰采用时域抑制(快时间频域剔除、慢时间干扰判别)、频域抑制(频域干扰滤除)、空域抑制(盲源分离、ADBF)、极化域抑制(极化对消、极化鉴别)、点航迹抑制(点迹滤波、聚类剔除)等处理。同时,开放式相控阵系统根据控制与调度指令,利用波形重构功能,在发射端采用最优抗干扰波形,增强抗截获能力。

得益于先进的软硬件能力,丰富的可调度资源,开放式相控阵雷达能够实现各种各样的抗干扰措施。以下对常用的抗干扰措施进行介绍。

(1) 时域抗干扰技术。时域内的抗干扰技术主要是重频捷变,此外,还有重频参差和重频抖动,是一种简单而有效的反侦察、抗干扰措施。重频捷变使干扰机无法在收到雷达脉冲以前施放同步干扰,特别是重频捷变与频率捷变相结合,可使干扰方在收到雷达脉冲前不能在时域和频域上实施瞄准干扰,从而降低有效干扰的区域。

(2) 空域抗干扰技术。空域抗干扰技术主要包括超低副瓣天线、副瓣对消、副瓣匿影、干扰源定位和扇区静默等,主要在雷达天馈和发射分系统实现。副瓣对消对于连续波噪声干扰抑制效果较好;副瓣匿影用于去除来自副瓣的强脉冲干扰和强点杂波干扰;扇区静默是在对敌干扰源定向的基础上,控制雷达发射机在敌干扰源所在方位停止发射信号,降低敌电子侦察系统的截获概率,从而降低其电子对抗设备的干扰效率。

(3) 频域抗干扰技术。频域抗干扰技术主要包括频域滤波和频域多普勒处理等。通过提高雷达瞬时带宽、扩展雷达频率范围,增大干扰信号带宽,可以降低干扰信号功率谱密度,从而提升信干噪比。频域多普勒处理主要包括动目标显示(Moving Target Indicator,MTI)、动目标检测(Moving Target Detection,MTD)和脉冲多普勒处理(Doppler Processing,DP),主要用于在强地物杂波和慢动杂波干扰中提高目标检测性能。

(4) 能量域抗干扰技术。能量域抗干扰技术主要包括恒虚警率处理、自动增益控制、灵敏度时间控制、大信号限幅和脉冲压缩,在雷达接收机和信号处理系统实现。恒虚警率处理虽不能提高信噪比,但是能保障雷达信号处理设备不因过多的信号而过载;自动增益控制可以防止近距离的大功率杂波或目标回波使接收机过载,也具备一定的抗干扰能力;灵敏度时间控制(Sensitivity Time Control,STC),可以防止近距离杂波使雷达接收机饱和;大信号限幅是一种接收机抗过载措施,用于防止大信号对接收机的冲击和干扰,如过去国内非常流行的"宽-限-窄"电路,就是一种能量域和频域综合抗干扰的例子;线性调频、非线性调频与相位编码是常用的脉冲压缩技术,主要作用是提高雷达的距离分辨力,同时起反侦察、反欺骗的作用。

另外,综合能量、时间、频率以及空域设计的低截获概率(Low Probability of Intercept,LPI)波形:一是能够自适应降低发射机峰值功率以及进行良好的空时能量管理设计;二是同时利用频率捷变资源和任意波形发射能力生成具有LPI特性的复杂波形,如脉内/脉间捷变频、相位编码、同时多频、射频掩护等,产生可以有效地回避ESM接收或者导致其失配;三是可以利用开放式相控阵的孔径重构能力实现无规律扫描,降低主瓣被截获概率。

(5) 极化域抗干扰技术。极化域的抗干扰措施主要包括极化选择、极化捷变和极化识别。任何雷达天线都有极化选择功能,即它能最好地接收相同极化的信号,抑制正交极化的信号。但是极化选择只有与极化捷变相结合以后才有抗干扰价值,因为任何固定极化都是可以模拟的。不同形状和材料的物体有不同的极化反射特性,因此,雷达可以根据所接收目标回波的极化特性来分辨和识别目标与欺骗干扰。

2. 干扰环境感知

干扰环境感知是自适应干扰对抗的前提,是开放式相控阵雷达抗干扰的重要环节,如图4-12所示。其主要通过处理获取的电磁干扰数据,完成雷达电磁干扰多信息域特征提取,建立包含时域、频域、空域、能量域、极化域、调制域等不同维度的干扰地图,并在此基础上基于电磁干扰知识库完成干扰态势判决,准确测量干扰机的参数,识别干扰源的个数、空间分布、带宽、功率、干扰类型等,认知干扰机工作方式,掌握干扰机工作方式随雷达工作模式的变化规律,确定干扰触发的方式,为雷达采取干扰抑制措施提供信息支撑。

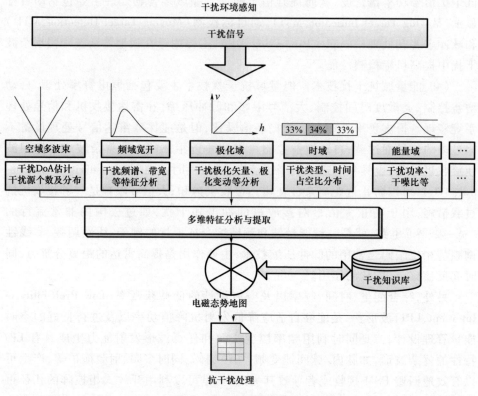

图 4-12　干扰环境感知

下面从干扰特征提取、干扰 DoA 估计以及干扰类型识别三个方面介绍环境感知原理。

1) 干扰特征提取

通过对干扰多维特征域的分析,将干扰特征归纳总结为以下几个特征。

(1) 干扰源频率:表征当前干扰机发射干扰信号的中心频率。

(2) 干扰信号带宽:表征当前干扰机发射干扰信号的带宽。

(3) 干扰源角度:表征当前干扰机相对雷达的空间角度。

(4) 干扰源主副瓣:表征当前雷达波束指向与干扰机角度的主副瓣关系,判别是主瓣干扰还是副瓣干扰。

(5) 干扰的最大 JNR:干扰信号的最大干噪比,表征干扰信号的强度。

(6) 干扰的平均 JNR:干扰信号的平均干噪比,表征干扰信号的强度。

(7) 干扰的脉压峰值:干扰信号经过脉冲压缩处理后的最大强度,表征干扰信号的强度。

（8）短期持续时间：表征当前 CPI 处理时间（或脉冲时间）内的干扰持续时间。

（9）长期持续实现：表征当前干扰源在一定时间长度内的工作时长。

（10）当前干扰类型：表征当前 CPI 处理时间（或脉冲时间）内的干扰类型。

（11）干扰覆盖效能：分析当前干扰机对雷达信号在时域、空域、频域、波形域等多个域的覆盖能力。

通过上述多个特征参数，对干扰机的当前工作状态以及一定时间长度内的工作特征进行全面的表征。

2）干扰 DoA 估计

测定电磁波传播方向，即到达方向（Direction of Arrival，DoA）估计是空间信息获取领域的一个重要问题，波达方向的估计方法有很多种，既有传统的单脉冲比相测角、单脉冲比幅测角，也有分辨率更高的多重信号分类（MUltiple SIgnal Classification，MUSIC）算法[1]，每种方法的实现都是基于灵活可重构的孔径资源。

3）干扰类型识别

干扰类型识别这一过程，是对干扰信号进行特征提取的过程，类似于对信号进行非线性变换，把干扰信号从信号空间转移到其特征参数空间，在特征提取过程中选取能够体现干扰信号并能够将其与其他干扰类型区分开来的特征参数，舍弃无用的信号信息，再利用有效的特征参数实现对干扰类型的判别。在判别时需要选取适当的分类方法，以求付出尽量小的代价来获得尽量好的判别结果。

得益于人工智能技术的发展，当前一些深度学习网络在图像识别中有着不俗的表现，在一些测试中，甚至超过人类[2-3]。深度学习网络能够借助大数据进行不断学习，可以自动适应背景环境的改变，并且对所关注的目标进行有效识别，同时对未知数据也有一定的预测与分类能力。深度学习网络也具备良好的并行分布处理、分布存储能力，当学习时间足够长时，能够逼近复杂的非线性关系。借助于深度学习网络的特点，将其应用到干扰类型识别上，也能够获得很好的效果。

在将深度学习网络应用于雷达环境感知模块中时，需要先对干扰信号进行处理，如对空域的多个干扰信号进行分离，使输入网络的信号同时只包含一种干扰类型；为了提高识别率，有时也会采用时频二维图进行识别，此时需要先对回波信号进行时频转换，再输入网络[4]。总之，深度学习网络为了平衡识别准确率与识别效率两个时标，会综合运用某个变换域的干扰信号进行识别。其识别框架如图 4-13 所示。

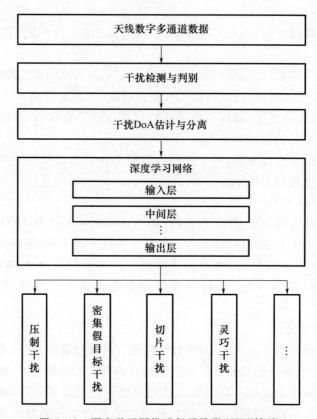

图4-13　深度学习网络进行干扰类型识别框架

进行电磁环境感知的目的是提升雷达的自适应抗干扰能力,雷达的主被动抗干扰手段与干扰类型具有一定的对应关系,在充分了解干扰信息后,有助于雷达不断优化自身的抗干扰措施,因此干扰特征提取、DoA估计与干扰类型识别都是提升雷达抗干扰能力的有效辅助手段。在感知干扰信息之后,雷达基于干扰特征形成针对性的抗干扰策略,自适应地选取最佳的抗干扰措施完成干扰抑制,从而达到在复杂环境下保持探测威力的目的。

3. 射频重构抗干扰

1) 孔径重构抗干扰技术

传统雷达在进行干扰抑制时采用的副瓣对消或自适应波束形成的波束数是固定的。这是由于受限于信息处理系统的信号处理能力,实际雷达系统的波束数量受到约束。开放式相控阵雷达能够根据干扰环境感知结果,如干扰源数量、空间分布等情况,充分利用孔径自由度,在一定的资源约束条件下,进行孔径资源优化与分配,形成不同的波束,从而完成不同的抗干扰功能。例如,对副瓣干扰,能够形成辅助通道并完成副瓣对消,对于主瓣干扰,可以形成多通道进行盲源分离或者 ADBF,对于需要干扰源跟踪的场景,能够形成多通道对干扰源进行高分辨 DoA 估计等。孔径重构抗干扰示意图如图 4-14 所示。

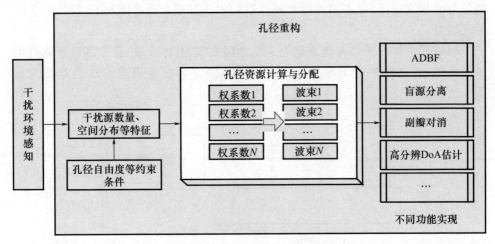

图 4-14　孔径重构抗干扰示意图

下面以波束合成方式重构、基于干扰源角度的自适应波束形成两个例子为说明,介绍孔径重构抗干扰技术。

（1）基于干扰源数量感知的可重构波束合成。当雷达感知到干扰源数量大于系统的干扰抑制自由度时,可以通过重构波束合成方式等方法提升干扰抑制性能。

如图 4-15 所示,以 8 行×16 列的面阵为例。假设采用自适应波束形成时,波束数量最多不超过 16 个波束。当电磁环境感知到的干扰数量较少时,可以采用图 4-15(a)所示的 2×8 的子阵划分方式,在抑制干扰的同时,仍然具有测量目标方位角和俯仰角的能力。当电磁环境干扰到的干扰源数量较多(如大于 6 个)时,为了获得更优的干扰抑制能力,可以改变波束划分方式如图 4-15(b)所示。此时,将所有系统处理自由度均用于干扰抑制,干扰抑制后只能进行目标方位角测量。

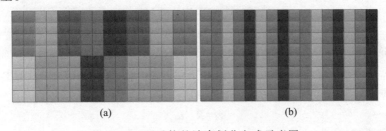

图 4-15　可重构的波束划分方式示意图

（2）基于干扰源角度的自适应波束合成。基于辅助通道的副瓣对消技术，是对抗副瓣干扰的有效手段。相同数量的辅助通道，其在阵面中所处的位置会显著影响副瓣干扰的抑制性能。基于干扰源角度的感知结果，可以优化辅助通道的阵元位置选择，在不额外增加硬件数量和计算复杂度的情况下，获得抗干扰性能增益。

副瓣对消器的典型实现方案为天线复用方案，具体来说，就是将整个阵列用于主通道，并选择某些子阵列复用于辅助通道。天线复用副瓣对消器结构如图 4-16 所示。

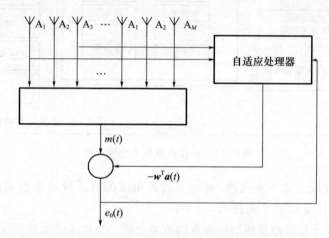

图 4-16 天线复用副瓣对消器结构

这种副瓣对消器的实现方案可以进行如下的数学建模。假设天线总个数为 L，主通道的天线个数为 M，辅助通道的天线个数为 N。则 $L=M$，$N<L$。辅助通道收到的信号可建模为

$$a(t) = n_a(t) + Aj(t) \qquad (4\text{-}4)$$

式中：$A = [a_1, \cdots, a_K]$ 为 K 个干扰的辅助通道导向矢量；$j(t)$ 为 K 个干扰的复系数；$n_a(t)$ 为高斯白噪声，功率为 P_n。主通道进行静态波束形成，其输出可表示为

$$m(t) = s_M^H n_m(t) + s_N^H Mj(t) \qquad (4\text{-}5)$$

式中：s_M 代表指向目标的主通道导向矢量；$M = [m_1, \cdots, m_K]$ 为 K 个干扰的主通道导向矢量；$n_m(t)$ 为主通道的白噪声，功率为 P_n。该副瓣对消器的输出为

$$e_0(t) = m(t) - w^H a(t) = s_M^H n_m(t) + s_N^H Mj(t) - w^H [n_a(t) + Aj(t)] \qquad (4\text{-}6)$$

根据最小输出功率准则，可得最优的自适应权重系数为

$$w = R_a^{-1} a_m \qquad (4\text{-}7)$$

式中：R_a 为辅助通道的协方差矩阵；a_m 为互相关矢量，$a_m = E\{m(t)a^*(t)\}$。

以图4-15(a)所示的8行×16列的面阵为例,目标位于(0°,0°)。考虑两个副瓣干扰的场景,干扰的信干噪比均为20dB,干扰角度分别为(方位-30°,俯仰20°)和(方位60°,俯仰20°)。假设辅助通道为阵面上任意位置的4个天线单元组成,则对比经过优化选择后的天线位置方案和任意选择的天线位置方案,干扰的对消性能如图4-17所示。

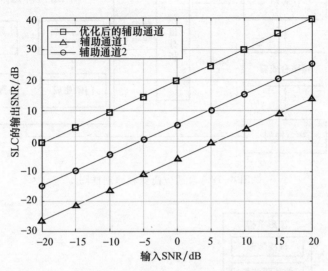

图4-17 天线位置优化选择前后的干扰抑制性能对比

2) 频率重构抗干扰技术

在电子对抗场景中,干扰机必须对雷达发射信号进行精准测频,并发射处在相同频段或存在频段交叠的干扰信号才能对雷达实施有效干扰。相对应地,雷达可以通过瞬时宽带发射降低发射功率谱密度,或是伪随机的快速切换发射频率,增加干扰机侦收截获难度;雷达还可以发射错频掩护信号,诱导干扰机瞄准错误的频率,保证雷达探测波形正常工作;此外,借助干扰环境感知以及探测效能评估等反馈机制,雷达可以通过频率分析,搜索干扰功率最小的频点,自适应切换工作频率规避干扰。自适应捷变频原理框图如图4-18所示。

3) 波形重构抗干扰技术

发射波形是复杂战场环境下雷达与干扰机对抗的核心载体。为最大化干扰效果,干扰机需要实时侦收雷达发射波形,对其识别分选,并基于一定的准则辐射干扰信号。开放式相控阵雷达一改传统雷达"被动防守"的应对策略,综合利用可重构波形资源,使用试探波形评估干扰机能力与特征,综合环境特征及任务输入等边界条件,针对性优化设计反制波形主动破坏干扰机的侦收、识别、转发各环节,同时保证自身性能,实现干扰环境下的最优探测。随着电子战技术的升级,未来对抗将由简单、非智能的模式向交互、博弈的方向发展,雷达以及干扰机在对抗中最终达到特定的平衡点,而该平衡点下双方的效能则高度依赖于各自的波形可重构自由度。波形重构抗干扰示意图如图 4-19 所示。

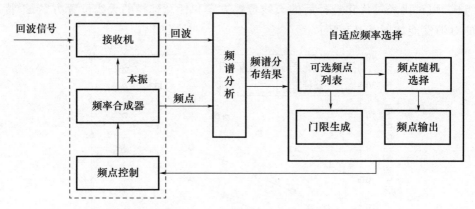

图 4-18 自适应捷变频原理框图

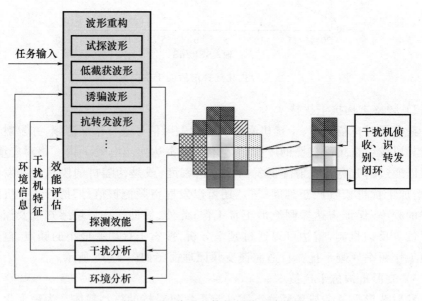

图 4-19 波形重构抗干扰示意图

4) 极化重构抗干扰技术

当雷达面临主瓣干扰(尤其是自卫式干扰)时,由于雷达观测目标与干扰机的角度相同,基于空域滤波原理的副瓣干扰抑制技术不再有效。此时,开放式相控阵雷达利用自适应极化对消能力,能够有效抗主瓣干扰。

在抗干扰的极化重构过程中,通过对干扰信号瞬态的极化样式进行实时分析,并对干扰机的极化变化规律进行判别与预测,开放式相控阵可以自适应地重构其极化样式,以有效对抗具有极化捷变功能的干扰机。

极化重构的基本原理是基于电磁波的线性叠加原理,改变相控阵天线两个极化正交电磁波的幅度和相位,合成矢量具有不同的极化形式。极化重构的目的是匹配目标的极化形式,在此基础上,通过雷达接收极化通道进行加权优化,使多个极化接收通道中的干扰对消,从而抑制干扰。极化重构抗干扰的原理框图如图 4-20 所示。

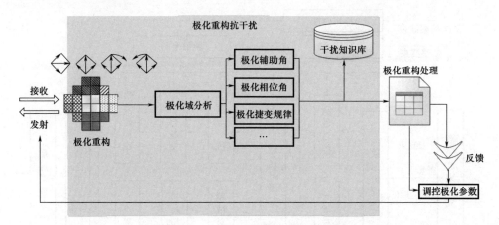

图 4-20　极化重构抗干扰的原理框图

4. 多通道非线性处理抗干扰

雷达信号处理的理论基础是在高斯噪声中对单一已知信号的最佳检测,但是在实践中这个理论基础是不适用的,雷达在作战使用中始终面临着环境中各种类型的杂波,以及电子干扰机施放的复杂快变的干扰,实际信号处理面临的是非高斯噪声背景下各类对象的检测。传统相控阵雷达就是遵循基本的理论假设,按照线性信号处理流程进行设计的,制约了雷达探测能力。

开放式相控阵雷达采用多功能、多方法并行化非线性处理架构,基于开放式系统架构设计,实现功能软件化定义、数据和计算资源统一治理。在干扰对抗中,可根据外部电磁环境感知结果,自适应调度和重构相关射频资源,接收多种类型通道数据,处理中采用非线性处理架构,多种方法并行处理,并采用多种非线性算法进行局部优化,通过功能按需加载、数据按需获取、资源按需分配,获取最好的抗干扰处理效果。

传统相控阵雷达和开放式相控阵雷达抗干扰处理流程示意图分别如图 4-21 和图 4-22 所示。

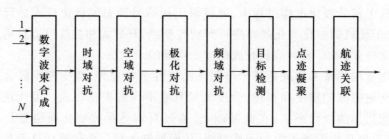

图 4-21 传统相控阵雷达线性处理抗干扰示意图

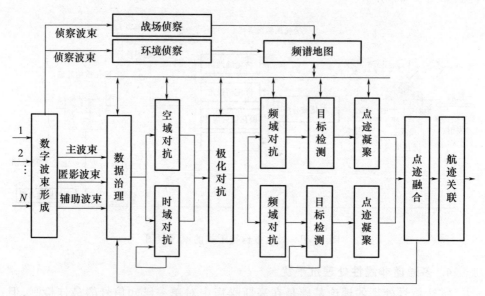

图 4-22 开放式相控阵雷达多通道非线性处理抗干扰示意图

下面举例说明非线性处理算法在开放式相控阵雷达中的应用。

1) 极化域自适应干扰滤波

如果目标回波与干扰信号的极化状态不同,可以采用极化对消器将干扰滤除,即通过对雷达接收极化优化,使两个极化接收通道中的干扰对消,从而抑制干扰。

假设干扰极化表示为 h_J,雷达接收极化为 h_r,则雷达对干扰信号的接收功率系数为 $h_r^T h_J$。当接收极化与干扰极化互为交叉极化时,该系数为零,即 $h_{r,OPT}^T h_J = 0$,称此时的接收极化为在干扰背景下的雷达最佳接收极化。

极化对消器以干扰输出功率最小为准则,利用自适应滤波器实现。其原理框图如图 4-23 所示。

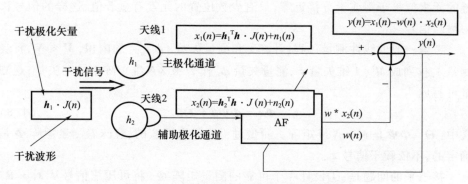

图 4-23 自适应极化干扰对消的原理框图

图中,输出信号 $y(n)=x_1(n)-w(n)\cdot x_2(n)$,平均功率 $\xi=E[y(t)y^*(t)]$,最佳权系数 $\xi(w)|_{w=w_{opt}}=\xi_{min}$。

图 4-24 显示了极化域自适应干扰滤波干扰抑制前后回波。

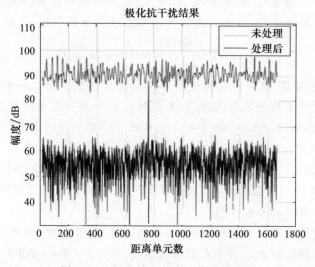

图 4-24 极化域自适应干扰滤波效果

2)稀疏恢复抗干扰

在信号处理领域的很多场景中,信号矢量往往本身具有稀疏性,或在某种变换之下具有稀疏性,对于稀疏信号,可以通过一定的方法进行压缩观测,使原来维度较大的信号以较小维度存储,当压缩观测满足一定条件时,可以通过相应的算法从压缩观测信号中恢复出原始的维度较大的稀疏信号,这一过程就称为稀疏恢复。

信号的稀疏性是指当用一个一维矢量表示信号时,信号矢量中绝大多数位置的元素值等于零或十分接近零,只有少数位置的元素有显著值,这样的信号称为稀疏信号。

考虑一般的线性测量过程,计算 x 和测量矢量 $\{\phi_j\}_{j=1}^{M}$ 的内积,$M < N$,将观测量 y_j 排列成 $M \times 1$ 维矢量 y,测量矢量 ϕ_j^T 作为 $M \times N$ 维矩阵中的列矢量,观测量可写成

$$y = \Phi x = \Phi \Psi \theta = \Theta \theta \tag{4-8}$$

式中:$\Theta = \Phi \Psi$ 是 $M \times N$ 维矩阵。测量过程不是自适应的,意味着测量矩阵 Φ 是确定的,不依赖于信号 x。

接下来的问题是:①设计一个可靠的测量矩阵 Φ,将可压缩信号从 $x \in \mathbf{R}^N$ 到 $y \in \mathbf{R}^M$ 的降维,不会损失其重要的信息;②设计从 $M \approx K$ 个观测量 y 中恢复 x 的重建算法。

测量矩阵 Φ 应当保证能够从 $M < N$ 的测量数据中重建长度为 N 的信号 x。由于 $M < N$,此问题似乎是病态的,然而,如果 x 是 K 阶稀疏的,并且 K 个非零系数在 θ 中的位置是已知的,只要 $M \geq K$,此问题就可以解。此问题能够解决的一个充分必要条件是,对于任意有 K 个非零系数 θ 的矢量 v,有

$$1 - \varepsilon \leq \frac{\|\Theta v\|_2}{\|v\|_2} \leq 1 + \varepsilon, \varepsilon > 0 \tag{4-9}$$

也就是说,矩阵 Θ 必须保持这些 K 阶稀疏矢量的长度。一般而言,K 个非零系数的位置是未知的。然而,对于 K 阶稀疏信号有可靠解的充分条件是满足限定等距性(Restricted Isometry Property,RIP),即对于任意 $3K$ 阶稀疏矢量 v,Θ 满足式(4-9)。

另一个相关的条件,称为不相关性(Incoherence),要求 Φ 的行矢量 $\{\phi_j\}$ 不能稀疏表示 Ψ 的列矢量 $\{\psi_i\}$。通过选取测量矩阵 Φ 为一随机矩阵,能够以较大的概率满足 RIP 和不相关性。

信号重建算法必须利用观测量 y,观测矩阵 Φ 和基 Ψ,重建长度为 N 的信号 x 或稀疏系数矢量 θ。对于 K 阶稀疏信号,由于 $y = \Phi x = \Phi \Psi \theta = \Theta \theta$ 中,$M < N$,因此存在无限个 θ' 满足 $\Theta \theta' = y$。如果 $\Theta \theta = y$,对于 Θ 的零空间 $N(\Theta)$ 中的任意矢量 r,有 $\Theta(\theta + r) = y$。因此,信号重建算法的目标就是在 $N - M$ 维转化的零空间 $H = N(\Theta) + \theta$ 中寻找信号的稀疏系数矢量。

(1)最小 ℓ_2 范数重建。定义矢量 θ 的 ℓ_p 范数为 $(\|\theta\|_p)^p = \sum_{i=1}^{N}|\theta_i|^p$。求解这类问题的传统方法就是通过求解式

$$\hat{\theta} = \arg\min \|\theta'\|_2, \Theta \theta' = y \tag{4-10}$$

在转化的零空间中寻找 ℓ_2 范数最小的矢量。这个优化有简单的闭合解 $\hat{\theta} =$

$\boldsymbol{\Theta}^{\mathrm{T}}(\boldsymbol{\Theta}\boldsymbol{\Theta}^{\mathrm{T}})^{-1}\boldsymbol{y}$,但是通过$\ell_2$范数最小化,几乎不能找到$K$阶稀疏解。

(2)最小ℓ_0范数重建。由于ℓ_2范数测量的是信号的能量而不是信号的稀疏度,考虑ℓ_0范数计算的是$\boldsymbol{\theta}$中非零系数的个数,因此K阶稀疏矢量的ℓ_0范数等于K。

$$\hat{\boldsymbol{\theta}} = \arg\min \|\boldsymbol{\theta}'\|_0, \boldsymbol{\Theta}\boldsymbol{\theta}' = \boldsymbol{y} \tag{4-11}$$

此问题的求解过程计算量大且是不稳定的 NP 问题。

(3)最小ℓ_1范数重建。基于ℓ_1范数的优化,有

$$\hat{\boldsymbol{\theta}} = \arg\min \|\boldsymbol{\theta}'\|_1, \boldsymbol{\Theta}\boldsymbol{\theta}' = \boldsymbol{y} \tag{4-12}$$

可以准确恢复K阶稀疏信号,而且可以只采用$M \geq cK\log(N/K)$个独立同分布的随机观测量,c为常数。此问题是一个凸优化问题,可以容易地采用线性规划算法解决。

图 4-25 显示了稀疏恢复抗干扰效果。

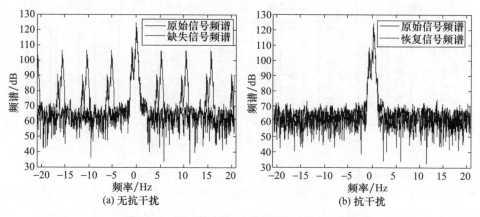

图 4-25 稀疏恢复抗干扰效果(见封三彩图)

5. 抗干扰效能评估

构成开放式相控阵雷达抗干扰闭环流程的另一重要环节是抗干扰效果评估,其通过性能指标集量化抗干扰的结果,并反馈给自适应发射系统和处理系统,使下一次的抗干扰更具有针对性。具体过程为:从雷达的性能参数中抽取一定的抗干扰性能评估指标构成特征指标集,根据一定的方法评估这些指标,并得到最终的评估结果。分别针对压制性干扰和欺骗性干扰两种情况来构建雷达抗干扰效能评估的指标集,且将指标集分为单项措施指标集和综合性能指标集,前者用来评估单项抗干扰措施加入前后的信号处理指标变化,后者用来评估综合抗干扰措施所取得的战技指标。雷达抗干扰效果评估过程如图 4-26 所示。

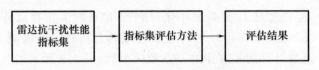

图4-26 雷达抗干扰效果评估过程

一个典型的建立抗干扰效能评估指标体系的层次分析过程和最终的指标集如图4-27所示。

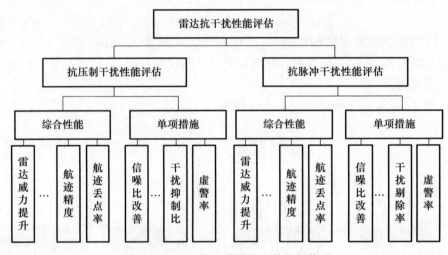

图4-27 雷达抗干扰效果评估指标体系

每项指标加权系数的选取与雷达工作方式、干扰环境等因素密切相关。例如,雷达工作在搜索模式时,最大作用距离权值较大,当工作在跟踪模式时,测量精度占更大权值。再如,在干扰环境发生突变时,为了使抗干扰策略快速收敛到最优策略、算法参数收敛到最优值,宜将单项措施指标赋予较大权值,随着干扰环境的稳定,逐步赋予综合性能指标较大的权值。

4.2.2 智能目标识别

目标识别技术将雷达功能从"看得清"提升到了"辨得明",回答了在某处以某个速度运动着的目标是什么的问题。在开放式相控阵系统架构下,得益于灵活的资源配置,智能识别技术可通过闭环反馈的方式与雷达系统的孔径资源、时间资源、频率资源、工作波形、极化方式等产生紧密耦合,实现目标特性、环境特性和系统资源之间的最优匹配,提高目标识别速度和精度。本节首先介绍开放式相控阵雷达智能目标识别技术理念与基本框架,并以弹道目标识别为背景,阐述不同维度特征的物理含义及其对目标识别的贡献,以及特征库与样本库的构建,介绍弹道目标特征提取方法,并基于典型的目标识别示例阐述开放式相控阵雷达智能目标识别技术的工作流程和运作机制。

1. 智能目标识别基本框架

雷达目标识别技术是目标识别技术的一个分支。传统雷达目标识别主要采用特征提取和分类器设计的方案,首先基于雷达回波提取目标特征,如窄带统计参数、宽带散射中心、微动参数等反映目标散射机理的特征,然后设计分类器对目标特征进行分类,实现目标识别,本质上是一种单向流水处理模式。在这种工作模式下,由于识别系统被动接受前端系统送来的目标测量信息,无法根据当前的目标识别情况和环境信息对系统资源进行实时整合,实现目标、环境和资源的最佳匹配,无法使目标识别性能达到最优。传统目标识别流程如图4-28所示。

图4-28 传统目标识别流程

不同于传统目标识别技术的单向流水处理模式,开放式相控阵系统架构下的智能目标识别技术本质上是一种闭环反馈处理模式,其主要特点是在目标识别系统内部采用并行处理和性能评估机制,在系统内形成算法优化的小闭环,同时基于当前识别状态和性能生成下一步探测需求,反馈到控制中心对雷达工作方式进行动态调整,形成整个系统的大闭环,通过不断的评估-调整-优化迭代,逐步逼近目标特性、环境特性和系统资源之间的最优匹配,达到系统资源约束条件下的性能最优化,大大提升雷达目标识别的正确率和稳健性。智能目标识别框架如图4-29所示。

开放式相控阵雷达智能目标识别基本框架如图4-29所示,其核心是开放式系统具备可供识别系统智能调度的频率、波形、孔径、波束、时间、能量、极化、角度等资源。进而识别系统采用两级闭环的方式进行智能化识别:其一为智能识别/评估中心基于目标识别性能评估形成的识别系统算法优化小闭环,其二为系统决策控制中心基于目标识别的测量方式需求对系统资源进行动态优化配置所构成的雷达系统反馈控制大闭环。当目标识别流程初步建立时,识别/评估中心根据当前资源和数据,利用多特征融合识别/多种识别算法并行运算等方法对目标进行初步分类识别并对识别性能进行评估,优化识别算法和流程并获得目标特性与环境信息的初步结果,以此为依据得出下一步测量方式的需求并反馈到系统决策控制中心,后者根据前者的需求,充分利用系统资源,形成相应的调度与控制信息反馈到系统前端,基于开放式相控阵的高度灵活性将这些资源要素进行合理配置,获得所期望的目标回波信息,目标识别系统根据新的回波信息进

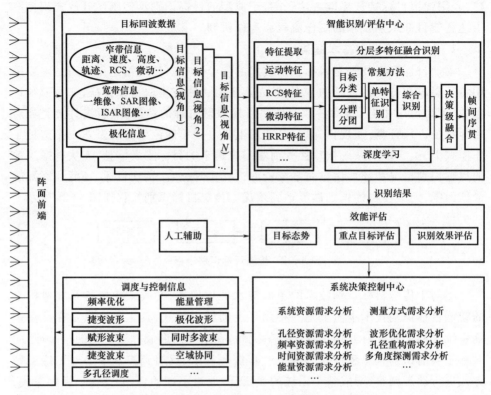

图 4-29 智能目标识别框架

一步优化识别算法和流程,提升目标识别性能,并根据当前识别性能评估得到下一步探测需求反馈给系统决策控制中心,进一步对系统资源进行优化调整,以满足目标识别新的需求,该探测-识别-评估-决策-控制流程不断循环往复,使目标识别和系统资源之间逐步达到最优匹配,最终达到系统资源约束下的目标识别性能最优。

2. 自主目标特性感知

如图 4-30 所示,自主目标特性感知的关键要素包括:

1) 常规特征自主提取

跟踪阶段自主提取运动特征和窄带 RCS 特征。对气动目标经过航迹滤波和速度估计提取高度与速度特征;对导弹目标利用带初值的 RLS 估计轨道参数,得到轨道半长轴、偏心率和过近地点时间等特征;利用 t-分布提取 RCS 变化特征。

2) 精细化特征按需提取

根据识别需要,调用精细化识别波形。宽带一维像工作方式下采用 clean 算

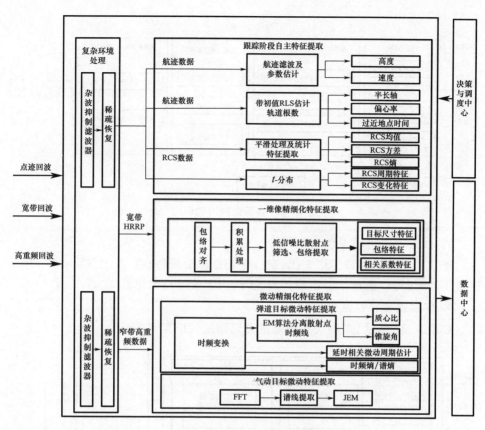

图 4-30 自主目标特性感知

法进行低信噪比一维像散射点筛选,提取一维像尺寸、包络和相关性系数等特征;微动特征提取工作方式下,对导弹威胁目标提取微动熵、进动周期、锥旋角和质心比等精细特征;对气动目标提取目标的 JEM 调制谱线周期等精细特征。

3. 自适应决策和调度

如图 4-31 所示,自适应决策和调度的关键要素包括:

1) 多源辅助决策

根据 IFF 和侦收分选结果(类似 ESM)信息和雷达信息进行多源辅助决策,为多层次多特征融合处理指定相应的策略和模板。

2) 基于威胁度排序和资源约束的自适应调度

根据目标分类结果和目标运动趋势等特征实现威胁度自动排序,结合目标容量、威胁目标数、资源使用情况统计以及识别方式资源需求情况,自适应调用宽带一维像和微动等识别资源。

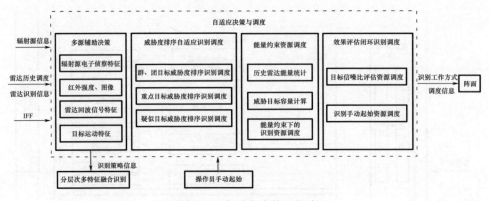

图 4-31　自适应决策和调度

3）效果评估闭环识别调度

评估识别效果和目标信噪比,自适应调整识别策略;当人工判断识别结果有误或不够时,可以手动重启识别调度,实现识别效果最优化。

4. 多层次多特征融合识别

如图 4-32 所示,多层次多特征融合识别的关键要素包括：

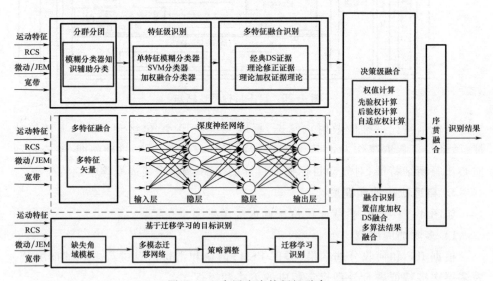

图 4-32　多层次多特征级融合

1）分层次目标分类识别

根据航迹运动特征实现机弹分类;对弹道目标实现分群分团和真假弹头识别;对气动目标实现直升机/固定翼/螺旋桨分类和重点目标型号识别。

2）多特征融合

联合 RCS、宽带一维像和窄带微动多维特征，实现目标稳健分类识别。融合识别充分利用多种特征之间的互补识别信息，显著提高识别率和识别结果的稳定性。

3）多算法并行融合

融合常规多特征模板识别、深度学习网络识别，以及迁移学习识别三种方法并行处理的识别结果，进行决策融合，提高识别准确度。

4）序贯融合

单次识别结果受测量噪声的影响，特征提取有误差，识别结果不稳定。利用序贯融合识别可提升识别结果的稳健性。

5. 基于知识的自主学习

如图 4-33 所示，基于知识的自主学习，关键要素包括：

（1）离线学习训练。基于靶场试验和历史检飞数据积累的目标数据库，通过离线学习训练深度识别网络，建立已知目标的特征库和模板库。

（2）在线学习提升。对模板库内姿态不完备目标或为未知弹型目标在线利用邻近姿态模板或相近型号导弹目标迁移学习实现识别；对于模板库外飞机目标具有拒判能力，并将目标特征存入特征库，为后续离线构建模板库提供训练数据。

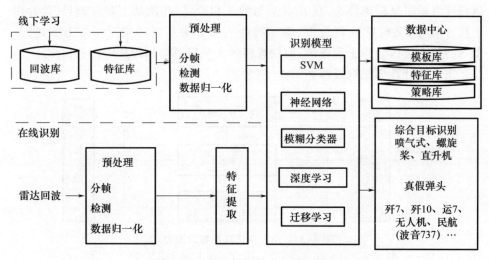

图 4-33 基于知识的自主学习流程

本节以弹道导弹目标识别为背景，阐述不同域特征的物理含义及其提取方法。弹道导弹目标识别是指在弹头群目标中正确区分真假弹头目标，因此，本节从空域、时域、频域和极化域分别介绍真假弹头目标的可区分特征。

1）空域特征

射程和落点是导弹目标重要的空域特征，通过射程和落点判别可以排除弹体、碎片等非伴飞物。射程估计把弹道导弹的弹道看作绕地球质点的二体椭圆轨道运动。在助推段结束后，弹道导弹将在地球引力的作用下靠惯性飞行，因此其弹道不能轻易改变。忽略再入段大气对导弹的影响，可以利用弹道导弹的椭圆轨道近似计算导弹的落点及射程。

2）时域特征

（1）RCS 统计特征。RCS 是反映目标对雷达信号散射能力的度量，空间目标沿轨道运动时其姿态相对于雷达视线不断发生变化，从而可获得其 RCS 随视角变化的数据，其中的变化规律反映了目标形体结构的物理特性。RCS 统计特征包括 RCS 均值、RCS 方差、RCS 极差等。

RCS 均值反映目标雷达截面积的总体大小；RCS 方差反映目标一段时间 RCS 变化快慢与幅度，与目标的结构散射特性和微动快慢有关；RCS 极差反映一段时间内目标 RCS 最大最小值之差，反映目标散射特性。因此，提取 RCS 特征能从整体上反映目标的尺寸大小、结构、散射特性等。

由于弹头和弹体尺寸差异大，同时弹头采用隐身等设计，其 RCS 进一步减小，弹头和弹体的 RCS 差异较大；轻诱饵为了掩护弹头突防，在结构和尺寸及散射特性方面尽量模仿弹头，在 RCS 上与弹头相近，但在微动上存在差异；碎片由于尺寸较小，散射特性较分散，RCS 特性有与弹头一致的情况。综上所述，从 RCS 特征上可区分弹头和弹体，但较难将弹头从轻诱饵和碎片中区分出来。

RCS 统计特征提取流程如图 4-34 所示。

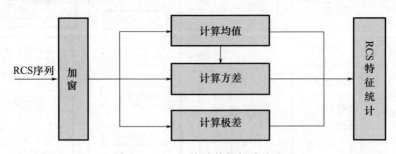

图 4-34　RCS 统计特征提取流程

设 RCS 序列为 $x(n)=\{x_1,x_2,\cdots,x_N\}$，窗函数为 $w(k)=\mathrm{rect}\left(\dfrac{k}{M}\right)$，其中 k 为窗中心，M 为窗长，均值、方差、极差计算公式为

$$\begin{cases} X_{\text{mean}} = \dfrac{1}{M} \sum_{n=1}^{N} x_n w(k) \\ X_{\text{std}} = \left(\dfrac{1}{M-1} \sum_{n=1}^{N} w(k)(x_n - X_{\text{mean}})^2 \right)^{\frac{1}{2}} \\ X_{\text{max}} = \max\limits_{n=N-M+1,\cdots,N} \{x_n\} - \min\limits_{n=N-M+1,\cdots,N} \{x_n\} \end{cases} \quad (4-13)$$

(2) 一维像特征。目标的一维距离像是光学区雷达目标识别的重要特征，与目标实际外形之间有紧密的对应关系，可作为识别真假弹头的依据，在弹道导弹目标识别中具有十分重要的意义。

宽带一维距离像反映目标散射结构沿雷达视线的分布情况，散射点间的长度可反映目标的尺寸信息。弹头尺寸在 1~4m，而碎片甚至重诱饵尺寸通常在 1m 以下，因此宽带一维像尺寸是区分弹头和碎片/重诱饵的重要特征。

宽带一维像特征提取主要包括波门中心距离像截取、包络对齐、相参/非相参积累、CFAR 检测和散射点筛选/包络提取等预处理，以及在此基础上进行的尺寸、周期、包络熵和相关系数等特征提取操作。宽带一维像特征提取流程如图 4-35 所示。

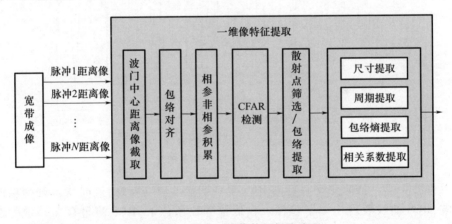

图 4-35　宽带一维像特征提取流程

在散射点提取及筛选后，尺寸特征即为目标最远散射点与最近散射点单元差与距离分辨率的乘积；而散射点个数特征即为筛选后的散射点个数；距离包络即为归一化散射点强度的距离分布；包络熵特征为距离包络的幅度进行概率化后，再求熵；脉冲间相关系数特征为取出积累后的散射点间的各脉冲的距离包络，按相邻脉冲求相关后再平均。

3) 频域特征

(1) RCS 周期特征。姿态角的周期与弹头的进动周期一致。当雷达位置固定时,中段自旋稳定目标姿态角的变化主要由自旋、进动和平动三部分引起。对于锥体类完全体对称目标,雷达和目标相对姿态角主要由进动和平动引起。平动引起的姿态变化是一种慢变化,而进动引起的姿态变化是一种快变化,因此目标总的姿态变化可视为在慢变化上叠加上了快变化,其中快变化与进动具有一致的周期性。由目标的散射特性可知,目标的雷达姿态角变化是引起 RCS 起伏的最主要原因,当姿态角呈现周期性时,相应的 RCS 也会呈现周期性变化。采用电磁计算软件对锥体目标进行电磁计算,得到具有进动特性目标的 RCS(信噪比 20dB)曲线如图 4-36 所示,进动周期设为 1Hz。

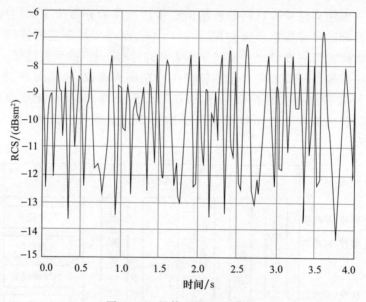

图 4-36 锥体目标 RCS 曲线

由图 4-36 可知,进动目标的 RCS 呈现明显的周期特性,同时受多种因素的影响,RCS 曲线表现出非平稳性。在低信噪比条件下,RCS 测量存在一定的误差,这些都使得 RCS 的周期估计变得十分困难。因此,寻找一种稳健的 RCS 周期估计方法变得十分重要,常用的 RCS 序列周期估计算法有循环自相关法、幅度差自相关法、三角函数拟合法等。

(2)微多普勒特征。弹道目标除了质心的平动,还有绕某些轴线进行的摆动、翻滚、进动和章动等微运动。这些微运动会对雷达回波产生调制,形成与目标微运动相联系的可区分不同目标的微多普勒特征。

弹头由于稳定再入的需要,一般严格进行姿态控制,微运动很小,或者进行幅度很小周期很长的进动(自旋+锥旋)。碎片由于爆炸力瞬时力矩的作用,会进行快速翻滚;而轻诱饵要模仿弹头运动,释放时有意使其自旋,但由于释放时的扰动力和内部膨胀力的作用,加上质量小,轻诱饵会出较大幅度的进动,即进动的锥旋角较大,且进动频率大。这样用微多普勒特征可以区分弹头和轻诱饵/碎片。

常规微多普勒特征包括时频熵/谱熵、微多普勒周期,这可以通过对时频平面的幅度概率化后求熵,以及对时间切片幅度延时相关求得。

由于熵和微动周期是一个全局特征,很多细节有差异或微动幅度不相同的时频图,有可能具有同样的时频熵和微动周期,故还需要提取反映目标本质差别的特征。

锥旋角可反映目标微动幅度大小,弹头一般锥旋角较小,仿形诱饵和再入重诱饵锥旋角较大;而锥顶和锥底的质心比则反映目标的结构,弹头由于载荷分布在头部,质心靠近顶部,而仿形诱饵一般质量在锥面均匀分布,质心靠近底部。故锥旋角和质心特征能显著区别弹头和仿形诱饵,如果能够提取这两个特征,则对弹头和仿形诱饵的识别具有决定性意义。

4)极化域特征

通过极化域特征可获取目标表面的粗糙度、对称性和取向等其他特征难以提供的信息,是完整刻画目标特性所不可或缺的。

极化特征包括极化不变量特征和极化分解特征。极化不变量特征反映目标几何结构上的差异,可用于识别具有形状差异较大的球诱饵和锥体弹头目标。极化行列式反映目标粗细(0说明细),去极化系数反映目标散射中心数的度量(大于0.5为多散射点,小于0.5为孤立散射点),极化椭圆率角反映目标的对称性(45表示对称性好,0表示对称性差)。极化不变量特征提取流程如图4-37所示。

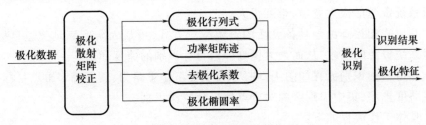

图4-37 极化不变量特征提取流程

提取极化散射矩阵 $S = \begin{bmatrix} S_{HH} & S_{HV} \\ S_{VH} & S_{VV} \end{bmatrix}$ 后,提取极化散射矩阵不变量特征,常见的目标极化散射矩阵特征有以下5种:

行列式值 Δ:

$$\Delta = \det \boldsymbol{S} = S_{11}S_{22} - S_{12}^2 \tag{4-14}$$

功率矩阵迹 P_1：

$$P_1 = |S_{11}|^2 + |S_{22}|^2 + 2|S_{12}|^2 \tag{4-15}$$

去极化系数 D：

$$D = 1 - \frac{|S_{11} + S_{22}|^2}{2P_1} \tag{4-16}$$

本征极化方向角 φ_0：

$$\varphi_0 = \frac{1}{2}\arctan\frac{2\mathrm{Re}(S_1^* S_{12})}{\mathrm{Re}(S_1^* S_2)} \tag{4-17}$$

本征极化椭圆率 τ_0：

$$\tau_0 = \frac{1}{2}\arctan\frac{\mathrm{j}2S'_{12}}{S_1} \tag{4-18}$$

式中：$S_1 = S_{11} + S_{22}$，$S_2 = S_{11} - S_{22}$，$S'_{12} = S_{12}\cos(2\varphi_0) - \frac{1}{2}S_2\sin(2\varphi_0)$。

理论上极化特征可有效区分弹头和诱饵，但实际目标本身的去极化效应明显，导致极化特征量区分度有限，少量样本无法准确反映目标极化特征的真实分布。

6. 智能目标识别实例

本节以弹道导弹目标识别为例，阐述基于开放式相控阵的智能目标识别流程和工作机制。

在弹道目标识别场景下，由于目标众多，对大量目标保持稳定跟踪对雷达资源的消耗很大，时间资源和能量资源尤其紧张，在此基础上进行弹道目标识别需面对系统资源的极大竞争，难度很大。

开放式相控阵由于具备灵活的资源配置方式，可最大限度满足弹道目标识别对系统资源的需求，从而大大提高弹道目标识别的速度和精度。

弹道目标识别流程如图4-38所示，主要工作思路为：逐级确定重点目标，根据威胁度排序，集中识别资源对重点目标分层次识别。

具体工作流程如下：

1）确定同簇目标

工作伊始，雷达系统在预定区域搜索目标，检测到目标后形成航迹；对目标进行跟踪得到航迹数据，利用目标航迹计算目标弹道参数，得到弹道轨迹；利用弹道轨迹对目标进行分群簇处理，确定含有弹头的目标群簇。

2）确定重点目标

将包含弹头群簇的轨迹信息反馈至资源调度与系统控制中心，请求资源对

第4章 开放式相控阵功能实现

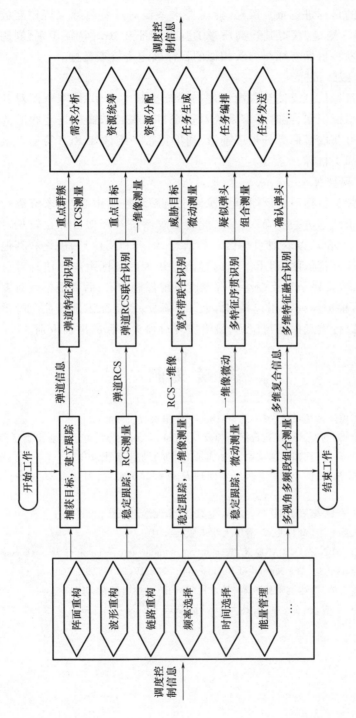

图 4-38 弹道目标识别流程

213

弹头群簇中的目标进行重点跟踪,此时要求系统对这些目标保持较高数据率跟踪并进行 RCS 测量,获得其较高质量的弹道特征和 RCS 特征识别,利用多特征融合识别技术将目标特征与弹头相似的目标确定为重点目标。

3）确定威胁目标

将重点目标信息反馈至资源调度与系统控制中心,并请求资源对其进一步进行一维像特征识别,此时要求系统对重点目标保持较高数据率跟踪的同时发射大带宽信号获取目标高分辨一维像,利用宽带一维像和 RCS 特征等融合识别筛选出疑似弹头目标。

4）确定疑似弹头

将疑似弹头目标信息反馈至资源调度与系统控制中心,请求资源对疑似目标进行微动识别等进一步确认识别,此时要求系统对疑似目标在较长时间内以极高重频发射信号,以获取目标微动等信息,综合利用微动、极化和其他特征识别得到疑似目标置信度;利用得到的置信度并考虑目标距离等信息对目标进行威胁度排序,将排序结果反馈给资源调度系统控制中心;后者根据威胁度信息优化资源调度,根据需要调用包括多角度、多频段、多特征识别等在内的系统资源对疑似目标进行重点探测与识别,最终实现对弹头目标的准确识别。

参 考 文 献

[1] 张光义.相控阵雷达系统[M].北京:国防工业出版社,1994.

[2] 何友,修建娟,刘瑜,等.雷达数据处理及应用[M].4版.北京:电子工业出版社,2022.

[3] 左群声,王彤,等.认知雷达导论[M].北京:国防工业出版社,2017.

[4] 张小飞,陈华伟,仇小峰.阵列信号处理及 MATLAB 实现[M].北京:电子工业出版社,2015.

[5] 边肇祺,张学工.模式识别[M].2版.北京:清华大学出版社,2007.

[6] 周志华.机器学习[M].北京:清华大学出版社,2016.

[7] WANG Y F,SUN B Y,WANG N. Recognition of radar active-jamming through convolutional neural networks[J]. The Journal of Engineering,2019,19(21):7695-7697.

[8] 王满玉,程柏林.雷达抗干扰技术[M].北京:国防工业出版社,2016.

[9] 胡明春,王建明,孙俊,等.雷达目标识别原理与实验技术[M].北京:国防工业出版社,2017.

第 5 章 开放式相控阵微系统技术

有源子阵是开放式相控阵硬件层前端功能和性能实现的核心单元,采用"功能独立、分层设计"的思想,具有模块化、积木化、标准化、高集成的特点。微系统集成技术基于新理念与新工艺可以在微纳尺度上开展相控阵部件设计,实现功能层的高度集成化,在宏观上能够再集成形成功能完备的有源子阵,是实现开放式相控阵硬件设计思想的理想技术途径。

本章首先介绍了基于微系统技术的开放式相控阵有源子阵集成架构,在此基础上阐述了有源子阵各功能层共性的集成技术、设计方法和有源子阵典型案例,最后阐述了有源子阵微系统技术应用所面临的挑战。

5.1 有源子阵微系统集成架构

本节介绍基于微系统技术的有源子阵纵向分层集成架构,分析微系统集成架构有源子阵特点与优势,最后对各功能层共性微系统技术进行总结。

5.1.1 有源子阵微系统集成架构

有源子阵采用层叠式架构,从功能构成要素上可分为天线辐射层、射频收发层、综合网络层、数字处理层和电源管理层 5 个主要功能层,不同功能层独立设计。采用高集成度的微系统技术,使得开放式相控阵有源子阵模块功能持续完备,体积重量持续降低,甚至功能层之间的边界也变得逐渐模糊,微系统集成技术的持续发展推动着开放式相控阵应用不断拓展。图 5-1 给出了基于微系统技术积木化有源子阵典型集成架构。

天线辐射层采用低剖面平面化天线单元形式,根据基板材料和集成工艺的不同,有源子阵微系统集成架构中,天线辐射层可分为多层陶瓷集成、多层有机板集成、多层玻璃集成和混合集成。根据任务需求的不同,在天线辐射层中还包含滤波器和等相馈电传输线,它们通常集成在多层基板材料内部。随着半导体器件和集成技术的发展,芯片电路自身不断通过提高集成度,如通过系统级封装技术(System-in-Package,SiP)或系统级芯片(System-on-Chip,SoC)构成电路模

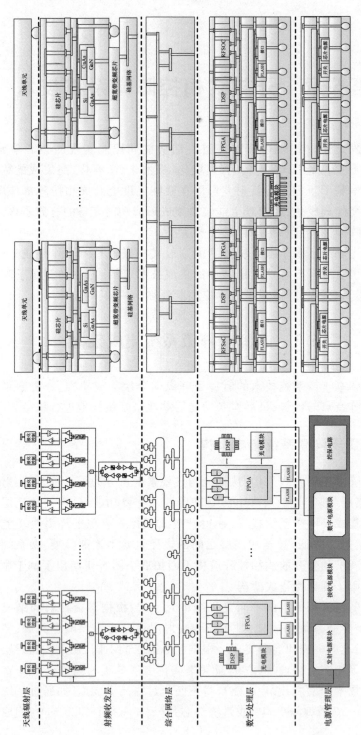

图 5-1 基于微系统技术原子阵典型集成架构

组,将天线与电路模组更进一步通过一体化设计、制造、集成时,天线成为电路的一部分,其与射频收发层部分电路在结构上已不可分割,通过该方式实现的天线与电路的一体无引线封装,已具有封装天线(Antenna-in-Package, AiP)[1]技术的典型特征,如图 5-2 所示。

图 5-2 有源子阵用封装天线模块集成示意图

射频收发层的核心是发射、接收有源链路,它涵盖了传统模拟发射与接收(T/R)组件、上下变频通道的功能,在某些应用场合还包含部分波束控制、延时、电源管理的功能,其结构形式和性能极大地决定了有源子阵的结构形式和性能。传统相控阵天线通过使用微组装技术将多个分立器件集成装配成有源部件和模块,这往往使得天线阵面尺寸较大、成本较高,同时集成密度较低带来功能的不完备,无法支撑开放式相控阵对功能开放的需求。随着高集成多功能芯片、宽禁带半导体、超宽带射频集成芯片等集成电路的发展与应用,射频收发层具备脉冲、连续波、线性多功能。微系统集成技术将芯片与先进封装相结合,可以实现射频收发层超宽带、跨频段集成,使得开放式相控阵具备侦收、干扰、探测、通信多任务硬件能力。针对芯片的封装形式有很多,如静电的陶瓷封装、塑封、金属壳封装等,对于微系统有源子阵,需要解决大尺度复杂系统中多器件的集成,传统小尺度封装形式无法满足任务需求。通过采用系统级封装、三维异构集成等新技术,射频收发层从二维集成向三维集成转变,进而在有限的空间内集成更多的器件,实现更复杂的功能。

综合网络层是实现有源子阵馈电、控制和供电的必要保障,包括控制信号分配网络、射频分配和合成网络、电源信号分配网络和子阵内信号立体互联部件等。综合网络层以多层基板为载体,内部集成高密度多层传输线网络和无源器件。对外互联包括封装模块互联、模块与多层板焊接及非焊接互联、多层板内部互联及多层板间挠性互联等,其连接形式包括键合互联、表贴焊接、毛纽扣压接等。随着微波光子技术的发展,综合网络层将集成光模块、实现光信号的分配、合成及传输。

数字处理层是有源子阵的核心，主要包含信号拟合、频率综合、空间拟合、极化拟合、数字采样、数字下变频、时序控制、优化计算等功能，同时也是实现有源子阵自适应、智能化的关键。在超宽带 RFSoC、高性能 FPGA、高通量 DSP、大容量 FLASH 等芯片基础上，结合微系统集成技术，通过重布线和三维异构集成实现重新定义的数字 SiP，如图 5-3 所示。通过板级进一步将多个数字 SiP 集成实现具有独立功能的数字信号处理模块，具备孔径、波形、频率、极化等不同资源的组合配置能力，将传统相控阵部分处理功能向子阵转移，大幅提升系统的实时响应能力，满足开放式相控阵的多任务、多功能、可重构应用需求。

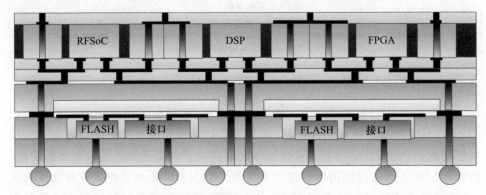

图 5-3　有源子阵用数字 SiP 集成示意图

电源管理层的稳定性、安全性和供电品质对于保障有源子阵可靠工作至关重要。在开放式相控阵系统中，对有源子阵电源管理层提出了两方面的要求：一方面是高功率密度，在极小的空间内实现电能变换，满足有源电路功率要求；另一方面是多功能集成，需要电源管理层具备主动调度功能和健康管理功能，使得架构和可靠性能够智能优化。电源管理层中的电源组成，可分为非隔离的芯片电源和隔离的晶片电源。对于芯片电源，采用塑封三维集成以及嵌入式基板 SiP 封装的技术，实现了电源控制器和主功率电路的芯片化集成；对于晶片电源，采用一体成型工艺，实现了电源变压器和无源器件的模块化集成。电源管理层架构中的多功能集成，主要包括跟随雷达工作模式的主动能量调度功能，以及自动诊断保护故障的健康管理功能。采用 SoC 集成或多芯片三维异构集成，实现计算芯片、采样芯片和通信芯片的多功能集成，在有限的空间内具备全方位的状态监测、数据处理和快速通信能力，在硬件上支撑主动能量调度和健康管理功能的实现。

晶圆级三维异构集成以及单片异质集成是支撑积木化有源子阵发展的重要技术方向。异质异构集成技术能够实现天线辐射单元、射频收发、综合网络、热控等功能层的一体化集成,进一步突破功能层的边界限制,使得开放式相控阵有源子阵可直接进行晶圆级设计和集成,并通过层间高密度互联形成功能完备的子阵模块。随着晶圆级异构异质集成技术的发展,有源子阵在功能逻辑定义上分层还在,但功能层在物理实现上将深度融合,直至一体化集成实现。

微系统技术与微波光子技术相结合,将多个微波、光子等有源、无源器件一体化异构集成,在光域处理微波信号,从而带来开放式相控阵多功能、宽带化、分布化、轻量化等。基于微纳集成技术实现一体化集成模块内的光互联、电互联,可以提升集成密度、可靠性及稳定性,推动开放式相控阵的发展与应用。

5.1.2 有源子阵微系统集成特点

与传统相控阵天线集成架构相比,基于微系统技术的有源子阵采用分层堆叠架构设计思路,每个功能层相对独立,需融合多种微系统技术(如 SiP、SoC、晶圆级异构集成等)。随着技术的发展,有源子阵微系统集成在有限空间内的功能更加完备,应用更为广泛,是支撑开放式相控阵硬件实现的关键技术,其主要特点包括:①集成度更高,剖面高度更低,易于实现轻薄化相控阵系统,除了应用在传统领域,可扩展应用到智能蒙皮、共形天线等场景;②接口更加简洁,省去较多的连接器和结构件,功能层内部可实现无引线互联,根据任务需求可以纵向层叠扩展;③有源器件层与辐射层的距离和有源层之间的距离极大缩短,系统宽带性能得到极大改善;④具有独立的数字处理功能,系统的实时响应能力强,满足多种任务需求;⑤功能完备,标准化结构,可以按需进行横向积木化扩展,赋予开放式相控阵极高的功能重构灵活性。

5.1.3 微系统集成技术

开放式相控阵有源子阵包含天线辐射层、射频收发层、综合网络层、数字处理层和电源管理层 5 个主要功能层,每个功能层所用的微系统技术如表 5-1 所列。

表 5-1 有源子阵微系统集成技术

序号	功能层	微系统集成技术
1	天线辐射层	高密度基板技术 AiP 技术
2	射频收发层	SiP 技术 SoC 技术 异质异构集成技术

续表

序号	功能层	微系统集成技术
3	综合网络层	SiP 技术 SoC 技术 高密度基板技术
4	数字处理层	SiP 技术 SoC 技术 异质异构集成技术
5	电源管理层	SiP 技术 SoC 技术 异质异构集成技术

从表 5-1 中可以看出，开放式相控阵有源子阵各个功能层所用的共性微系统技术主要包含 SiP 技术、SoC 技术和异质异构集成技术。随着微系统技术的发展，各个功能层也在不断地融合，如天线辐射层、射频收发层、综合网络层一体化集成封装模块，已具有 AiP 技术的典型特征；而当每个功能层采用晶圆级集成时，功能层可以使用晶圆级三维异构集成技术实现一体化集成，单个功能层的概念将不复存在。

AiP 技术是基于先进的封装材料与工艺，将天线与芯片集成在封装内实现系统级无线功能的技术。在开放式相控阵有源子阵中，AiP 技术的内涵得到进一步扩充，即从传统的单通道低功率密度封装，进一步拓展应用到面向规模化应用的多通道、中高功率密度天线阵列及其相应多通道芯片电路的一体化封装，以实现更大规模、更高性能的系统级集成。

SiP 技术是开放式相控阵有源电路模块化设计的关键技术，它将多个芯片集成在一个完整的封装中，实现有源电路系统的低成本、低功耗、轻小型化。在开放式相控阵 SiP 中，根据功能划分主要包括射频收发 SiP、数字收发 SiP、电源 SiP 和光电收发 SiP，以实现有源电路的模块化设计。

SoC 为系统级芯片技术，它在单片上集成控制逻辑模块、微处理器/微控制器内核模块、数字信号处理模块、嵌入的存储器模块、与外部进行通信的接口模块、ADC/DAC 的模拟前端模块、电源提供和功耗管理模块，根据需要，还可包含射频前端模块、用户定义逻辑。在开放式相控阵有源子阵中，SiP 可以集成 SoC 芯片，采用 SoC 技术可以使有源子阵具有数据预处理功能。

三维异构集成技术是相对平面互联集成工艺而言的，在高密度封装功能基板的基础上，通过键合工艺增加系统垂直方向互联，实现系统的三维异构集成。在有源子阵微系统集成架构中，在采用 SiP、SoC、MMIC 等方式集成基础上，各个功能层需要采用基板转接进行更大规模的集成,使得各个功能层实现相对独立的功能。芯片或封装器件通过埋置重布线、倒装、凸点堆叠等方式装配在基板上,基板与基板之间通过键合、倒装焊、μBGA 互联实现垂直互联。在三维异构集成中,晶圆级集成技术是未来重要的发展方向,它通过物理或化学作用将同质或异质芯片和晶圆或晶圆与晶圆紧密地结合起来的技术,在晶圆级实现射频器件、数字处理器件、电源管理器件一体化单片异质集成,是支撑有源子阵宽带通道数字化的基础。

5.2 微系统 AiP 集成技术

本节在介绍积木化有源子阵 AiP 技术基础上,阐述适用不同场景规模化可扩展应用的 AiP 技术路线、架构形态和测试技术。

5.2.1 AiP 技术概述

AiP 技术是随着需求和工艺能力提升而不断发展起来的。传统上,天线与芯片电路在系统中是各自独立设计实现的,其射频信号的传输通过电缆连接。在技术演进过程中,芯片电路自身不断通过提高集成度(即 SiP 方式或 SoC 方式)构成电路模组来缩减体积、降低功耗和提高效率,天线受限于工作波长,更强调在带宽、效率上进行优化。在相控阵领域,随着探测、半导体器件和集成技术的发展,系统对射频前端能力的要求不断提高,低剖面、轻量化和易与平台一体化集成成为其物理形态发展的主要趋势,而基于天线与电路模组分立实现的方式,采用电缆互联方式面临损耗大、尺寸大乃至影响系统整体布局的缺点,因此将天线与电路模组分立设计后直接互联是改善上述缺点的自然选择,而当将天线与电路模组更进一步通过一体化设计、制造、集成来满足性能时,天线成为电路的一部分,其与后端收发芯片电路在结构上已不可分割,通过该方式实现的天线与电路的一体封装,具有 AiP 技术的典型特征,是真正意义上的 AiP 模组,也称为封装天线模块。

特别地,当系统工作在高频段如毫米波频段时,由于其波长已大幅度缩减到 8mm 甚至到 3mm,降低射频信号的传输损耗、缩减体积和提升可靠性已成为不可忽略的问题。相对于传统方案,AiP 技术提供了更为适宜的射频前端解决方案,由于在该频段天线的尺寸与芯片尺寸已经接近或相当,可充分利用当前最先进的陶瓷、硅基三维异构集成工艺来实现多层天线与功能芯片电路的一体化集成,通过整合阵列级多通道天线及元器件,大规模缩小模块体积,发挥出 AiP 技术的最大优势。可以预见,AiP 技术将逐渐成为实现高性能毫米波射频前端的必选技术,未来随着频率进一步提高,当 AiP 技术利用晶圆级封装来实现辐射天线结构时,其将进一步提升为晶圆级封装天线(WL-AiP)或芯片上封装(Antenna-on-Chip,AoC)技术。

AiP 技术满足了系统对射频前端的高集成、高可靠和低成本的要求,在促进新材料应用、新工艺发展和规模化制造方面有巨大优势。由于 AiP 技术可将一定规模的天线与电路进行一体封装,内部大量使用多层布线、凸点及通孔互联、非 50Ω 传输与立体走线、芯片埋置等实现方式,其使用的封装材料、天线形式与芯片电路封装方式、分析设计方法、封装工艺和集成测试手段都面临大量技术挑战,相关研究仍在持续发展和成熟。

AiP 技术作为无线系统硬件实现的关键、共性和基础技术,在民用通信领域内应用已有较长历史,从最早面向蓝牙应用到 60GHz 无线应用、再到当前面向自动驾驶、物联网、太赫兹和 5G/6G 通信,一直是天线领域研究的热点。除通信领域天线外,在相控阵天线领域同样具有广阔的应用前景。通过进一步与可配置辐射天线、多功能芯片电路、波束重构技术相融合,实现对积木化射频微系统的集成应用,将对开放式相控阵技术发展起到积极推动作用。

5.2.2 AiP 集成设计

结合相控阵微系统的应用场景、工作频段及其功率密度要求的不同,相控阵用 AiP 的集成设计技术具有多种封装实现方式及架构形态。

1. 技术路线

相控阵微系统 AiP 应用广泛、形态各异,根据其基板材料和集成工艺,目前主流的 AiP 技术路线可以分为以下几类:陶瓷集成、有机板集成、硅基集成以及混合形态,其中陶瓷集成毫米波相控阵封装天线如图 5-4 所示。

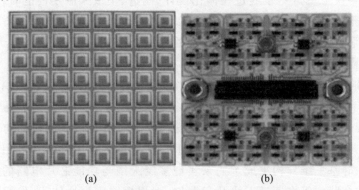

图 5-4 陶瓷集成毫米波相控阵封装天线[2]

陶瓷集成是较为成熟的工艺,成本适中,在电路模组集成中已有大量使用,同时也常用于数个通道的 AiP 集成。在高频段 AiP 技术中,由于其集成度相对较低,材料的吸湿性、最大可加工尺寸以及较大的射频损耗限制了进一步应用,但因其布线灵活性较大,目前仍可作为原型验证阶段的试制手段。陶瓷基 AiP 目前多用于有限扫描相控阵或单收/发功能的原型研发,但受陶瓷材料特性和工艺的限制,陶瓷基 AiP 尺寸和集成度仍无法满足大规模扩展应用需求。

有机板的集成方案集成度较低,但是与高集成芯片结合后,却是目前相控阵天线的低成本最优解决方案,能够有效地解决辐射、互联、散热和供电等需求。如图 5-5 所示,IBM 和高通的 5G 毫米波 AiP 解决方案采用高集成芯片和标准化印制板工艺,研制的 AiP 模块可广泛用于军、民用通信相控阵应用。采用有机板集成 AiP 方案,可以根据系统应用需求进行二维扩展,是实现相控阵天线大规模阵列的重要途径。

图 5-5　5G 毫米波相控阵 AiP[3]

硅基集成采用类似 MEMS 先进集成工艺,能够将辐射单元、无源器件、有源电路、逻辑电路,甚至将光电、惯性等器件集成在硅晶圆之上,再通过三维异构集成技术实现相控阵天线系统[4]。利用晶圆级的三维集成技术将相控阵微系统 AiP 推向新的集成高度。由于硅基集成大量采用 MEMS 加工工艺,结合半导体规模化生产特点,在实现高频段、高集成、低成本、多功能相控阵天线微系统的应用上具有广阔前景。硅基集成多功能系统示意图如图 5-6 所示。

2. 封装架构

相控阵微系统 AiP 的首要特征是高度集成的架构和系统形态,通过采用高密度的布线技术和短距离的垂直互联方式替代传统的电缆和连接器,增加芯片的功能种类和通道数量的集成密度,减少基板的数量和互联损耗,最大限度地实

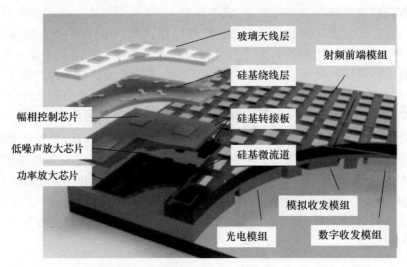

图 5-6　硅基集成多功能系统示意图

现天线和电路的一体化集成,最终适用于大规模制造技术进行批量化生产,大幅降低相控阵天线的装配难度和生产成本。

根据集成架构和系统形态,相控阵微系统 AiP 的集成架构大致可以分为 4 类,如图 5-7 所示,实物图如图 5-8 所示,其架构对比总结如表 5-2 所列。

表 5-2　AiP 集成架构对比

AiP 集成架构	成本	复杂度	扩展	适用基板	适用范围
单板集成	极低	低	不支持	陶瓷、有机	小规模、中低频段
模组集成	低	中	支持	陶瓷、有机	中低频段
封装集成	中等	高	支持	陶瓷、硅基	中高频段
晶圆集成	低	中	支持	硅基	高频段、低功率密度

(1) 单板集成架构。这种架构采用高集成度的芯片器件,适用基板范围广,是潜在的低成本 AiP 解决方案,但对芯片依赖程度高且不支持规模的灵活扩展。

(2) 模组集成架构。这种架构将单板集成系统分割成有限单元的有源子阵模组,批量化生产后在综合母板上进行二次集成。

(3) 封装集成架构。这种架构采用基板材料将芯片器件进行埋入封装后与辐射单元和综合网络进行集成,最终在系统母版上完成二次集成,有助于降低对于芯片集成度的要求。

(4) 晶圆集成架构。这种架构将晶圆级的辐射单元、射频器件和综合网络等功能层进行三维集成,能够最大限度地利用硅基工艺实现封装天线的高度集

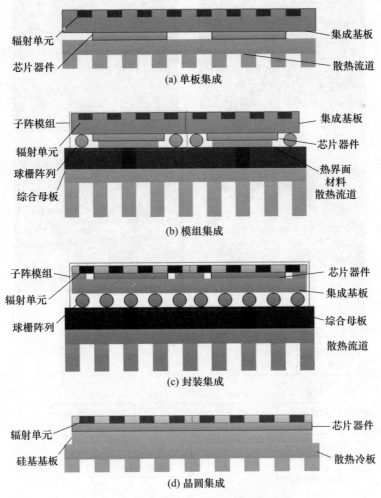

图 5-7 相控阵微系统 AiP 集成架构[5]

成和批量生产。

3. 集成设计要素

AiP 天线阵列需要在紧凑的尺寸空间范围内实现对天线、射频、控制、供电电路和器件的布局设计，其实现受材料、工艺、单元及电路拓扑以及散热等多重因素的约束，需要进行多方面的统筹考虑。

1) AiP 设计流程

AiP 阵列的基本设计流程如图 5-9 所示。整体上划分为三个阶段：首先是基于性能指标和材料工艺边界，选择最佳的封装架构，从整体上把握封装阵列的性能可实现性，并兼顾相应周期、成本；其次是基于工艺先决能力和封装架构，分

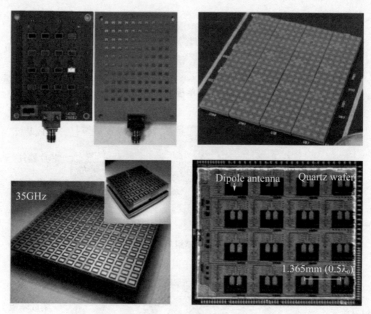

图 5-8　AiP 集成架构实物图[6-8]

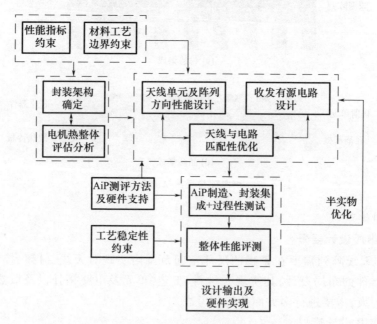

图 5-9　AiP 设计流程

解相应指标要求并进行具体设计,细化其具体有源、无源电路实现,特别要优化对辐射天线与收发有源电路的匹配设计,以保证场路性能的一体化实现;最后是

AiP 封装阵列的制造和集成评测,在此过程中需要迭代过程性评测方法,并通过试制获取实际工艺能力边界,再以此为基础,基于阶段性的半实物 AiP 阵列对整体设计做进一步优化和调整。与传统相控阵设计流程相比,相控阵微系统 AiP 由于结构一体化程度高、辐射场与电路性能交织,因此集成设计过程更为复杂,且部分环节不可拆解,试错成本也相对较高。

2)分层拓扑与层叠互联设计

通常 AiP 阵列要求具有较低封装剖面,而其波束扫描的需要又同时约束了各阵元的间距需保持在半个波长量级。为适应封装结构需要,AiP 阵列大多采用多层层叠式结构拓扑,包括其中的辐射单元和收发电路,同时每个通道折合的横向占用尺寸严格限制在单元间距范围之内。在封装材料选用方面,基于各类 AiP 架构技术路线的选择,可选用材料包括有机基板、陶瓷、石英等。如图 5-10 所示,该拓扑下,基于分层的 AiP 阵列具备低剖面、体积小和易集成的优势,并可适当进行分层设计简化设计难度。

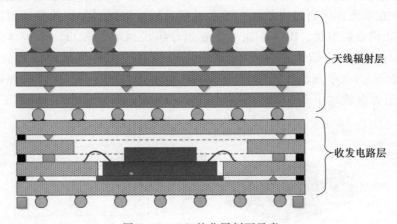

图 5-10 AiP 的分层剖面示意

在具体设计中,为满足辐射性能要求,位于封装体表层的辐射天线成为封装体的设计重点。单元形式上,大多采用典型的微带天线作为辐射单元形式来进行设计,如图 5-11 所示。微带天线有多种馈电形式,除探针馈电外,为简化垂直互联的复杂度,必要时也可以选用缝隙耦合馈电形式。在辐射层设计过程中,多层走线布局结合耦合馈电结构,可以将射频电路绕线与辐射贴片进行分离设计,有效避免同层走线对尺寸的要求、降低设计复杂度,同时贴片层和馈线层之间能通过地板进行隔离防止串扰。在性能评价方面,辐射单元的带宽往往通过天线的有源驻波比进行测定。考虑 AiP 阵列单元间的互耦效应,天线单元在设计时,还需将单元结构放入阵中进行优化,实现对整个单体封装阵列被激励时天线单元的驻波比进行评价。

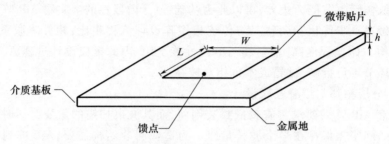

图 5-11　微带天线的基本形式

图 5-12(a)示意了一个基于石英玻璃的空腔式多层低剖面贴片天线结构,适用于本节论述的积木化 AiP 阵列。该天线基于多层石英材质,自上而下分为辐射层和馈线层。辐射层为单层玻璃,包含辐射贴片和由 TGV 及屏蔽围框组成的隔离结构。绕线层用于传输射频信号,以带状线作为馈线,通过缝隙耦合激励贴片,并在单元四周通过屏蔽柱改善单元间互耦。辐射层与绕线层周围通过屏蔽柱防止信号的串扰。BGA 层由 8 个锡铅球组成,4 条边围成一个腔体结构将辐射层与馈电层的结构连为一体,同时结合模具可保持耦合缝隙层的高度。图 5-12(b)为该单元的驻波性能,从图中可以看出天线在 91～98GHz 频带范围内满足有源驻波比小于 2.0 的通带要求。

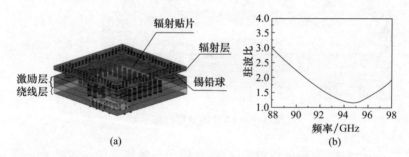

图 5-12　基于石英玻璃加工的空腔式低剖面贴片天线及其驻波性能

在 AiP 集成设计过程中,还大量涉及多层堆叠之间的信号垂直互联。AiP 封装内的辐射天线与下层收发射频电路的互联,往往通过类同轴结构实现。此类垂直互联的性能是 AiP 阵列中无源电路的关键性能之一,其在工艺上往往取决于相应金属化过孔(包括 TSV 或 TGV)技术的成熟度。典型的类同轴结构如图 5-13 所示,信号通过基板中心金属化孔进行上下层间的传输,而外侧通过一圈金属化孔进行信号的屏蔽。对于类同轴结构,在相同的特性阻抗下,中心导体的孔径越大,类同轴结构的外径也越大。特别是在高频应用时,类同轴的尺寸也成为设计关注的要素之一。例如,对于石英基板,50Ω 的类同轴传输线,若中心导体的孔径为 30μm,类同轴结构的外径约为 0.15mm,而如果中心导体的孔径为 100μm,则类同轴的外径可达 0.5mm,考虑单通道辐射单元的尺寸仅约 2mm×2mm,过大的类同轴结构会占用绕线层和辐射层的面积,进而影响 AiP 天线单元及走线电路的设计和性能。

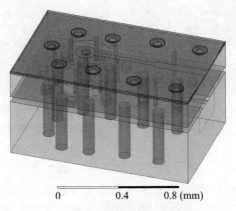

图 5-13　类同轴结构示意图

考虑 AiP 层叠及互联性能对于加工工艺的精度控制要求较高,为提升设计的准确性,在设计过程中往往要对工艺能力和精度进行统筹考虑,通过结合工艺(具体包括线条精度、通孔精度、多层对位精度、温度形变等)容差的影响调整设计模型,并对性能做出预先评估。基于误差模型的 AiP 设计理念,对其电信性能的快速迭代实现起着极其关键的作用,这也是高集成度 AiP 阵列与传统分立阵列在设计思路和方法、设计能力和手段上均需进一步提升的关键所在。

3) 散热设计

散热是电子工业的核心技术和尖端技术,相控阵微系统 AiP 设计中的高效热管理也是同行业共同面临的基础性难题。工艺的进步、设计不断成熟使得芯片等有源、无源器件可封装在很小的空间之内,但是物理学的法则却让令相控阵微系统在散热方面遇到了瓶颈,尺寸数量级的缩减带来了热密度数量级的递增。传统风冷适用于 100W/cm² 以内的热耗,当相控阵微系统 AiP 到达了数百瓦/每平方厘米的热耗,同时受限于散热尺寸时,则需要进一步突破金刚石等散热基板以及硅基微流道等新一代散热技术,将冷却手段深入封装内部并紧贴发热器件,以实现微系统的正常工作。图 5-14 所示为封装天线中的微流道技术。

5.2.3　AiP 集成测试

射频通道特性(包括发射功率、散射参数等)与空间辐射特性(包括天线增

　　　(a) 微流道实物图　　　　　　　　　(b) 微流道测试

图 5-14　封装天线中的微流道技术[9]

益、方向图等）是衡量相控阵天线特性的重要方面。相对于传统相控阵天线而言，基于 AiP 架构的相控阵天线测量与评估面临巨大的挑战。首先，AiP 相控阵天线通常工作在较高频段，在此频段下同轴线和波导具有更大的传输损耗，因而影响测量系统动态范围。其次，由于高频段波长较短，对测试系统的定位精度、射频幅相稳定性等要求极高，在测试过程中将引入大量不可忽略的测试误差。此外，AiP 相控阵天线采用辐射天线与有源芯片模块的集成封装设计，使得测试的可达性与可接入性变得越来越差。与此同时，高集成、小型化的 AiP 相控阵天线系统使得与武器载体共形设计成为可能，传统测试手段已经难以满足复杂多变的测试环境下相控阵天线性能验证要求。因此，基于上述多方面的需求，AiP 相控阵微系统的测试方法也成为研究的重要内容之一。

1. 电路级测试

　　AiP 相控阵天线由于结构尺寸较小，且随大系统需求存在定制化的封装结构接口。传统的测试仪表接口已经很难对其进行直接测试评估，需要进行外部转换。例如，射频接口需要通过将 AiP 相控阵天线的接口变换为适用于探针台上测量的共面波导型地-信号-地（Ground Signal Ground，GSG）接口进行片上测试，包括对各通道发射/接收信号的功率、杂散等分析采用频谱仪进行测试；对各通道的散射参数分析采用矢量网络分析仪进行测试等。当测试仪器设备本身达不到所测 AiP 相控阵天线的测试频率时，需要外加扩频模块以提升频率测试范围，校准时还需要扣除扩频模块本身的频率响应。AiP 相控阵天线通道性能测试系统如图 5-15 所示，探针台测试系统如图 5-16 所示。

　　采用探针台适合科研实验或者小批量的 AiP 相控阵天线测试，但是并不适

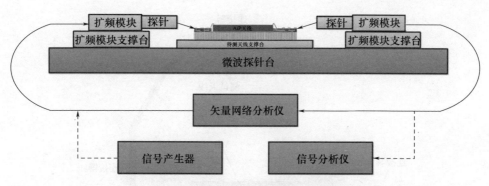

图 5-15　AiP 相控阵天线通道性能测试系统

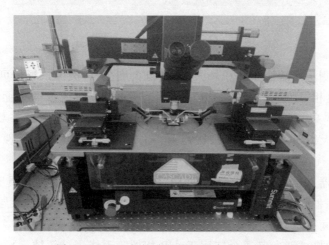

图 5-16　AiP 相控阵天线探针台测试系统

用于较大规模生产线上快速测试的要求。为了缩减 AiP 相控阵天线的测试周期，可以定制化研发高性能射频接触器。图 5-17 是一种典型的高频 AiP 相控阵天线测试夹具，其工作原理是通过弹性连接器及结构件实现 AiP 被测件焊盘扇出到同轴连接器并连接到测试仪器，从而实现 AiP 相控阵微系统射频性能的快速测试与评估。

2. 辐射场测试

天线阵列的辐射特性受到单元因子与阵列因子的共同影响。因此，在开展天线阵列的辐射特性测试前，有必要先针对天线单元进行性能测试评估，以验证天线单元的设计正确性。对于高频段 AiP 天线测试，由于其波长短，远场条件容易满足，可采用远场测试方法验证天线的方向图性能。对于低频段 AiP 天线测试，可采用平面近场测量获得整个阵列的辐射方向图，验证相控阵方向图的扫描

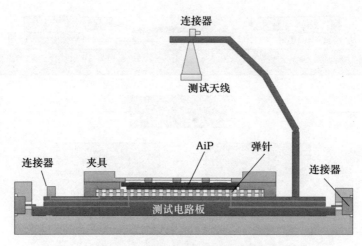

图 5-17 AiP 相控阵天线测试夹具

能力。远场测量系统由于体积较大、测试自由度少、各类测试场景可调节灵活性差,无法满足相控阵天线所需的近场测试需要;而采用传统的平面近场测量系统,不仅成本高,而且伺服运动轨迹单一,无法兼顾远场测量需要。因此,在AiP 相控阵天线研制过程中,迫切需要一种具有较高测试灵活性的天线测试系统。

随着机器人技术的发展,多轴机械臂作为一种新型机器人,具有安装快速、部署灵活、编程简单、协作性与安全性好、综合成本低等优势,其能与测试操作人员在同一空间中进行近距离互动,同时进行高精度、高重复性工作。基于上述突出优势,多轴机械臂尤其适合应用于 AiP 相控阵天线测试领域,通过采用多轴协作机械臂来替代传统测试系统中的转台或扫描架,并进一步改进相应测试方法,可为 AiP 相控阵天线及辐射性能测试提供一种新的高效、低成本解决方案。

毫米波相控阵辐射性能测试系统如图 5-18 所示,由主控计算机、机械臂伺服控制器、六轴协作机械臂、矢量网络分析仪、扩频模块、测试探头、光学辅助定位系统等构成。其中,主控计算机负责完成协作机械臂的综合控制、状态读取以及协调矢量网络分析仪来完成射频数据的读取,并最终完成数据采集、后处理和测试结果呈现;机械臂伺服控制器用于接收主控计算机的指令并解析成六轴协作机械臂可识别的控制信号,完成与六轴协作机械臂的多轴控制、数据交互等功能;六轴协作机械臂用于携带射频探头完成特定的扫描空间移动,并按照主控计算机的指令完成不同测试状态下的校准、位置校正等操作;矢量网络分析仪用于射频信号的收发,从而使主控计算机获得待测天线在不同空间位置的射频幅值和相位信息。当待测天线的频率超出矢量网络分析仪的频率测量范围,还需要增加扩频模块并在校准时扣除该模块本身的频率响应特性。光学辅助定位系统作为选配件,主要用于毫米波高频特性测试过程中系统位置校准或 DUT 标记点的尺寸采集等功能,可以有效增加测试系统在毫米波测试应用中的精度。

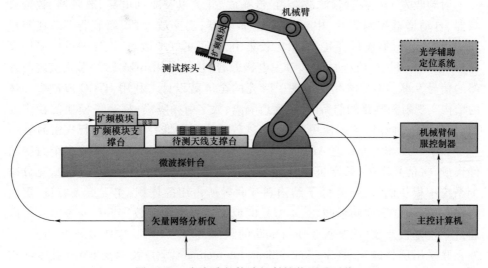

图 5-18　毫米波相控阵辐射性能测试系统

基于多轴机械臂的天线辐射性能测量系统,结合机械臂设置灵活、定位精度和重复精度高的优势,对待测天线形态与所处环境不敏感,可通过伺服控制编程满足远场、平面近场等不同形式 AiP 相控阵天线测试需求,并且能够实现自动化、批量化、高速高可靠测试,提升了测试效率,降低了测试成本。

5.3　微系统 SiP 集成技术

本节介绍相控阵微系统 SiP 集成技术概述,并根据集成物理结构给出典型形态,最后阐述 SiP 集成设计主要考虑要素。

5.3.1　SiP 技术概述

SiP 是具有单一功能的小型模块,它将多个具有不同功能的裸芯片或封装好的芯片与可选无源器件,通常是电阻、电容、电感等,以及诸如微机电系统或光学器件等其他器件在垂直方向堆叠到一个封装体内,成为能实现一定功能的一个系统或者子系统。

对于开放式相控阵天线系统的硬件,低成本、低功耗、轻薄化是发展方向。

SiP 在基板上采用互联线，将多芯片集成在一个完整的封装中，当采用垂直堆叠的 3D 封装技术，实现更大规模的集成，以进一步降低相控阵系统的成本、功耗、尺寸，实现射频收发功能的 SiP 和数字收发功能的 SiP 应运而生。

射频收发 SiP 将射频滤波器组、低噪放、开关以及驱动电路、混频器、数控衰减器、自动增益控制芯片、中频滤波器、放大器，功率放大器、环形器等芯片集成在一个封装中，集成程度高，热量比较集中，为了更好地散热，设计中可以采用高导热的 ALN HTCC 或硅衬底。考虑电磁兼容，模块采用 BGA 球的形式实现与外部的信号互联，BGA 球互联实现了管壳的全屏蔽设计。利用 HTCC 或硅多腔体的结构实现射频链路的前后隔离、通道隔离、数字射频隔离，提高了模块的稳定性和射频性能。同时，考虑使用环境，通过盖板或多层堆叠将模块进行气密封装。

数字收发 SiP 将高速 ADC、DAC/DDS、FPGA、Flash、E2PROM 等多个数字器件集成，将信号产生、数字采样、波束控制等功能模块集成在一个封装中，充分减少系统中模块的数量、降低了结构和互联等所占用的体积，实现更大容量、更高带宽、更高程度集成和轻薄化、小型化的数字接收系统。数字 SiP 内各芯片之间通过一块基板互联，该基板是所有电路的载体，包含 FPGA、A/D、DDS 等电路，内外互联采用层叠硅互联(Stacked Silicon Interconnect, SSI)技术及 EMIB 技术实现硅基集成数字收发模块，基于 TSV 转接板实现多种高速器件裸芯片的高密度集成，解决 AD 与 FPGA 的高速互联问题，整个模块的尺寸仅相当于原 FPGA 封装的大小。

5.3.2 SiP 集成形式

SiP 技术内部工艺也从刚开始的引线键合，发展出了倒装芯片和侧面端接。在堆叠技术方面，SiP 逐步从板上堆叠，发展为模组层次堆叠。SiP 在垂直方向上堆叠元器件不仅可以极大程度提高内部器件的集成度，而且减小了元器件之间的电学路径长度，在提高器件性能的同时，还可以将模拟电路、数字电路、RF 和存储器等多种元器件集成到一起，实现特定体积的多功能模块。按照物理结构划分，开放式相控阵天线系统所用的 SiP 技术包括 2D 集成技术、2.5D 集成技术、3D 集成技术和埋置集成技术。

1. 2D 集成技术

2D 集成也称为平面集成，是指在基板的表面水平安装所有的芯片和无源器件的集成方式，如图 5-19 所示。

2D 集成的物理结构：电路中的芯片和无源元器件都在基板平面上进行装配，芯片和无源元器件与基板的平面直接接触，基板上的布线和过孔均位于接触平面下方。电气连接：通过基板进行连接。

图 5-19　2D 集成系统示意图

2. 2.5D 集成技术

2.5D 集成技术介于 2D 集成技术和 3D 集成技术之间。如图 5-20 所示，2.5D 集成的物理结构为所有芯片和器件均位于基板上方，同时有一部分芯片装配于上层基板，上下层基板内均有布线和过孔，上下层芯片通过上层基板和基板间 BGA 实现电气连接。

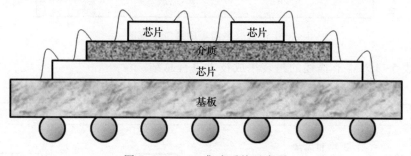

图 5-20　2.5D 集成系统示意图

3. 3D 集成技术

3D 集成技术和 2.5D 集成技术的主要区别在于 2.5D 集成通过中间层介质板进行上下层间的电气互联和芯片安装，而 3D 集成是直接在芯片上进行打孔和互联，主要通过 TSV 技术对上下层进行电气连接，如图 5-21 所示。

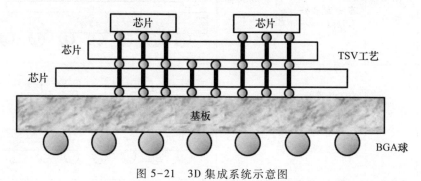

图 5-21　3D 集成系统示意图

4. 埋置集成技术

埋置集成技术是使用特殊的材料制作电阻、电容、电感等平面化无源元器件,并将其印刷在基板表面或者嵌入基板的板层之间,如图 5-22 所示。

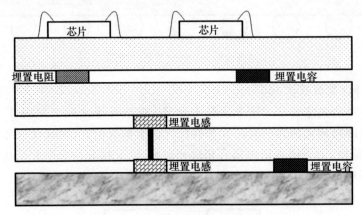

图 5-22 平面集成系统示意图

表 5-3 对本节描述的封装集成技术进行总结。

表 5-3 封装内集成技术总结

序号	名称	物理结构	电气连接	图例
1	2D 集成技术	芯片和无源元器件与基板的平面直接接触	通过基板进行连接	
2	2.5D 集成技术	至少有部分芯片安装在中介层	通过上层基板和基板间 BGA 实现电气连接	
3	3D 集成技术	有芯片堆叠,部分芯片不直接接触基板	通过 TSV 直接连接上下层芯片	

续表

序号	名称	物理结构	电气连接	图例
4	埋置集成技术	将阻容器件印刷在基板表面或者嵌入基板的板层之间	通过基板进行连接	

5.3.3 SiP 集成设计

SiP 的主要功能是利用封装基板,完成多个芯片的信号传输和电源分配,并保证其电学性能和机械结构的完整性,SiP 设计的根本任务是规划芯片-封装基板-印制电路板的互联布局,并进行技术选择。然而,SiP 内部包含的材料、结构和工艺流程是多样的,导致其电学、热学和机械特性复杂,SiP 自身的高度集成化和小型化也对设计提出了更高的要求。因此,在设计 SiP 时,需充分考虑多种设计要素,包括电学设计要素、材料和工艺设计要素、热-机械可靠性和热管理设计要素、测试设计要素,如图 5-23 所示。

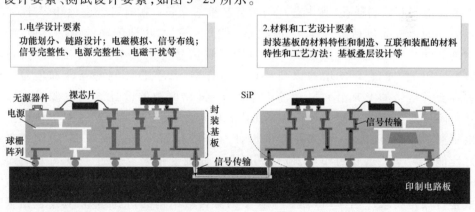

图 5-23 SiP 设计要素

1. 电学设计要素

　　SiP 的电学设计要解决系统设计和信号传输两个关键问题。系统设计是指根据所需功能,确定系统架构,选取合适的元器件,并对系统链路的主要指标进行仿真计算,初步确定系统的性能。以相控阵应用中典型的变频接收模块为例,链路主要由低噪声放大器、混频器、中频滤波器和增益放大器等元器件组成,如图 5-24 所示,主要指标包括链路增益、噪声系数、杂散和平坦度等,采用 SiP 技术,可以将链路中的有源和无源器件集成在一个封装体内,确定模块的输入和输出,以及各元器件的性能需求和尺寸限制,对所选元器件在封装体内进行组合、排列、分隔,完成电路级仿真。

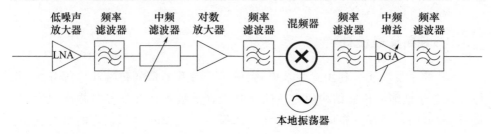

图 5-24　变频 SiP 的原理框图

　　电学设计中还应关注 SiP 内部芯片之间以及 SiP 与外部的信号传输质量。信号传输路径包括芯片与封装基板的互联、封装基板内部的传输线以及提供垂直方向电气互联的通孔,其中芯片与封装基板的互联一般有键合金丝和焊球,基板内部的传输线包括微带线、共面波导、带状线等,这几种传输结构的长度、结构之间的阻抗匹配和阻抗连续性严重影响着信号传输质量:射频芯片间传输路径的阻抗失配会影响增益以及平坦度等参数;数字芯片间的互联和信号完整性会对信号的上升沿和抖动等产生影响;链路电源的设计影响电源噪声以及压降。对应用于开放式相控阵的 RF-SiP 而言,很多传输路径是对阻抗匹配敏感的射频信号,因此,信号传输的设计对于链路能否达到预期指标、实现良好性能起着至关重要的作用,应对 SiP 进行详细的信号完整性(Signal Integrity,SI)和电源完整性(Power Integrity,PI)仿真,结合仿真结果确认传输路径质量是否满足要求。图 5-25 是一个典型射频传输结构的仿真模型,其中包括垂直通孔和带状线,为了达到阻抗连续,需设计不同尺寸并在连接处做过渡处理。此外,SiP 集成度高,电源和信号种类繁多,各信号在极小的空间内排列紧凑、相互影响,信号线以及芯片间的串扰可能会带来额外的杂散以及误码,所以对 SiP 内部互联间耦合和串扰进行仿真、增加信号间的电磁隔离度也是 SiP 实现的难点。

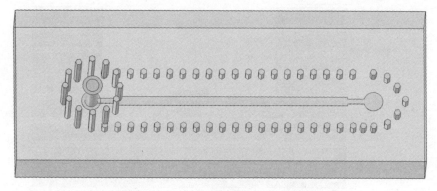

图 5-25　SiP 内传输路径的仿真模型

2. 材料和工艺设计要素

封装基板为 SiP 内部和外部提供了良好的互联，因此在 SiP 设计过程中，应充分了解封装基板的电、机械、热、化学等特性，如介电常数、损耗角正切、电阻率、热膨胀系数、电阻温度系数、杨氏模量、热导率等，同时应关注基板的加工方式，根据需要选取合适的类型，这一部分将在 5.5 节中详细讨论。互联和组装工艺的选择也是一个必须考虑的设计要素，典型的芯片和基板互联的方式包括引线键合、载带自动焊、倒装焊等，其中引线键合有球焊和楔形焊两种，芯片有源面向上，通过 Au 线将芯片焊盘与基板焊盘相连；倒装焊将芯片有源面朝下，再通过焊料将芯片焊盘和凸点与基板焊盘相连，无论是哪种互联方式，都应考虑通过互联结构的电流密度。

此外，还应根据内部元器件尺寸和系统设计充分考虑基板的叠层设计和分层规划。图 5-26 所示为一个典型的频率源 SiP 叠层设计，共 18 层，每一层布线功能规划如下：该 SiP 模块需要两个基板上下叠合完成特定功能，因此需要根据元器件高度设计第 1~4 层基板挖腔；第 5 层用于元器件贴装和元器件信号扇出；第 10 层为射频走线层，传输结构为带状线，并在第 6 层和第 14 层设置地平面；第 15 层和第 17 层分别设置控制信号层和电源层，其中电源层为完整的电源平面；第 18 层作为 BGA 的再分布层，布有圆形焊盘阵列，用于 SiP 和 PCB 的互联。

3. 热-机械可靠性和热管理设计要素

在 SiP 的封装制造和使用过程中，会受到外部或内部热量的影响，不同材料之间的热膨胀系数失配导致 SiP 内部产生应力和应变，造成基板或组装结构的翘曲、分层或碎裂，也会导致焊点和通孔的可靠性下降，影响 SiP 的性能和可靠性。此外，当 SiP 受到所处环境的加速度、震动等冲击时可能会造成 SiP 内部装配以及互联的失效，在三维堆叠集成中，芯片间互联引线的长度更长，多层之间

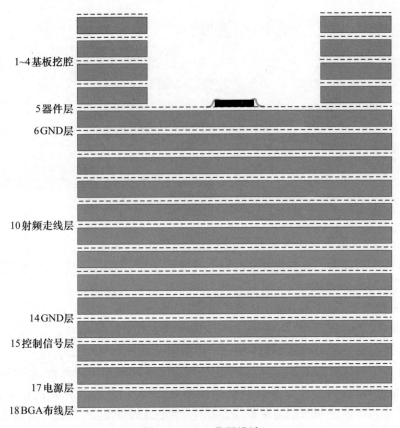

图 5-26 SiP 叠层设计

互联焊点数量更多,因此,理解微系统封装中的热机械失效位置和失效机理,采用有限元仿真方式进行热-机械建模,提高系统可靠性显得尤为重要,通过仿真设计,可以提前分析 SiP 的可靠性以及失效概率。

同时,随着 SiP 的高度集成,内部元器件排列紧凑,热管理也成为系统性能实现的重要保证。SiP 的热管理设计主要包括两个方面:一是建立封装体的热仿真模型,分析系统的热分布和传热路径,SiP 内部的主要热源是大功率芯片,其正常工作产生的热量一部分会通过封装结构传递到环境中,另一部分则通过封装基板传递到印制电路板,确认主要的传热路径并充分利用,可以有效增强系统的热耗散;二是通过多种手段辅助系统散热,如热沉、冷板、散热通孔、液冷等,在封装体外部,热沉和冷板是目前主流的散热措施,其作用机理是增加封装和外界环境的接触面积,从而减小对流热阻,促使热量大量排放到周围的流体中。在封装内部和外部的基板上增加热通孔,扩展器件的传热路径,减小元器件到基板的热阻也是一个有效的散热措施。图 5-27 所示为两种 SiP 热传输路径示意图,左侧的 SiP 主要通过印制电路板散热,热量由芯片产生,通过封装基板和印制电路板内的金属通孔和地平面进行散热,封装表面的热量主要通过自然对流以及辐射的方式进行耗散,通过将发热器件靠近冷板,可以快速将热量导出。右侧 SiP 的热量通过封装基板直接导通到冷板上,通过选用导热系数更高的封装材料,可以带来更好的散热效果。

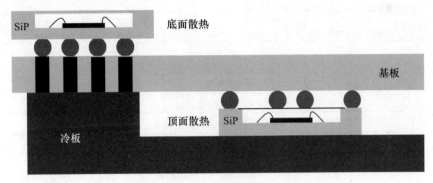

图 5-27　SiP 的两种散热方式

SiP 的实际工作条件还包括高、低温的情况,SiP 内部集成的芯片在不同温度下会有不同的工作特性和参数。通过全温电性能仿真,提前预知极端环境条件下 SiP 的电性能特性,可以避免高温增益不足或低温自激等情况。同时,高温情况下芯片的温升是否会超过限制也是设计时要考虑的问题,热仿真可以提前计算不同环境温度下芯片的结温,通过优化散热设计,降低工作时的温升,可以使 SiP 在长时间工作情况下仍然具有优异的性能。

4. 测试设计要素

SiP 的测试流程如图 5-28 所示,可分为三个步骤:一是对所选芯片的全面测试,确保来料的质量和可靠性;二是对基板生产制造的检测,包括基板外形和结构的检查以及基板互联测试;三是在保证元器件和基板质量的前提下完成 SiP 的组装,并进行组装后的测试。

SiP 组装后的测试分为过程测试和成品测试。针对工艺生产过程和设计检测的测试,称为过程测试,一般是针对初样的性能测试,其目的是确保设计正确,验证工艺的可行性,并对 SiP 设计和装配环节的失误进行定位和反馈,并及时修改,这是一个反复的过程。而在过程测试通过后,则要对大批量产品进行成品测试,该阶段侧重速度和良率,并将在多种条件下,如常温、高低温、震动等,对 SiP 性能和可靠性进行全面的测试,因此需要设计自动测试方法。过程测试和成品测试均需使用 SiP 的测试夹具,也称为测试工装,在测试夹具中,SiP 的焊盘通过弹性互联探针与外部连接器连接,典型结构如图 5-29 所示。

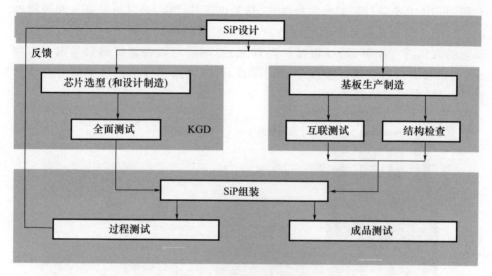

图 5-28 SiP 的测试流程

图 5-29 适用于 BGA SiP 的测试工装

5.4 微系统 SoC 集成技术

本节介绍开放式相控阵中典型的各类 SoC 电路架构,并阐述集成设计方法。

5.4.1 SoC 技术概述

当今电子技术发展的基本趋势是围绕着网络化、系统化、移动性及网络与系统的连接,过去利用印制电路板技术和 IC 芯片来实现的系统,由于芯片之间延迟过长、体积较大等因素,使其无法满足市场对整机系统越来越高的性能要求。在市场需求和集成电路技术发展的双重作用下,出现了将整个电子系统集成于单个芯片上的技术,即片上系统(SoC)。

为了实现开放式相控阵中硬件积木化、资源虚拟化、功能软件化的要求,积木化有源子阵势在必行。相应地,有源子阵对数字收发系统的能力要求不断提高,高集成、小型化、标准化、可重构成为其物理形态发展的主要趋势,可编程 SoC 是其中一种较优的解决方案。采用软硬件协同设计、具有知识产权核(Intellectual Property Core,IP 核)复用,超大规模集成电路技术,以及基于超深亚微米工艺技术,单个 SoC 芯片上可集成包含数字逻辑电路、存储器、AD/DA、基带、低噪声放大器、变频器等数字、混合及模拟电路。

由于 SoC 设计理念中,需要利用 IP 核进行集成设计,所以 SoC 对外接口天然具有标准化的特性,刚好契合开放式相控阵接口标准化的要求。同时,利用可编程 SoC 的高集成和可重构特性,单个芯片即可实现波束控制、波束形成、数据计算、数据存储、数字收发、波形产生、低噪声放大、调制控制、上下变频等数字处理层及部分射频收发层的功能。可以说,一旦可编程 SoC 量产,将以极高的效能将整个有源子阵积木化、小型化,从而为高效的开放式相控阵提供坚实的物理基础。

5.4.2 SoC 集成架构

一个典型的 SoC 包含:①单核或多核处理器,可以是 CPU、GPU 等;②互联总线,可以是 AHB、APB、AXI 等;③存储器,可以是 ROM、SRAM、EEPROM 或 FLASH;④时钟生成器,一般是基于多个 PLL 和分频网络的时钟树;⑤复位电路、DMA、功耗控制电路、高速缓存等必要模块;⑥外设接口,可以是 GPIO、SPI、UART、DDR3、PCIE、SDIO、USB、以太网接口等。

SoC 在一块芯片上集成了一套完整的信号处理系统,图 5-30 是一个通用 SoC 的基本结构框图,包含 CPU、基本外设模块和专用 IP。CPU 不仅提供整个硬件系统的控制功能,而且可实现软件算法,以满足各种应用需求。基本外设模块有高速缓存(Cache)、全局中断控制(Global Interrupt Control,GIC)、直接存储器访问(Direct Memory Access,DMA)、通用 DEBUG/下载接口(Joint Test Action

Group，JTAG)、内部静态随机存取存储器(Static Random - Access Memory, SRAM)、外部串行存储接口(Serial Flash Control，SFC)、通用输入/输出接口(General Purpose Input/Output，GPIO)、同步串行接口(Inter - Integrated Circuit, I2C;Serial Peripheral Interface,SPI)、异步串行接口(Universal Asynchronous Receiver/Transmitter，UART)和定时器(Timer，TIM)等,外设模块提供了通用的硬件支持。专用IP是根据SoC具体的功能而专业制定的硬件模块,在通信领域中专用IP包含各种IQ信号处理模块、ADC、DAC,还有serdes接口,在雷达领域中专用IP包含信号生成模块、幅度相位延迟补偿模块、FIFO存储模块和滤波电路。

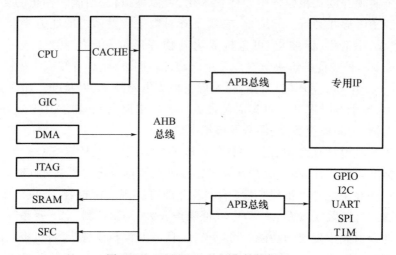

图 5-30　通用 SoC 的基本结构框图

随着相控阵系统对信号带宽的要求日益提升,SoC的架构也在不断发展。传统相控阵系统中,关键相位/延时控制在射频域实现,同时受ADC和DAC带宽限制,需要使用两级变频结构。图5-31所示为典型的相控阵雷达收发器架构框图。SoC中集成了DAC、ADC、中频上变频、中频下变频、雷达信号生成和DBF功能。

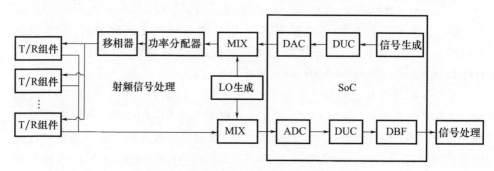

图 5-31　典型的相控阵雷达收发器架构框图

该无线收发系统中,信号生成模块生成各种雷达信号(FMCW、脉冲信号等),在数字域进行中频上变频后经 DAC 送入发射射频通道。射频域首先进行上变频和滤波,发射信号经射频功率分配器分配到各个通道,各通道的移相功能由射频移相器实现。T/R 组件内部包含功率放大器(Power Amplifier,PA)、低噪声放大器(Low Noise Amplifier,LNA)、模拟滤波器、衰减器和环形器,主要实现对各通道的幅度控制,T/R 组件末端接天线。接收链路是发射链路的逆过程,波束形成(DBF)的权值受 CPU 控制。这种架构的优点是对 ADC 和 DAC 的要求不高,缺点是放大器、衰减器和移相器的控制精度不高,分立的射频元件较多,硬件成本高。

随着 SoC 集成技术的发展,一种新型的相控阵雷达收发器架构得以实现,如图 5-32 所示。这种结构优化了射频域信号处理,CPU 接收系统级控制信号,在数字域实现幅度相位补偿,系统级控制通过协调阵面上各组件同步工作,来实现数字阵面的灵活控制。该架构的优点是数字域信号处理灵活,对 ADC 和 DAC 的要求不高;缺点是设计难度大,集成度仍有提升空间。

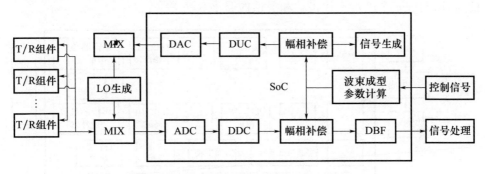

图 5-32 新型的相控阵雷达收发器架构框图

现代相控阵雷达系统集雷达目标检测和通信功能于一身,图 5-33 所示为典型的通信收发器架构框图。发射链路集成了 serdes 接口、FIR 滤波器、插值器、半带(Half Band,HB)滤波器、数字预失真(Digital Pre-distortion,DPD)、峰值系数削减(Crest Fator Reduction,CFR)、正交误差校准(Orthogonal Error Calibration,OEC)、增益(Gain)、中频数字上变频(Digital Up Converter,DUC)和数模转换器(DAC);接收链路集成了模数转换器(ADC)、中频数字下变频(Digital Down Converter,DDC)、QEC、直流校准(DC Correction)、频域均衡、时域均衡、HB、抽取和 serdes 接口。

未来的新型相控阵列雷达系统朝着数字化、阵列化、一体化的结构发展,不同领域雷达其先进性主要体现在性能提升、功能增加、体制变化和新技术应用等方面。由于不同的军事需求导致雷达需要具有多目标、多功能的工作能力,同时

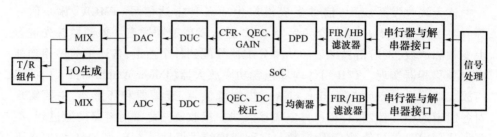

图 5-33 典型的通信收发器架构框图

也受雷达时间资源、能量资源的限制,雷达系统控制和操作的复杂程度越来越高,对阵面的复杂性和灵活性要求也与日俱增。

相控阵雷达与通信一体化架构框图如图 5-34 所示。该 SoC 架构属于软件定义无线电(Software Defined Radio,SDR),支持收发各种雷达信号以及各种通信协议的 IQ 数据,包括传统的 FSK、PSK、QAM 以及 OFDM。同时 SoC 还集成了自动增益控制(AGC)、多通道同步功能和通道校准功能,可以产生各种需求下的时钟,能够基本满足现代雷达和通信的需求。

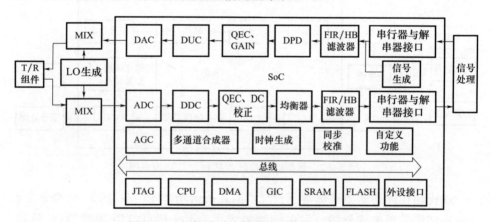

图 5-34 相控阵雷达与通信一体化架构框图

以上 SoC 都是基于中频变频架构,随着 SoC 集成度的提高,各种变化的信号处理可以集成到片内,使用可重构 PE 阵列来实现随时可变的数据处理,同时将片外的射频混频器件集成到片内,真正做到芯片直接接上天线就可以进行各种无线电收发。事实上零中频架构已经在通信领域的 SoC 中得到了应用,零中频的可编程通信雷达一体化架构框图如图 5-35 所示。该 SoC 架构集成难度增加,不仅要考虑片内电磁兼容(Electro Magnetic Compatibility,EMC),还要对中频泄露进行抑制,属于未来发展的趋势。

随着多通道、高带宽阵列雷达技术的发展,研制一种全数字、低功耗、灵活、

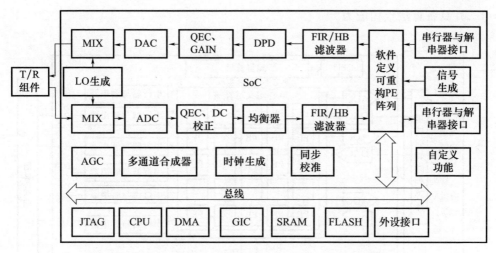

图 5-35 零中频的可编程通信雷达一体化架构框图

标准化、模块化、高带宽、可重构的阵列信号处理芯片具有重要意义。

可重构计算芯片架构技术可通过空域硬件结构组织不同粒度和不同功能的计算资源,通过运行过程中的硬件配置,调整硬件功能,根据数据流的特点,使功能配置好的硬件资源互联形成相对固定的计算通路,从而可以接近"专用电路"的方式进行数据驱动下的计算。当算法和应用变换时,再次通过配置,使硬件重构为不同的计算通路去执行。实现了"应用定义软件、软件定义芯片",其高能效、低功耗、超强灵活性和弹性可扩展性的特点在计算密集型的算法实现中,可以很好地发挥优势。

可重构硬件加速能够获得高运算速度,其根源是在专用芯片的高性能和通用处理器的高灵活性之间寻找最佳的契合点和平衡点。"以软件定义硬件"为主要特征的可重构计算架构正成为芯片的新风潮之一。

宽带可重构射频数字一体化 SoC 面向阵列处理、信号处理和基本算术/逻辑处理等多种应用场景,应用领域和产品不尽相同,功能需求随着产品的应用验证而迭代更新,特别是在阵列处理通道数量、DDC/DUC 滤波器阶数、指令编码形式、ADC 配置及校准等需求变化较为频繁,在实现高性能、低功耗和低延时的情况下,需具备算法处理的软件快速动态可配置,控制指令的灵活可编程。

宽带可重构射频数字一体化 SoC 采用"AD/DA 核"+"软件定义运算核"的异构融合架构,如图 5-36 所示,实现高性能、高集成度、高实时性、低功耗的软件定义宽带阵列处理。AD/DA 核完成信号的模数/数模转换,小型 CPU 核提供与外部的低速接口,并与软件运算核交互,实现定时同步、参数计算等控制调度功能。软件定义运算核采用动态可重构架构,实现高能效、高实时性的阵列处理运算,并具备算法重构能力。

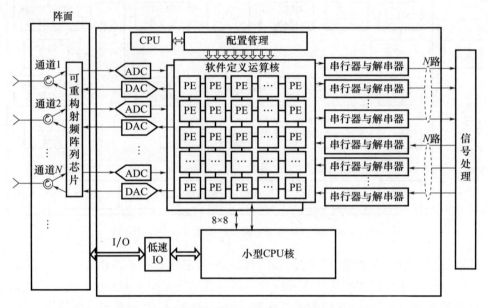

图 5-36 软件可定义的可重构 SoC 架构系统框图

处理单元(Processing Element,PE)是可重构阵列的计算核心,图 5-37 所示为典型的 PE 结构,PE 内部包含一个 ALU、Load-Store(LdSt)单元,若干个多路复用器(Multiplexer,MUX)、输出结果寄存器、本地指令存储器、取指、译码单元以及本地寄存器堆。ALU 用来执行常见的操作,如加减法、乘法等算术运算和移位、与、或、非等逻辑运算。LdSt 单元用来访问片上的数据存储器,执行 Load 算子时从数据存储器的指定地址处读取数据到输出寄存器,执行 Store 算子时将输入端口的数据写入数据存储器的指定地址处。在 ALU 的两个输入端口处各有一个 MUX,用来选择输入来源。根据 PE 互联方式不同,ALU 的输入可能来自其他相邻 PE 的输出寄存器或自身的输出寄存器,也可能来自片上存储器,还可能来自本地寄存器堆或全局寄存器堆。输出寄存器中的数据为 ALU 的运算结果或者是 LdSt 单元从数据存储器读取的数据。本地指令存储器中存放着当前 PE 所有的配置信息。在每个周期开始时,取指单元取出一条指令,译码后确定输入数据的来源以及结果输出的目的地,指示 ALU 和 Load-Store 单元执行相应的操作。

若干个 PE 成行列分布组成一个 PE 阵列,一个可重构系统可以包含一个或多个 PE 阵列,这些阵列提供了强大的计算能力。PE 组成的阵列可以是一维线形、二维矩形、二维二叉树形、三维长方体形等,PE 阵列典型的多维

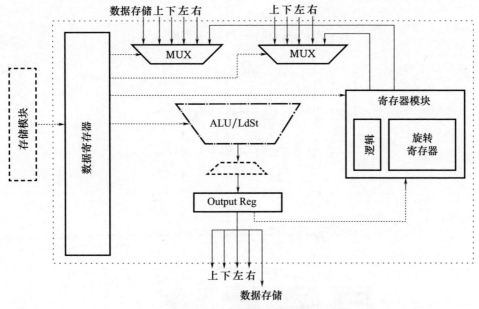

图 5-37 典型的 PE 结构

结构如图 5-38 所示。

PE 间的互联是可重构架构的重要属性,它既影响循环核心映射的成功率和执行性能,也决定硬件资源开销大小。丰富的互联使得循环映射时更灵活,因为每个 PE 可访问的 PE 数量更多,在映射时为算子提供了更多的选择,也能支持更复杂的应用,提高了映射成功率,但同时也会增加互联面积,导致更多硬件上的开销。目前研究的可重构架构中,主要是二维互联的形式。

图 5-39 展示了三种典型的二维 PE 间互联方式,即网格连接(Mesh)、圆环连接(Torus)和 Morphosys 连接,互联资源的丰富程度依次增加,甚至可以将图 5-39(a)和(c)组合使用,多块 Morphosys 连接的 PE 阵列之间用 Mesh 连接。互联逻辑的实现方式多种多样,常见的为交叉开关(Crossbar)的形式,由多路复用器(MUX)和互联线组合而成的。在网格连接中,每个 PE 只和与它相邻的上、下、左和右 4 个方向上的 PE 相连。这种互联形式灵活性较低,对于处在阵列边界上的 PE,它们的相邻 PE 会少于 4 个,从互联上来看,这些 PE 区别于阵列中间的 PE,这在一定程度上会限制循环映射的性能。但是网格连接的 Crossbar 结构简单,在面积和功耗预算紧张的情形下是一种不错的选择。二维圆环连接相比于网格连接更加灵活,对于阵列边界上的 PE,每一行的首尾 PE 之间和每一列的首尾 PE 之间都由连线连接,这样整个阵列完全对称,每一个 PE 都具有同等的地位,这种对称性为循环映射提供了便利,且二维圆环连接在硬件上只比网

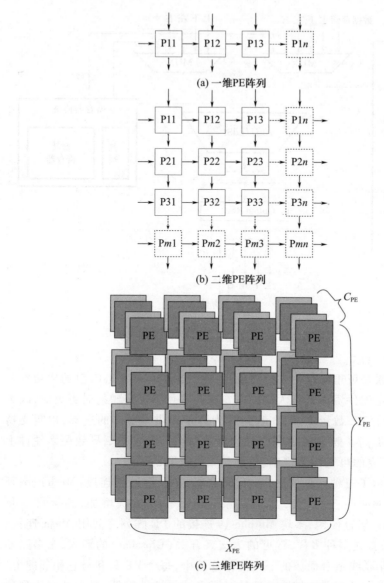

图 5-38　PE 阵列典型的多维结构

格连接增加了少部分逻辑,是一种较优的、灵活性与硬件资源平衡的互联方案,且相比网格连接并不会增加指令长度,节省了配置存储器大小。Morphosys 连接相对于 Mesh 连接增加了与同一行和同一列的所有 PE 连接,这种连接方式为循环映射提供了丰富的互联资源,能支持较为复杂的循环映射,但是这种互联的代价会随着 PE 阵列的扩大变得很大。所以在进行 PE 互联方式的设计时,应充分考虑实际的应用需求和面积、功耗的预算情况。

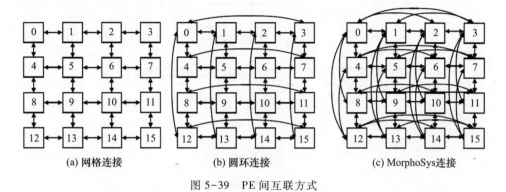

图 5-39　PE 间互联方式

可配置的数字信号处理电路可以满足宽带和窄带输入数字信号的处理,从而为成功研发宽窄带一体化的 RFSoC 芯片提供数据流通路的保证。该技术取代了目前的在 FPGA 中实现方案,复用了部分运算和缓存资源,较高的集成度减少了的功耗和芯片面积,使产品更加具有灵活性和竞争力。可配置的数字信号处理电路应用在未来信息化战争中占据重要组成地位的侦收、干扰、探测、通信等领域也能发挥重要的作用,有助于推动我国工业的产业升级和提高我们的生产生活效率。

5.4.3　SoC 集成设计

设计 SoC 首先需要规范一个标准系统,然后开发以及验证测试各个内核并将其集成。设计集成的 IP 囊括了数字、模拟以及 RF 各类,完整性测试、可靠性筛选以及缺陷分析等均会带来极大的验证与测试复杂度,28nm、14nm 及以下等先进工艺的选用导致可靠性下降、高速高频器件集成带来的噪声,可预测的系统设计,软硬件结合的协同环境加剧了系统设计的复杂性,这些都是 SoC 设计面临的挑战。

SoC 的设计涉及软硬件协调设计、数模混合、测试验证以及封装设计等,宽带 SoC 将微处理器、模拟 AD 与 DA IP 核、数字 DDC 与 DUC IP 核、高速传输接口和存储器集成到同一芯片,是将系统关键部件集成到一颗芯片,实现集成电路到集成系统的转变。

1. SoC 软硬件协同设计

SoC 有两个显著的特点:一是硬件规模庞大,涉及上亿晶体管、几百 IP 核;二是软件比重大,需要进行软硬件协同设计,如图 5-40 所示。

根据 SoC 设计要求定义系统架构,然后划分软件任务和硬件任务,对比传统

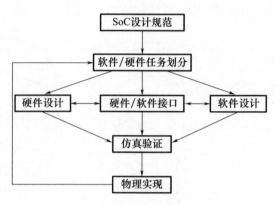

图 5-40 软硬件协同简略图

的 SoC 架构,并结合 SoC 特有的功能,将硬件的设计转化为系统架构的详述。数字部分通过自顶向下的设计方法,逐步分解出各类数字子级模块,并对模块间的约束以及时序等加以规范,确保数字模块间的高内聚与低耦合,再由 Verilog 硬件描述语言完成,这样的设计方式使得数字系统可维护性提高且易调整与修改,数字设计与架构描述的映射通过 Lint 进行静态语法检查来确保其一致性。模拟/射频部分由晶体管 schematic 来描述,通过模拟工具来验证,经过不同的工具得到版图完成物理实现。软件设计转化为 C/C++编程语言,完成软件开发环境的搭建,然后仿真验证正确性。利用硬件加速和软件平台进行协调验证、并行设计,在 SoC 流片之前,就能在系统上模拟应用程序代码。软硬件协同设计方法如图 5-41 所示。

2. IP 的集成

SoC 面对的是巨大的 IP 库,设计工作是以 IP 模块为基础,将设计建立在较高的层次上,更多地采用 IP 集成才能较快地完成设计,保证设计成功。但是,这也带来了一定的问题,在 TOP 层整合大量的 IP 时,设计人员需要理解这些功能 IP,并完成与 SoC 其他部分的数据交互,最后验证整个系统,减少重复使用 IP 核的巨大优势。同时,在物理实现阶段,IP 核的布局影响整个设计的性能,一方面绕线的不理想带来的延时问题,另一方面数模之间的噪声影响设计的性能。设计者从大量可能的布局中得到自己想要的,需要花费大量的精力。IP 核设计流程如图 5-42 所示。在 SoC 中使用到三种 IP 核[10]:

(1) 硬核。对于 ADC、DAC 以及 RF 模块,基于先进工艺将它们固化为 IP 硬核,它们是最不灵活的 IP,每次更改它们的大小和长宽等物理属性,都要对应更改 IP 的物理库或时序库,给工程师带来巨大的不便。

(2) 软核。SoC 中的 DDC、DUC 等模块为软 IP 核,它们作为 IP 的寄存器传

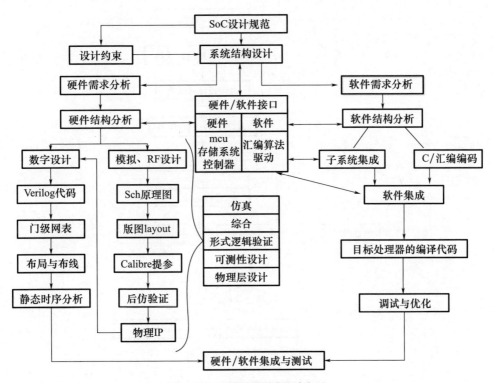

图 5-41 软硬件协同设计方法

输级被重用,相对于硬核,DDC、DUC 在设计中具有最大的灵活性,并且能够得到功耗、性能、面积参数的最优解。

(3) 固核。存储单元是 SoC 中使用最多的固核,鉴于物理布局没有确定,可以配置出多种情况,结合了硬核和软核的优点。

3. 数模混合

SoC 集成了数字、模拟以及射频模块,数字中有模拟、模拟中有数字,数模混合设计流程如图 5-43 所示。当高速 AD/DA 数字元件引入噪声或高低不平的信号时,它们注入衬底,这种噪声会影响同芯片敏感的模拟、射频电路,更何况是在 28nm 或者更先进的工艺下更进一步导致了问题的复杂化,因为相比于传统工艺,先进的工作电压更低、频率更快,这就导致成品率的下降。

电源和封装键合线是噪声的主要来源,不合适的电源网络、高频时钟和时钟 Skew 以及信号高速转换都可能产生噪声。为了避免噪声注入,使 AD、DA 和 RF 模块成功集成,SoC 设计规划阶段要遵循一定的准则:

(1) 数字与模拟/RF 部分使用地环进行物理隔离。

(2) 使用尽量密而宽的电源/地线,减少电源网络的阻抗。

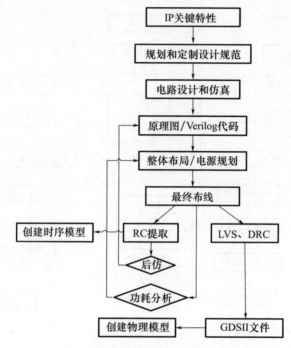

图 5-42　IP 核设计流程

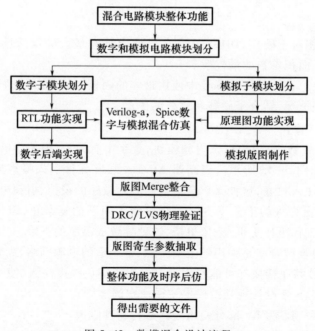

图 5-43　数模混合设计流程

(3) 确保电源/地与焊盘的分配,增大间距以减小有效电感。

(4) 在空余处插入 DCAP 器件,增加芯片的去耦电容。

4. 验证测试

SoC 验证包括数字验证、模拟验证、射频验证,采用自底向上的验证方法结合主流平台验证方法学,通过动态模拟构建各类验证场景,包括定向激励模拟、有向随机化验证、无向随机化验证、边界跳转以及错误状态验证等,集成为可自动采集系统数据信息并比对正确性的验证平台,通过各类覆盖率收敛与回归测试等确保整个架构的正确性。整个功能验证过程采用数模混合、MATLAB 模型与设计相结合、软硬协同的方法进行,部分模拟模型映射到硬件平台上以加速验证过程,并不是简单地完成各模块的拼接,以保证 SoC 中数据传输的正确性。功能验证流程如图 5-44 所示。

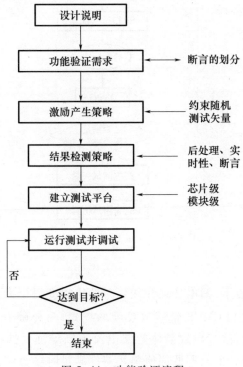

图 5-44 功能验证流程

为了减少 SoC 的设计成本,增加 DFT 可测性设计,在综合阶段插入 DFT,实现阶段考虑 DFT 的数量和深度,最大限度利用机台的测试降低测试成本,通过 ATPG 产生用于机台测试的矢量,降低制造缺陷检测的难度,Scan Chain 设计流程如图 5-45 所示。

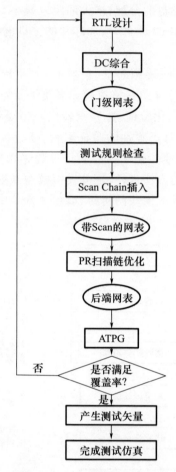

图 5-45 Scan Chain 设计流程

5. 物理实现

在先进工艺节点下,漏电功耗和线延时的比重变得更大。随着阈值电压 V_{th} 的下降、温度的升高和 CMOS 管通道长度的缩短,另外随着栅氧化层厚度的减薄,栅电压必须降低,这都导致晶体管漏电流不断增加。选择多 V_{th} 单元库优化漏电功耗,在关键路径上使用低阈值单元器件满足时序要求,在非关键路径上使用高阈值单元器件满足低功耗要求。随着工艺降到 28nm 及以下节点,金属线的宽度逐渐变小导致线电阻增大,线延迟比重更大,其影响不能忽视,版图实现过程中使用多倍线宽完成关键路径走线,降低关键路径延迟。

为了克服制造过程中的机械应力,提高成品率,插入金属来应对该问题,但是这样做反过来会影响芯片上的关键信号的时序,导致已有信号产生额外的寄生耦合,进而导致功能出现问题,因此在时序分析时要考虑这些额外的寄生效应的影响。另外,介电材料有很大的热膨胀系数和较差的附着力,应用时会导致通孔结构下产生空隙,电路可靠性变差,优化时尽量减少通孔,并通过插入冗余通孔来提高设计的可靠性。

同时时序收敛要涉及几十个模式和工艺角的组合,涉及的数据量非常大,迭代一次花费大量的时间,使用分布式多场景分析(Distributed Multi Scenario Analysis,DMSA)模式完成时序收敛可以大大减少时间成本。修正一个时序问题,不但要插入缓冲器,还要保证放上去之后绕线能够出来,并且不能引入新的 DRC 问题。在先进工艺和低电压情况下,晶体管的电容是一个非线性状态,通过它来做延迟查表和计算,误差将进一步增大,所有时序库的正确性、完整性非常影响精度,这就导致虽然在某个电压下做了设计签核,但芯片加压或降压后,时序是否维持原来状态,是不确定的。

6. 封装集成

在 SoC 封装过程中,主要考虑信号的电感、散热和封装的面积,高速 AD、DA 对频率要求较高,延时必须尽量小,要求封装的信号线路径要短,同时能够减小信号的电感。SoC 集成的功能很多、规模大,导致芯片工作时产生的热量很高,封装时要考虑芯片散热的情况,采用合理的封装技术和方案使得封装面积能够尽可能的小。

5.5　三维异构集成技术

在开放式相控阵硬件中,采用异构集成技术进行各功能层封装。微系统异构集成应用了目前快速发展的各类先进封装技术,这些工艺技术是封装实现的工艺基础,并随着异构集成技术的发展而不断进步。微系统异构集成主要包括高密度封装功能基板制造和三维异构集成技术两个方面的内容。在功能基板制造方面,主要介绍目前封装领域应用到的各类先进封装基板,包括低温共烧陶瓷(Low-Temperature Co-fired Ceramics,LTCC)/高温共烧陶瓷(High-Temperature Co-fired Ceramics,HTCC)多层共烧陶瓷基板、有机基板、硅基板、玻璃基板等。在三维异构集成工艺方面,主要介绍行业内快速发展的集成技术,包括微纳互联凸点制备、三维堆叠 SiP 互联、扇出型 AiP 封装、热管理一体化系统集成等技术。本节同时也介绍了微系统集成技术的发展和微波光子集成路径。

5.5.1　高密度封装功能基板制造工艺

高密度封装基板是微系统多元异构集成的基础,是封装系统的关键材料和结构组成载体。封装基板为元器件提供安装平台,是整个电路封装的重要组成部分,具体提供信号连接、器件支撑、散热以及保护等功能,是高密度封装的实现小型化、轻量化、高性能的基础。封装基板按照材料类别和工艺类型可分为多层共烧 HTCC 基板、低温共烧 LTCC 基板、有机基板、硅基板、玻璃基板等类型。各类基板的材料组成、加工工艺过程、应用场景等存在很大差异,需要根据实际情况选用。

1. LTCC/HTCC 技术

1) LTCC/HTCC 技术简介

低温共烧陶瓷(LTCC)是一种在低温条件(低于 1000℃)下将低电阻率的金属导体(如金、银、铜等)和陶瓷基体材料共同烧结而成的多层结构陶瓷。高温共烧多层陶瓷(HTCC)是指在 1450℃ 以上与熔点较高的金属一并烧结的具有电气互联特性的陶瓷。

典型的 LTCC/HTCC 多层结构如图 5-46 所示。

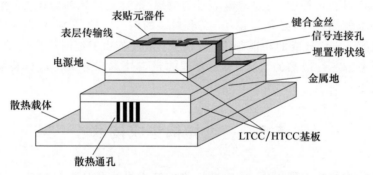

图 5-46 LTCC/HTCC 多层结构示意图

LTCC 技术和 HTCC 技术在高频特性、密封性和散热等方面各有优点,因而成为无线电通信、汽车电子和军事航天等领域最广泛采用的封装技术,尤其是开放式相控阵 T/R 组件首选封装技术。

LTCC/HTCC 工艺流程主要包括混料、流延、下料、冲孔、贴膜、填孔、丝网印刷、叠片、层压、热切、烧结、切割和检验等工序,其工艺流程如图 5-47 所示。

相比 LTCC,镀镍、镀钯、镀金等工序是 HTCC 工艺特有的工艺流程。

流延工艺包括配料、排真空和流延三道工序。流延工艺用来生成生瓷带,通常采用陶瓷、玻璃粉和有机黏合剂并按照一定的比例配方混合,在聚酯膜上经过浆化后通过流延工艺形成致密、厚度均匀的生瓷带。

生瓷带打孔有钻孔、冲孔和激光打孔三种方法。对于微波共烧陶瓷多层电路基板来说,通孔直径最好为 0.15~0.25mm,这对提高布线密度和改善通孔金

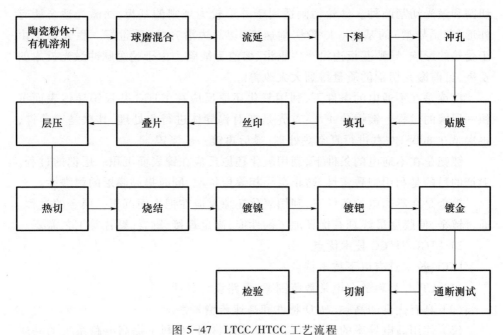

图 5-47 LTCC/HTCC 工艺流程

属化都有利,如通孔直径≥0.30mm 或≤0.15mm,金属化时都很难形成盲孔,从而降低基板的成品率和可靠性。

填孔方法主要有两种:一种是掩模印刷型填孔法,适用于薄生瓷带;另一种是注射型填孔法,适用于较厚生瓷带。目前,应用比较广泛的是掩模印刷型填孔法。通孔浆料应有良好的流变性能和合适的黏度,浆料流变性能不好或黏度不合适,印刷时不易形成盲孔,印刷后,应在显微镜下检查通孔,对没有填充好的通孔进行修补。

印刷包括线条、电阻、电容、电感的印刷,为了保证印刷精度,必须对生瓷带上的通孔浆料进行整平。

LTCC/HTCC 技术采用的是多层生瓷带一次层压、烧结成形,所以层压前必须将很多层叠放在一起。层压有两种方法:一种是单轴压,一种是等静压。层压参数主要有压力、时间、温度。

排胶、烧结是 LTCC/HTCC 制作中最为关键的一步,排胶、烧结在烧结炉中进行,这两个工艺步骤可以在一个炉中一起进行,也可以在不同的炉中分开进行,必须根据基板的大小、厚度以及基板上金属浆料的数量及分布严格控制排胶、烧结的速率、恒温时间、降温速率、烧结气氛等。

切割是根据设计图纸的要求将基板切成需要的外形尺寸。切割方式有砂轮切割和激光切割两种。砂轮切割适用于外形较为规则的基板,而激光适合所有外形(包括异型)的基板。砂轮切割速度,切割边沿齐整,质量好。激光切割由于受热的影响,导致基板边沿产生锯齿、熔渣等缺陷。由于超短脉冲激光技术的发展,目前激光切割的质量得到大大改善。

镀镍是在不通电的条件下,利用氧化还原反应在HTCC基板钨导体表面沉积一层镍的过程。镀镍分4步:首先是在对钨导体进行前处理,其次是镀薄镍,再次是在800℃左右进行真空热处理,最后再镀一层厚镍。

镀钯是在不通电的条件下,利用氧化还原反应在镍表面沉积一层钯的过程。镀钯的目的是利用钯致密性,防止金层相镍层扩散,同时提高膜层的耐磨性。

镀金是在不通电的条件下,利用氧化还原反应在钯表面沉积一层金的过程。通过镀金,使膜层最终具有优异加工的性能,满足焊接、键合、贴片等工艺需要。

2) LTCC/HTCC技术优点

LTCC技术具有以下技术特点:

(1) LTCC材料的介电常数范围宽,电路设计灵活。

(2) 具有优良的高频、高Q特性和高速传输特性。

(3) 使用高电导率的金属材料作为导体材料,有利于提高电路系统的品质因数。

(4) 制作层数很高的电路基板,易于形成多种结构的空腔,内埋置元器件,免除封装组件的成本,减少连接芯片导体的长度与接点数,并可制作线宽小于$50\mu m$的细线结构电路,实现更多布线层数,能集成的元件种类多,参量范围大,易于实现多功能化和提高组装密度。

(5) 可适应大电流及耐高温特性要求,具有良好的温度特性,如较小的热膨胀系数,较小的介电常数稳定系数。

(6) 与薄膜多层布线技术具有良好的兼容性,二者结合可实现更高组装密度和更好性能的混合多层基板和混合型多芯片组件。

(7) 易于实现多层布线与封装一体化结构,进一步减小体积和重量,提高可靠性、耐高温、高湿、冲振,可以应用于恶劣环境。

(8) 非连续式的生产工艺,便于基板烧成前对每一层布线和互联通孔进行质量检查,有利于提高多层基板的成品率和质量,缩短生产周期,降低成本。

HTCC具有以下技术特点:

(1) 优异的热导率。高的热导率代表了优异的散热性能,HTCC优良的散热特性,有利于提高功率器件的运行状况和使用寿命。

(2) 高的力学性能,尤其是材料抗弯强度和断裂韧性对功率器件可靠性有利于提高HTCC基板耐恶劣环境的能力。

(3) 良好的绝缘性和抗电击穿能力。

(4) 低的热膨胀系数。与芯片在热膨胀系数上的匹配具有其他陶瓷不可替代的优势。

3) LTCC/HTCC 技术应用

如图 5-48 所示，LTCC 因其优异的性能，在航空航天、军事电子、无线通信、汽车电子、医疗等领域具有广泛的应用。根据在电路中的作用，大体可分为 LTCC 元件、LTCC 集成模块和 LTCC 封装基板。

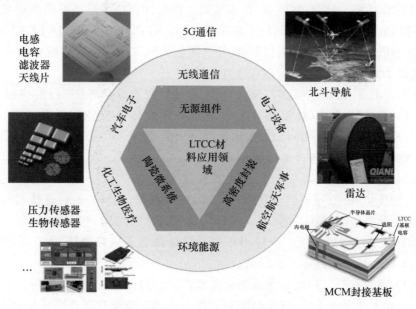

图 5-48 LTCC 应用领域

(1) LTCC 元件。采用 LTCC 技术生产的元器件，在手机、交换机、电脑、便携式计算机等消费类电子产品，以及 DC-DC 电源领域得到广泛的应用，如各种智能手机、蓝牙模块、WLAN 等。尤其手机的用量占据主要部分，达 80% 以上，产品包括滤波器、双工器、收发开关功能模块等。目前 LTCC 技术已经进入更广的应用领域，在 5G 通信、无线局域网络、地面数字广播、全球定位系统接收器组件、数字信号处理器等广泛应用。

(2) LTCC 集成模块。随着汽车电子技术的发展，现代汽车的控制已开始进入电子化和信息化时代，LTCC 集成模块在汽车电子系统上的应用非常普遍。由于其良好的导热性和高可靠性，在发动机控制电路中大量采用 LTCC 技术，如美国通用公司采用 LTCC 技术制作了引擎控制模块，意大利的马瑞利公司制作了汽车油阀控制模块，将 MOSEFT 和功率 MOS 器件集成在内。LTCC 在 MEMS 领域也得到了广泛应用,如流体传感器、压力传感器、阳传感器等,此外,在工业领域,还可以作为离子探测器等形式进行应用。

(3) LTCC 封装基板。目前,电子装备都在向小型化、轻量化、高可靠方向发展,这就对其部件提出了小型化、轻量化、高速传输、由组件向部件或子系统发展等更高的要求。LTCC 技术是四大无源器件(电感、电阻、变压器、电容)和有源器件(晶体管、IC 电路模块、功率 MOS)集成在一起的混合集成技术。在需求牵引下,自从 20 世纪 90 年代以来,几乎所有的大型高性能系统、超级计算机都用到了 LTCC 基板。目前,在欧美、日本等发达国家,LTCC 多层基板的微组装技术已经可靠地应用于航空、空间技术和军事领域。在国内,中电科 14 所、43 所、55 所研制的低温共烧多层基板已广泛用于制造机载 T/R 组件、星载合成孔径雷达,舰载 T/R 组件等高密度、高可靠性电路中。

HTCC 技术在加热体、多层陶瓷基板、陶瓷管壳等方面具有广泛的应用。

(1) 加热体。HTCC 发热片是一种新型高效环保节能陶瓷发热片,相比 PTC 陶瓷发热体,具有相同加热效果情况下节能 20%~30%,可以应用在小型取暖器、电吹风、热水器等设备的加热元件。

(2) 多层陶瓷基板。HTCC 基板具有强度高、散热性好、可靠性高等优点,其最大的优势在于,可以与金属外壳、金属密封框架、金属底板和连接器等一个或多个金属部件焊接在一起,形成具有一定气密性的陶瓷和金属一体化封装结构。HTCC 多层陶瓷基板广泛应用于高可靠性微电子集成电路、大功率微组装电路、车载大功率电路等产品领域。

(3) 陶瓷管壳。陶瓷管壳是 HTCC 最广泛的应用之一,主要应用在电子封装产业,如大功率电子管、芯片封装等。其常见的有陶瓷双列直插封装(Ceramic Dual Inline Package,CDIP)管壳、陶瓷四面引脚扁平封装(Ceramic Quad Flat Pack,CQFP)管壳等,主要应用在射频滤波器、射频 IC、光通信模块、CMOS、MEMS 等领域。

近几年,随着对高导热基板需求的增加,基板制造厂商不断增加对材料及工艺等方面的研究力度,使得 HTCC 技术的应用频率已经能够接近毫米波频段,而且在相控阵阵面制造中的应用比重也在不断增加。图 5-49 和图 5-50 分别示出 Al_2O_3 HTCC 多层基板和 AlN HTCC 多层基板。

2. 有机基板

有机基板是基于传统的印制电路板(PCB)制造原理和工艺上发展起来的,以聚合物大分子材料为原料的封装基板。相较于传统的 PCB 板,其封装的尺寸更小,实现的电气结构更复杂,通常作为裸芯片、有源器件与 PCB 板间的载体,起到电气连接、保护、支撑、组装的作用。有机基板应用于相控阵组件当中,有利

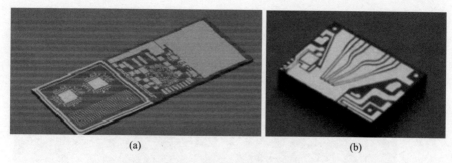

图 5-49 Al_2O_3 HTCC 多层基板

图 5-50 AlN HTCC 多层基板

于实现组件互联的良好电气性能、超高互联密度、多芯片模块化,从而减小产品体积、提高产品可靠性,并降低产品成本。

1) 有机基板剖面结构

有机基板按照中间是否有用于支撑的芯板分为有芯(Core)有机基板和无芯(Coreless)有机基板,图 5-51 展示了一种有芯有机基板的典型结构。

由图 5-51 可知,有机基板是一种多层基板,由阻焊绿油、表面金属化、内层导体、介质层、芯板、层间通孔等主要部分组成。

2) 有机基板材料

有机基板的材料选择取决于基板最终的厚度和堆叠的层数,主要材料包括内层芯板的材料和层压堆叠的介质层预制材料,两种材料的主要成分均为环氧介电材料。

(1) 芯板材料。芯板通常由聚合物复合材料层压而成,要求材料具有一定的刚度、韧性和较低的 CTE。复合材料主要由有机聚合物基底材料和增强体材料两个部分组成。常见的基底材料为环氧树脂和聚酰亚胺等树脂材料,其中使用最为广泛的为双马来酰亚胺三嗪(Bismaleimide Triazine,BT)树脂。常见的增强体材料一般为无机玻璃填充料和玻璃纤维。增强体材料与无机填充料(如二氧化硅)、阻燃剂等添加剂均匀混合后制成半固化片,经过层压后形成芯板,最

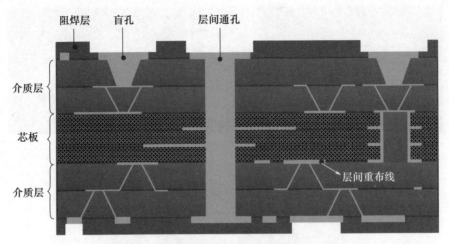

图 5-51 有芯有机基板剖面

后在两侧热压包覆铜箔，制成覆铜层压板。

（2）介质层材料。介质层的主要材料为聚合物树脂，在有机基板中主要作为多层布线的基底并起到隔离层间金属层的作用，需要有较低的介电常数和介电损耗。

目前，广泛使用的介质层材料主要有两大类，分别为双马来酰亚胺三嗪树脂（BT 树脂）和日本味之素公司生产的 ABF（Ajinomoto Build-up Film）树脂。近年来，由于日本三菱瓦斯公司专利到期，以及厂商的长期布局，类 BT、类 ABF 树脂材料逐步上市，占据了部分市场。

3）有机基板基本工艺

（1）芯板加工工艺。芯板加工工艺如图 5-52 所示，一般分为开料，钻孔，化学、电镀镀铜，树脂填充、抛光，电镀铜，图形化、刻蚀，脱模等步骤。

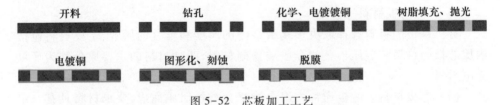

图 5-52 芯板加工工艺

芯板铜层金属化所使用的工艺核心是将厚铜层中不需要的图形区域刻蚀去除来形成电路图形，该方法称为减成法。

（2）介质层加工工艺。以 BT 树脂和 ABF 树脂为主要材料的有机基板介质层通常使用机械、激光钻孔后沉积铜种子层，再通过图形化的光刻胶掩模板进行铜电镀，最后将不需要的铜种子层采用刻蚀方法去除来实现线路图形。这种方法称为半加成法。根据开料有无基铜，分为改良型半加成法（Modified Semi-Additive Processes, MSAP）和半加成法（Semi-Additive Processes, SAP），一般情况下，BT树脂有机基板多采用MSAP，ABF基板则采用SAP。

根据有机基板是否具有芯板，在芯板（有芯有机基板）上层压介质层，或在刚性支撑底板（无芯有机基板）两侧对称层压介质层，最后移除支撑底板，制成有机载板。

4）行业工艺能力水平

日本、韩国和中国台湾地区是全球有机基板的主要产地，近年来发展迅速，主要的供应商有兴森快捷电路科技股份有限公司、深南电路股份有限公司、珠海越亚半导体股份有限公司等。表5-4所列为行业的前沿工艺水平。

表5-4 有机基板行业工艺能力水平

基材	厚度/μm	工艺方法	线宽线距(L/S)/μm
BT	半固化片:20~100 覆铜板（CCL）:30~200 Core:最低80	改良型半加成法（MSAP）	35/35, 20/20, 15/15
ABF	Core:最低80 Coreless:2L或3L（总厚度100）	半加成法（SAP）	15/15, 12/12, 10/10, 8/8

5）有机基板应用领域

（1）IC载板。近年来，三维异质、异构堆叠封装技术发展迅速，有机载板由于其低成本、优良的性能和小线宽线距比，被大量应用于裸芯片和PCB板间的转接板即IC载板，相关应用有Intel发布的CPU处理器、Xeon处理器等。

（2）有源、无源芯片埋置。元器件埋入基板技术能够缩小元件间互联距离，提高信号传输速度，减少信号串扰、噪声和电磁干扰，提升电性能，降低模块大小，提高模块集成度，节省基板外层空间，提升器件连接的机械强度，典型的应用为Intel的EMIB技术，IBIDEN、DNP、三星电机等也都具有应用了芯片埋置技术的产品。

（3）微系统集成。相比于上述两种应用有机基板在微系统集成中的应用尚处于起步阶段，将有机基板应用于微系统三维异质、异构集成以及芯片埋置中可以减小转接板的体积，增加堆叠层数，将能够大幅度减小射偏前端的体积，提升系统的可靠性、稳定性和电学性能，同时降低微系统封装成本。

3. 硅基板

硅通孔（Through Silicon Via, TSV）技术是实现3D封装集成的关键技术之一，是指在晶圆与晶圆之间、芯片与芯片之间或者晶圆与芯片之间制作贯穿硅的导通孔,从而实现芯片间互联的技术。相比于传统互联方式,如引线键合、倒装焊接等,TSV 具有更短的互联长度、更快的信号传输速度、更多的信号通道、更高的封装密度及更小的功耗。它从诞生之初就被视为三维互联的最具潜力的技术途径,已经在商业化 3D 封装道路上迭代了超过 20 年,成为延续摩尔定律的主要推力。

1) 硅基板剖面结构

TSV 转接板示意图如图 5-53 所示,主要由 TSV 通孔、绝缘层、导体布线、微凸点等组成。

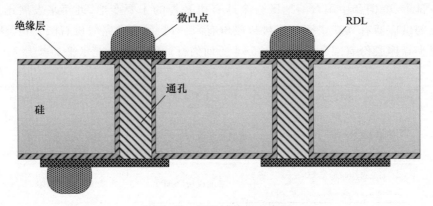

图 5-53　TSV 转接板示意图

2) 硅基板材料

一般硅片的体电阻率在几十欧·厘米以下,而在射频 TSV 制程中由于低阻值会带来微带传输线和 TSV 互联孔的传输损耗增加,一般低阻硅的微带线插入损耗在 20~25dB/cm,难以满足毫米波系统应用需求。由于高阻硅材料表现出低传输损耗的特性,近年来很多科研工作者致力于将高阻硅材料应用于微波电路设计的研究。

3) 硅基板基本工艺流程

根据基板减薄与深刻蚀的先后顺序,TSV 的制造可分为基于盲孔的制造方式和基于通孔的制造方式两大类。传统 TSV 工艺流程如图 5-54 所示。

TSV 转接板制造的核心技术包括高深宽比 TSV 刻蚀、深孔侧壁沉积绝缘层和种子层、无空洞深孔电镀、减薄抛光、临时键合等工艺。

(1) 高深宽比 TSV 刻蚀技术。深孔刻蚀技术的目标是实现高速、侧壁光滑、垂直度高深孔结构,同时要保证 TSV 的高深宽比和刻蚀过程对光刻胶的高选择性,业界一般采用 Bosch 工艺实现,即时分复用法各向异性刻蚀。Bosch 工艺的原理是周期性进行各向同性刻蚀和侧壁保护,在刻蚀周期为各向同性刻蚀、

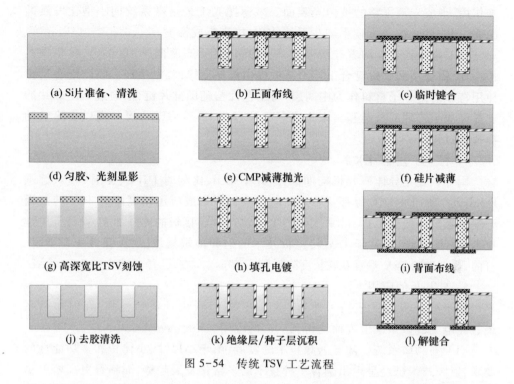

图 5-54 传统 TSV 工艺流程

保护周期在侧壁形成保护膜,通过调节刻蚀/保护周期的时间、电极功率、腔体压力、气体流量等参数,实现各向异性的深孔刻蚀。

(2) 深孔侧壁沉积绝缘层和种子层。深孔内膜层可以采用不同的方法制造,包括热氧化、化学气相沉积(Chemical Vapor Deposition,CVD)、物理气相沉积(Physical Vapor Deposition,PVD)、原子层沉积(Atomic Layer Deposition,ALD)、机械甩涂等。采用 ALD 可以获得高深宽比盲孔内优异的沉积均匀性,但是目前这种技术的生产效率较低,一般采用 PECVD 或 PVD 的方式实现。随着 TSV 深宽比的增加和直径的减小,在深孔侧壁沉积连续的膜层技术难度越来越大。

(3) 无空洞深孔电镀。TSV 的互联依靠刻蚀形成的深孔内部填充的导电材料实现,如何实现无空洞的导电材料填充是 TSV 技术难点之一,目前孔内镀铜是 TSV 互联最常用的手段。TSV 高的深宽比给铜电镀填充带来很大的困难,需要复杂添加剂的精准配比、电镀液高效搅拌以及加电电流的精确控制,如何抑制表面、侧壁铜生长速率及加速底部向上生长速率是电镀的关键。

(4) 减薄抛光。减薄抛光工艺是指通过化学机械抛光(Chemical Mechanical Polishing,CMP)技术实现的,CMP 在一定压力及抛光浆料存在下,使被抛光圆片表面相对于抛光垫做相对运动,借助于纳米尺度磨粒的研磨作用与氧化剂的腐蚀作用,形成光洁平整的被抛光表面。减薄抛光工艺是微系统向小型化发展的必要工艺,可以在 Z 方向上减少系统体积,提高集成密度。

(5) 临时键合。随着硅基板进一步的超薄化(厚度低于 $100\mu m$),将呈现柔性特征,需要用到临时键合工艺给基板提供机械支撑,辅助生产。临时键合是指使用特殊的高分子材料作为中间层,将工艺片与辅助硅片键合,通过辅助硅片的支撑完成工艺片的减薄和三维集成等工艺过程,最后将键合层分离以去除辅助硅片的过程。

4) 行业工艺能力水平

国外领先半导体研究机构如法国 CEA-Leti、比利时 IMEC、美国 Silex、德国 Frauhafor、新加坡 IME 等都开始对面向三维射频集成应用的高阻硅 TSV 转接板开展了系列的研究工作,已掌握射频 TSV 高阻硅转接板的体硅加工、设计等关键技术,设计并制作了基于 TSV 转接板技术的射频前端模块、射频集成无源器件。目前,最先进的 TSV 垂直互联长度降低到了 $50\mu m$ 左右,孔径也缩小到 $5\mu m$ 量级。

5) 硅基板的应用

基于硅基板的集成技术兼容性好、可靠性高、设计灵活性强,在射频微系统、光电集成微系统等方面均得到广泛的应用。

(1) 射频微系统。随着射频技术的发展,由于小尺寸、小体积和多功能性的要求,射频技术已经呈现出融合多种技术的平台化发展趋势,面临着更高密度功能集成、更高功率、更高频率和更低成本的发展要求。采用 TSV 技术,通过将收发天线、双工、接收通道和发射通道等功能模块进行结构上的立体集成,将多种类、多材质、多数量的半导体器件进行三维立体集成,可以解决信号延迟、损耗和完整性问题。

(2) 光电集成微系统。随着 5G 通信和天地一体化信息网络等技术的发展,对光电集成微系统提出了超高速、超带宽、低功耗和超短延时等要求,使芯片级的光电集成成为其核心发展方向。基于硅基板的三维立体集成技术可实现光电集成微系统,同时具有光子器件的高传输带宽、快传输处理速度和电子器件的小尺寸、高集成度和低成本等优点。

4. 玻璃基板

随着 5G、智能穿戴设备、人工智能等新兴领域的蓬勃发展,电子产品向小型化、轻薄化、多功能化的方向发展,基于各类高密度封装基板的先进封装技术成为国内外各大企业、科研院所的研究热点。基于玻璃通孔(Through Glass Via, TGV)转接板的 2.5D 封装技术因其有诸多优势,在较多领域有了较快发展。

玻璃材料的基本性能与其他高密度封装基板材料参数对比如图 5-55 所示。相比硅和有机基板,玻璃基板既具有硅的高度集成优势,又具备有机基板的低成本优势,具备极佳的综合性能。

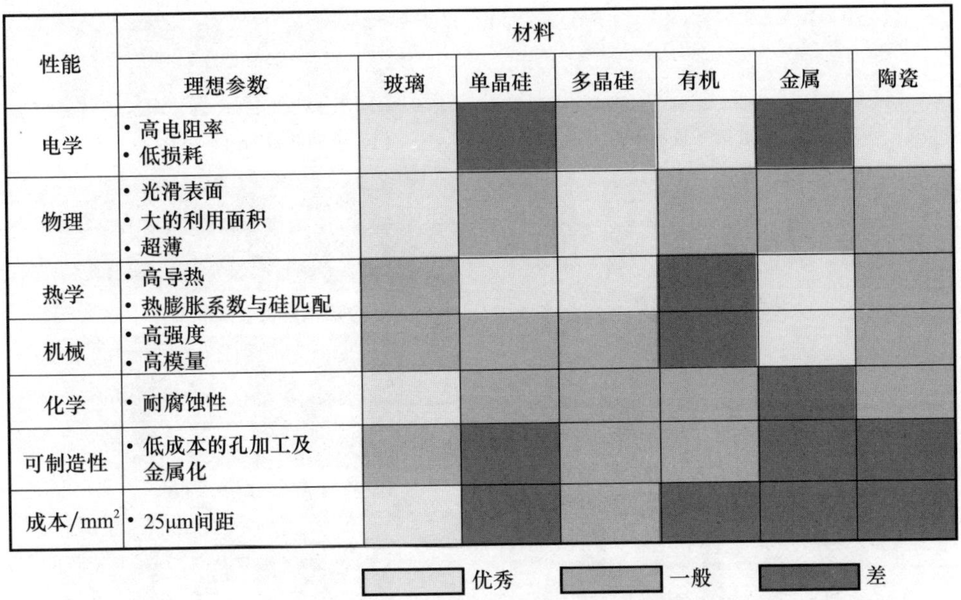

性能	理想参数	材料					
		玻璃	单晶硅	多晶硅	有机	金属	陶瓷
电学	・高电阻率 ・低损耗						
物理	・光滑表面 ・大的利用面积 ・超薄						
热学	・高导热 ・热膨胀系数与硅匹配						
机械	・高强度 ・高模量						
化学	・耐腐蚀性						
可制造性	・低成本的孔加工及金属化						
成本/mm²	・25μm间距						

□ 优秀   ▨ 一般   ■ 差

图 5-55 各种高密度封装基板材料参数对比

1)玻璃基板剖面结构

图 5-56 所示为玻璃基板剖面结构示意图,TGV 作为上下电学互联的通道,在基板表面进行多层布线工艺,玻璃基板的重要组成部分为 TGV、导体布线、钝化层、焊球等。

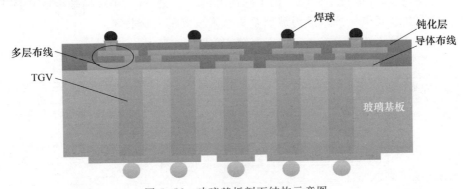

图 5-56 玻璃基板剖面结构示意图

2)玻璃基板工艺

玻璃基板成孔、金属化填充和多层布线工艺有多种形式,常见的工艺流程如图 5-57 所示,采用激光改性-湿法腐蚀的方式实现玻璃通孔制备,进行通孔金属实心电镀填充,采用半加成方法完成多层布线制作。

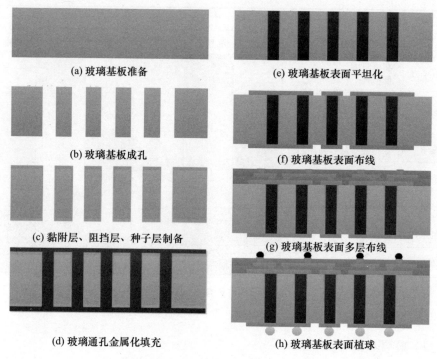

图 5-57 玻璃基板制作典型工艺流程

3)玻璃基板行业工艺能力水平

目前,玻璃基板技术已经得到了国内外的广泛关注,其中玻璃基板成孔技术和玻璃通孔金属填充技术成为玻璃基板技术发展的关键技术。

玻璃基板成孔技术经历了三个时代,如表 5-5 所示。

表 5-5 玻璃基板工艺特性

TGV 成孔时代	成孔方法	优点	缺点
第一代	喷砂法	工艺简单	玻璃通孔孔径大、孔间距大
	电化学法	成本低、工艺简单、成孔快	玻璃通孔孔径大
	等离子体刻蚀法	玻璃通孔侧壁粗糙度小、无损伤	工艺复杂、成本高、刻蚀速率低
	激光烧蚀法	可制作小孔径、高深宽比玻璃通孔	存在侧裂纹,粗糙度较大
	聚焦放电法	成孔快、可制作小孔径、高深宽比玻璃通孔	玻璃通孔不陡直

续表

TGV 成孔时代	成孔方法	优点	缺点
第二代	光敏玻璃法	工艺简单,可制作小孔径、高深宽比玻璃通孔	价格昂贵,不同图形的精度区别较大
第三代	激光诱导刻蚀法	成孔快,可制作小孔径、高深比玻璃通孔,玻璃通孔无损伤	玻璃通孔不笔直,激光设备价格昂贵

玻璃通孔金属填充方式主要分为盲孔电镀和通孔电镀两种。盲孔电镀是在盲孔中先溅射种子层,然后进行自底向上电镀填孔。通孔电镀则采用"中间向两端生长"模式,实现 TGV 的实心填充,如图 5-58 所示。

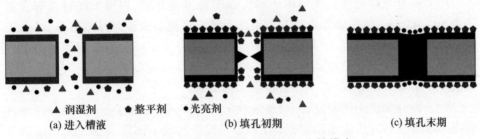

▲ 润湿剂　● 整平剂　● 光亮剂
(a) 进入槽液　　　(b) 填孔初期　　　(c) 填孔末期

图 5-58　TGV"中间向两端生长"电镀模式

4) 应用领域

玻璃基板在射频封装基板、微机电系统(MEMS)、光衬底、传感器封装基板等领域均有广泛的应用前景。由于玻璃基板具有低损耗、高密度集成等优异性能,有望成为下一代高集成天线阵面的基板材料。

5.5.2　三维异构集成技术

三维异构集成是相对平面互联封装工艺而言,在高密度封装功能基板的基础上,通过 TSV 和键合工艺增加系统垂直方向互联,实现系统的三维异构集成,如图 5-59 所示。

与传统的平面互联封装相比,三维异构集成具有以下优点:

(1) 提升互联带宽。三维集成架构促使大量独立封装器件的电路接口转变为集成系统内部层间互联接口,显著减少外部接口数量。内外接口的转变,缩短了信号互联距离,减小互联延时,使互联数据传输带宽大幅提高成为可能,互联带宽提升甚至可达两个数量级。

(2) 降低互联功耗,较短的互联长度意味着寄生参数、互联电阻的减小,进而降低互联功率损耗。

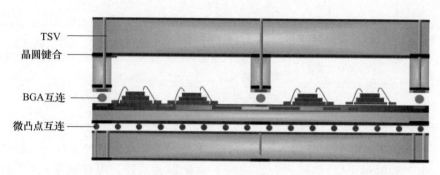

图 5-59　三维异构集成

（3）提升互联密度。采用传统的引线键合方式互联，典型引线键合焊盘直径为 80~100μm，单颗功能芯片需采用几十到几百根引线满足互联需求，考虑引线键合时劈刀避让问题，引线键合互联密度会进一步下降。而采用倒装焊等三维集成工艺则可以通过直径几微米至 30μm 的微凸点在倒装焊接后实现几百甚至数千个信号接口互联，系统互联密度大幅提升。

（4）提升集成功能密度，异构集成技术可将不同工艺节点、不同材料的器件采用三维堆叠的方法集成起来，利用 TSV 和键合实现不同层器件之间的电学链接，满足性能与成本的综合最优，同时实现具有数字、射频、光子、MEMS 等多功能的高集成度系统。

实现三维异构集成的关键技术包括高密度封装功能基板制造、微纳互联凸点制备、三维堆叠互联三个核心技术。除此之外，三维异构集成还涉及元器件嵌入式封装、系统扇出型封装、热管理等方面的内容。

1. 微纳互联凸点制备技术

当前比较成熟的微凸点加工方法有多种，包括丝网印刷法、焊料转移法、植球法、电镀法、钉头微凸点等。各种制备方法制作的微凸点在尺寸方面略有差异，如表 5-6 所示。此处就微系统中常用的电镀微凸点、植球微凸点和钉头微凸点工艺进行介绍。

表 5-6　不同方法制备微凸点的尺寸

制作方法	电镀	丝网印刷	焊料转移	植球微凸点	钉头微凸点
尺寸范围	20~100μm	55~100μm	100~250μm	50~100μm	25~70μm

1）电镀微凸点

铜柱凸点作为三维集成键合的新一代互联方式，因其超高密度、超细间距的特点，从 2006 年起开始受到国内外封装技术领域的高度关注，将是继引线键合和焊料凸点后的新型高密度 IC 封装的主流技术。如图 5-60 所示，与传统的焊料凸点结构不同,铜柱凸点为圆柱状结构而非球状结构,可在获得更高封装密度的同时,降低节距缩小带来的短路风险。

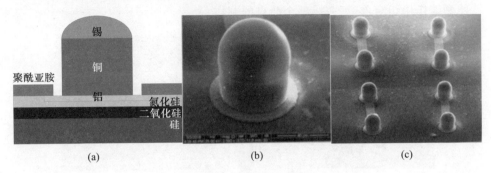

图 5-60　铜柱凸点结构

在热压键合过程中,键合凸点与焊盘需充分接触、接触位置压力负荷均匀分布,若凸点高度差异过大将导致部分接触不好的区域键合失效。与合金焊料凸点相比,铜柱凸点的刚性强度较高,在键合过程中不会塌陷,且表层焊料量较少,对高度差异的补偿效果有限,因此为了保证键合质量,对片内铜柱凸点的高度一致性要求很高。通常,键合要求凸点高度的峰谷值必须控制在 5% 以内。此外,凸点表面须光滑平整,保证金属凸点接触位置的压力负荷均匀分布。

2）植球微凸点

植球工艺是伴随着球栅阵列(BGA)封装技术发展起来的工艺,在先进的高性能封装技术中已经得到十分成熟的利用。植球微凸点中关键技术包括针转写印刷、焊锡球移植和翻转预埋供球方式等。植球效果如图 5-61 所示。

图 5-61　植球效果

3）钉头微凸点

钉头微凸点形貌如图 5-62 所示,用于钉头的材料一般是金,其制备依托于超声球焊设备,制备工艺流程如下:首先用电火花放电或激光加热的方法在金丝尾端成球；其次在加热、加压和超声共同作用下，将金球焊接到芯片的电极上；再次劈刀提起，线夹保持打开，送出一段尾丝；最后线夹关闭，劈刀向上运动，通过拉伸颈缩作用切断金丝，完成整个凸点的制作。

图 5-62　钉头微凸点形貌

2. 三维堆叠 SiP 互联技术

在三维异构集成中，三维堆叠互联需同时实现稳定可靠的机械互联和电气互联，是实现系统集成的关键。三维堆叠互联具有低延迟、低串扰等优势，其实现的工艺方式多样，包括晶圆键合、倒装焊、μBGA 互联等。

μBGA 互联原理与现行通用的 BGA 互联相同，本书中不再详述。晶圆键合和倒装焊均可视为键合技术，主要区别在于适用范围不同。晶圆键合是圆片与圆片的键合互联，而倒装焊主要用于芯片与芯片、芯片与圆片的键合互联。

因此，键合技术是三维集成中的关键技术。在键合过程中，对位精度和键合强度对三维集成的可靠性影响很大。因此，如何实现高精度对位和高强度键合是晶圆键合的关键。

三维集成中，由于圆片/芯片衬底是不透明的，两个待键合的表面难以观测，无法采用传统光刻对准技术实现两层圆片/芯片的对准，这给对准带来很大的难度。为解决上述难题，业界开发了多种对准技术，包括对硅透明的短波长红外光对准技术、双硅片背面单向对准技术、基于分光镜的片间对准技术等。在键合对准过程中，对准精度受对准标记形状和对准标记排布、间距的影响，对准标记一般采用游标式对准标记结合十字形对准标记，通常两个对准标记呈大间距并列设置，以尽可能地限制平移误差和旋转误差。键合对准过程中还应避免过程温度变化和硅片翘曲等因素的影响，从而进一步提高键合对准精度。

对位后的键合根据原理不同，可分为金属热压键合和共晶键合。

以 Cu-Cu 键合为例，金属热压键合过程如图 5-63 所示，金属热压键合主要机理是高温下金属原子的扩散以及晶粒的再生长。在键合的开始阶段，上下微凸点在压力条件下紧密接触。随着温度上升到 300~400℃,铜原子得到足够的能量进行快速扩散,同时晶粒开始再生长。在微凸点热压界面处,原子的扩散和晶粒的再生长都可以横跨界面。经过足够长时间的热压后,热压界面处形成大的晶粒,界面消失,形成可靠键合。

金属热压键合除 Cu-Cu 键合外,常用体系还包括 Au-Au 键合和 Al-Al 键合。

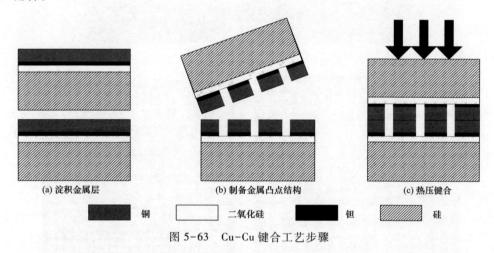

图 5-63　Cu-Cu 键合工艺步骤

金属共晶键合是利用金属间的化学反应,在较低键合温度下使低熔点金属熔化为液相,与高熔点金属扩散形成金属间化合物,金属间化合物熔点远高于键合温度。共晶是指金属在键合反应中直接从固态转变为液态,没有经历固液混合态。与热压键合基于原子间相互扩散的机理不同,共晶键合是利用不同金属间的相互反应实现的。

在三层及以上的硅片金属键合中,下层键合金属的熔点必须高于上层键合时所需要的键合温度,否则上层硅片的键合高温会导致下层已经键合的金属出现熔化或熔融的状态,引起键合偏移甚至破坏。对于这种情况,就需要采用基于 Cu-Sn、In-Au 等材料体系的金属共晶键合技术。

3. 扇出型 AiP 封装技术

扇出(Fan Out)工艺作为一种能够高度增加 I/O 互联的工艺技术,受到学术界和封装界的高度关注。扇出型工艺利用模塑料嵌入芯片结构,并通过模塑料将互联结构扩充至芯片的外部,使得系统的互联微凸点不再依赖于芯片的表面而存在,与此同时,工艺实现过程中多层布线也不再依赖于 PCB 等衬底结构。图 5-64 给出了扇入型和扇出型两类封装形式的对比,可以看出,扇出型封装形式可以增加大量的互联微凸点。

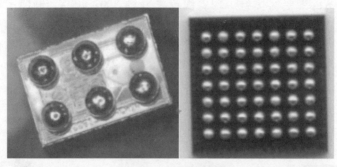

(a) 扇入型封装形式

(b) 扇出型封装形式

图 5-64　扇入型和扇出型封装形式对比

扇出型封装工艺流程主要包括层压板粘贴双面胶带、芯片高精度贴装、模塑料塑封、层压板分离、表面重布线、焊球制备、分割划片等。

当前扇出型工艺的最大封装尺寸大约为 25mm×25mm，重布线层数为 4 层，线宽约为 $2\mu m$，封装厚度为 $150\sim200\mu m$，芯片尺寸为 $200\mu m\sim15mm$，最小的互联微凸点尺寸约为 $350\mu m$，最小芯片间距约为 $200\mu m$。

与传统的封装相比，扇出型封装形式具有显著的优势：更高密度的互联凸点；更短的互联结构；互联凸点间距限制更小；无衬底需求，更薄的结构；简化的供应链和制造基础设施；更小的热阻；扇出区域更好地适应多元化用户的需求。

扇出型封装的显著优势使得该技术在应用处理器、电源管理单元、传感器等领域得到广泛应用。

4. 热管理一体化系统集成技术

微系统三维集成与互联工艺能力是决定开放式相控阵高密度功能集成的关

键能力。随着微系统三维异构集成有源电路集成度和功率密度逐步提高,热管理问题逐渐突出,制约微系统技术发展。传统散热架构中功率器件与冷板距离远,传热环节多,整体热阻较高,已经无法满足一体化系统散热需求。军用电子系统大量使用的功率元器件热流密度更大,应用环境也更恶劣,其热管理难度更大。因此,微系统热管理技术是目前迫切需要解决的技术难题。美国 DARPA 在 2015 国际微波论坛发布的数据显示,微波功率放大器热点的热流密度远超普通逻辑芯片,甚至超出了太阳表面热流密度。为了满足轻薄化有源电路使用条件,必须采用更高效率的散热技术和微型化冷却系统。

针对三维异构封装微系统,新型散热技术逐渐得到开发,目前正在开发的新型热管理技术包括基于热传导的微系统热管理技术、基于液冷的微系统管理技术。其中热传导散热方式简单、可靠,但对材料有高热导率、热匹配、加工工艺兼容性好等要求,主要材料有碳化硅、金刚石、石墨烯等材料。而基于微流道的液冷散热技术,采用主动散热方式,在微纳尺度下具有极高的换热性能和较高的冷却能力,集成度高,实用性强。该技术由斯坦福大学的 Tuckerman 和 Pease 在 1981 年提出,并随着微系统加工工艺的发展而逐渐成熟。

相比于传统散热方式,微流道一体化集成技术可将散热性能提升几个量级,并且更加易于集成,为未来微系统散热一体化发展趋势。以 DARPA 项目为牵引,Lockheed Martin、Raytheon、Stanford University 等国际研发机构结合各自技术优势,相继开展了基于功率器件的片内微流散热技术研究,研究包括微流道散热结构设计、不同结构片内微流道兼容制备工艺及基于片内微流冷却结构的器件验证等内容,并取得了一定成果。与国外发达国家相比,目前我国在大功率器件微尺度集成和散热领域的主要的差距在于,匮乏在射频微系统硅基片上集成封装成套工艺积累,以及足够的微纳尺度散热基础理论探索。微流道一体化集成工艺架构如图 5-65 所示。

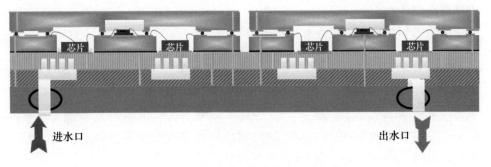

图 5-65 微流道一体化集成工艺架构

微流道一体化集成技术不仅仅实现散热功能,同时承担着将前端射频系统与后端电路互联的功能。通常包括微流道基板制造、一体化系统集成技术。以硅基微流道基板制造为例,既需要满足微流道的散热要求,又要满足电性能垂直互联等技术。为实现该应用,需要将 TSV 结构引入,实现微流道与 TSV 转接板的一体化集成。通常通过光刻、等离子刻蚀、CVD、PVD、电镀、蚀刻等工艺途径实现。在完成一体化微流道基板制造后,进行一体化系统集成还需兼顾微流道的密闭封接和基板间的电学互联两个方面,以实现高密度立体微组装技术和微流道高效散热技术的融合。三维微流道互联,可通过研究共晶钎料焊接、晶圆气密键合实现高强度优异密封性能,微流道外接口通过研究铜焊面的低温快速密封焊接实现。基板间的电学互联,可采用的方式包括金线键合引线、薄膜布线、重新分配层(Re-Distribution Layer,RDL)等方式实现,最终实现热管理一体化集成封装。

热管理一体化集成封装技术将推动我国雷达等电子装备散热技术从传统的远程散热架构向芯片级散热架构的转变,需突破轻薄化相控阵雷达三维集成有源电路片内散热设计、集成实现工艺、测试验证手段等多项关键技术,最终实现功率芯片散热能力,从而使大功率有源相控阵射频阵列的热管理水平上一个新的台阶。

5.5.3 晶圆级相控阵集成技术

晶圆级集成技术是通过物理或作用将同质或异质芯片和晶圆或晶圆与晶圆紧密地结合起来的技术,具有集成密度高、对准精度高、生产成本低、产量高、工艺流程简单等优点,能够高精度、高效率地实现芯片以及无源器件的高密度、低延迟集成,可应用于射频器件、光电器件、信息处理器件及 3D 逻辑集成电路的先进封装。采用此晶圆级集成技术可以使得开放式相控阵硬件更加轻薄,数量级降低整机体积重量。

晶圆级相控阵集成包含有多种体系:

(1) 芯片-晶圆集成(Die to Wafer,D2W):它将多个经过挑选、测试后的合格芯片在晶圆上进行堆叠,由于所有芯片都经过挑选,采用该方法良率高,且对用于键合的芯片尺寸没有严格要求。该方法通过 TSV 进行垂直互联,大幅度减小连线长度和延时,显著提升性能和减小尺寸。可以电路中高性能Ⅲ-Ⅴ族 GaAs、GaN 芯片,数字、模拟、射频、功分阻容器件等胶黏或倒装焊的方式装配到不同硅晶圆,并利用 TSV 方法实现三维堆叠互联。

图 5-66 是中国电科研制的晶圆级集成收发通道,实现宽带范围内的移相衰减、功率放大和低噪声接收、数字控制和电源管理等功能。

第 5 章　开放式相控阵微系统技术

图 5-66　晶圆级收发通道集成实物

（2）晶圆-晶圆集成（Wafer to Wafer，W2W）：在单个硅晶圆上通过芯片集成多个收发通道、馈电网络、数字控制、电源管理示意图。在不同晶圆之间，可以用热通孔、铜柱、凸点等三维互联技术实现多个晶圆垂直集成。在毫米波太赫兹频段，甚至可以由晶圆制作辐射单元阵列，与硅晶圆通过凸点互联，实现晶圆级相控阵射频前端，如图 5-67 所示。

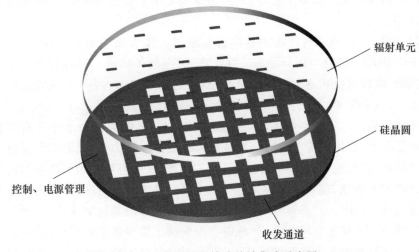

图 5-67　晶圆级相控阵前端集成示意图

279

诺思罗普·格鲁曼公司报道了毫米波晶圆级可扩展宽带阵列,如图 5-68 所示,基于 GaAs 集成 MMIC,在硅基板上采用 TSV 实现 T/R 组件和辐射单元的垂直互联,用热通孔和铜柱进一步实现阵列多个功能层集成。该阵列天线功放效率不低于 45%,噪声系数不大于 4dB,瞬时带宽不低于 2GHz。

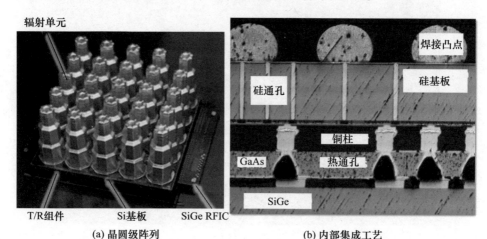

图 5-68 诺思罗普·格鲁曼公司的毫米波晶圆级集成阵列

(3) 晶圆级异质集成:通过异质材料外延生长或转移实现系统级多功能集成。从技术途径上主要可以分为异质外延生长技术、外延层剥离转移技术和圆片键合集成技术三种代表性技术,采用该技术可以实现硅、化合物等半导体的紧密融合,是实现晶圆级相控阵高密度、低成本集成的有效手段。晶圆级异质集成技术由于涉及的工艺步骤多且复杂,目前主要处于实验室研发阶段,尚未进行大规模量产。

2021 年,中国电子科技集团有限公司通过晶体管级异质集成技术,将高性能 Si PIN 限幅二极管与高导热 SiC 衬底集成,突破传统单一限幅材料及工艺瓶颈,实现 S 波段耐受功率 600W 的单片限幅器(脉宽 3ms,占空比 30%),耐受功率相比 GaAs PIN 单片提升 3 倍,如图 5-69 所示。

开放式相控阵天线系统不断融入晶圆级集成技术,将进一步引领有源相控阵朝着低剖面、高集成度、多功能、高性能方向发展。一方面,晶圆级集成技术采用扇出封装、嵌入式多芯片互联等先进工艺体系,采用有机材料与硅晶圆转接板相结合的工艺方法,能够大幅度降低封装成本,保持高集成度,并极大提升相控阵的性能;同时,引入共晶键合、混合键合等晶圆级先进单道集成工艺,通过超窄节距的微凸点实现晶圆间高密度、低键合温度高工作温度集成互联,能够大幅度减少芯片在集成工艺中受到的损伤,并保证后续器件的稳定性,这一系列先进的

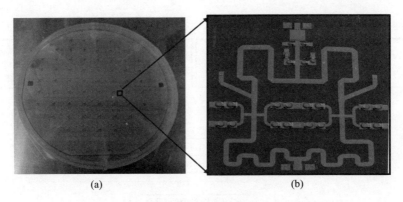

图 5-69　4 英寸异质集成大功率单片限幅器

集成方法将为未来有源相控阵晶圆级集成提供重要支撑。另一方面，有源相控阵大功率带来的散热、可靠性问题也是未来晶圆级相控阵集成亟待解决的问题。总体而言，晶圆级相控阵集成技术还处在发展初期阶段，未来前景广阔。

5.6　有源子阵微系统集成实例

本节在积木化有源子阵架构基础上，以某型有源子阵集成为例，介绍采用微系统技术实现有源子阵集成路线和具体集成过程。

5.6.1　集成路线

某型相控阵有源子阵叠层架构如图 5-70 所示，在电信功能上包含辐射天线、射频收发、综合网络、数字处理、光电收发和电源管理，有源子阵设计同时考虑了系统散热和结构支撑。此架构有源子阵微系统集成工艺路线如图 5-71 所示。

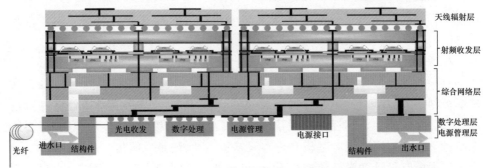

图 5-70　某型相控阵有源子阵叠层架构

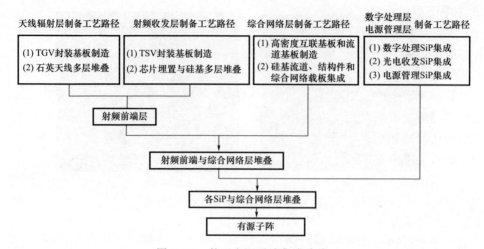

图 5-71　某型有源子阵集成路线

首先，并行完成天线辐射层、射频收发层、综合网络层、数字处理与电源管理层的制备，并完成各功能层的测试验证；其次，进行各功能层间的集成，天线辐射层与射频收发层堆叠集成，形成射频前端；最后，将射频前端、数字处理 SiP、电源管理 SiP 和综合网络层堆叠集成，形成完整的有源子阵。

5.6.2　集成过程

1. 天线辐射层

天线辐射层由激励层、辐射缝隙层、耦合空腔层和辐射贴片层构成，各层采用玻璃基板工艺进行制备，历经基板清洗、激光诱导改性、湿法蚀刻、TGV 金属化、RDL 等多道工序后完成基板制备，之后各天线辐射层之间开展堆叠集成，除了耦合空腔层与辐射贴片层之间通过 BGA 阵列互联支撑，确保悬空高度，其余各层之间采用微凸点键合实现堆叠互联。通过空腔设计和高精度的玻璃基加工，可实现天线辐射层超宽带性能。

2. 射频收发网

射频收发组件由多层不同电学功能的封装基板堆叠集成，其工艺过程包含硅基板制备、芯片埋置、多芯片微组装、晶圆键合等。硅基板制备历经硅晶圆清洗、光刻、深硅刻蚀、介质沉积、种子层沉积、无空洞电镀填充、多层 RDL 等多道工序，形成通腔基板、浅腔基板和再布线基板三类，满足后续多芯片集成需求。

依据电路设计和微系统架构设计，开展多芯片集成，包括采用芯片胶黏、引线键合等方式进行多芯片微组装以及基于通腔、浅腔基板的芯片嵌入式贴装和多层 RDL 等进行芯片扇出型封装。

多层硅基板之间采用三维堆叠集成,除盖帽的堆叠采用倒装焊工艺外,其余各层硅基板之间采用晶圆键合完成堆叠。

3. 综合网络层

综合网络层内部集成高密度多层传输线网络、无源器件,以满足射频、控制、电源等网络互联的需求。另外,为满足高效散热和机械支撑需求,综合网络层还包含散热流道和结构件。

散热流道由多层硅基板堆叠构成,为实现微流道水密散热结构和层间的电学互联,其工艺过程包含硅基微流道基板制备和晶圆键合。通过硅晶圆清洗、光刻、深硅刻蚀、双面介质沉积、双面种子层沉积以及表面 RDL、电互联微凸点和微流道密封环电镀实现硅基微流道基板。最后通过晶圆键合工艺实现上下层硅基板的电学互联和水密微流道构造,完成硅基流道制备。

信号互联采用 HTCC 基板,通过 HTCC 基板内的高密度多层布线和垂直互联实现多种网络互联,无源器件的互联采用表面贴装工艺(Surface Mount Technology,SMT)实现。

散热流道、信号互联载板和结构件的集成,需满足电互联、水密接口互联和高可靠机械互联需求,通过高精度光学对准和高焊透率焊接实现。

4. 数字处理层和电源管理层

数字处理层有变频、数字采样、时序控制、优化计算等多种功能,涉及超宽带 RFSoC、高性能 FPGA、高通量 DSP、大容量 FLASH 等多种芯片的集成。数字处理 SiP 采用 HTCC 基板和硅基板作为载体,基板为多腔体结构,RFSoC、FPGA、DSP 等芯片采用倒装焊工艺反向贴入腔体,通过键合微凸点实现电互联和机械连接,小尺寸键合焊点也有利于射频传输和高密度接口互联。FLASH 芯片、接口芯片等存在 I/O 接口再分配和互联点尺寸放大需求,可基于再布线工艺进行芯片扇出封装,实现 I/O 接口再分配和互联点尺寸放大。为提升集成密度、减小 SiP 体积,采用双层或多层基板 BGA 堆叠实现数字处理层的系统封装,最终形成数字处理 SiP 模块。

电源管理层具有高功率密度和多功能集成的特点。针对非隔离的芯片电源,采用塑封工艺和再布线工艺完成芯片的三维集成封装,封装后的芯片集成到嵌入式基板中实现了电源控制器和主功率电路的芯片化集成。对于晶片电源,采用 SoC 集成技术实现电源变压器和无源器件的多芯片三维异构集成,并通过同一基板完成一体化模块封装,形成电源管理 SiP。

随着微波光子技术的应用,数字处理层增加了光电模块,实现光电/电光变换、光信号分配、光信号处理等功能,光电模块有别于传统数字 SiP,存在光子芯片,需要实现微波光子混合集成。微波光子混合集成中,芯片层级采用SoC集成工艺,将跨阻放大器(Trans-Impedance Amplifier,TIA)芯片倒装焊在光探测器(Photo Detector,PD)芯片上,实现集成度和微波光子性能的双重提升;模块层级采用2.5D集成工艺,将光子器件与微波器件通过倒装焊接的形式集成在硅基或薄膜陶瓷基转接板上,通过表面布线和垂直通孔实现器件电互联,光互联则采用光纤和透镜系统实现,转接板与基板之间采用BGA焊球互联,通过模块封装形成光电收发SiP。

5. 整体集成

在完成各功能层的集成和测试验证后,根据集成路线设计,进行有源子阵层间的三维堆叠集成。

首先通过晶圆键合实现天线辐射层与射频收发层的堆叠,形成射频前端;其次将射频前端与综合网络层集成,通过更低熔点的BGA焊球实现。本书案例层间集成的温度梯度设计如表5-7所示,通过合理的多温度梯度设计,实现各功能层的堆叠,最终完成有源子阵的集成。

表5-7 有源子阵微系统层间异构集成温度梯度设计

序号	集成对象	集成工艺	材料熔点	耐温
1	射频收发组件与流道层	过渡液相焊接	AuIn(约157℃)	约495℃
2	辐射单元与硅基联合层	合金焊料焊接	$SnAg_5Cu_{0.5}$(217℃)	约217℃
3	射频前端与综合层	合金焊料焊接	$Sn_{63}Pb_{37}$(183℃)	约183℃

5.7 有源子阵微系统技术难点与挑战

微系统技术虽然可以实现有源子阵集成度显著提高、体积明显减小、功耗明显降低、功能密度明显增加等颠覆性进步;然而,在满足系统工程化应用方面,随之而来的多物理场紧耦合设计仿真、高效热管理、高稳定测试、三维堆叠工艺和高可靠性方面将面临新的挑战。

1. 多物理场紧耦合设计仿真

相控阵微系统将电源、波控、射频等芯片通过高密度转接基板集成封装在一起,以实现系统的多功能、小型化、高可靠特性。由于集成密度、工作频率的提升,微系统产品的架构设计对结构、工艺、电路设计带来多方面的技术挑战:首先,信号的隔离与互扰、电源及信号完整性、腔体效应等问题对系统布局布线提出更高要求;其次,芯片热耗及尺寸增加、互联间距降低使得材料热匹配导致热应力失效问题凸显;最后,互联间距的缩小及端口数量增加、高精度三维叠层、多温度梯度焊接、产品可返修性等对工艺、材料提出更苛刻的要求。因此,在产品研制周期不断压缩的情况下,相控阵微系统的实现及工程化应用需要结构、电信、工艺、热设计等多专业、多个领域协同设计。目前,典型的相控阵微系统研制首先需要开展架构设计,完成产品的初步布局,确定初步工艺路线,完成材料及关键器件选型;在此基础上,针对材料及关键元器件特性,开展三维虚拟装配、热机应力仿真分析、电磁屏蔽隔离、腔体效应、信号及电源完整性、射频场路的仿真分析,并根据仿真结果优化结构布局;其次,基板开展布线设计及仿真验证工作;最后,进行实物验证并对设计方案优化定型。

2. 高效热管理

随着微系统集成度提高,体积明显减小,功耗明显降低,但热效应问题却越发突出,可能导致器件性能恶化,甚至失效。军用电子系统大量使用的功率元器件热流密度更大,应用环境也更加恶劣,其热管理难度更大。如果没有良好的冷却措施,未来芯片温度将超过应用极限。因此,微系统性能最终受到散热能力的制约,其热管理技术是目前迫切需要解决的技术难题。针对三维封装微系统,新型散热技术逐渐得到开发,目前正在开发的4种新型热管理技术包含微导热管、喷淋散热、热电冷却和微流道。硅基微流道一体化集成技术是目前高效散热研究的热点,其中集成TSV的微针肋结构是微系统高效热管理的典型技术之一。该技术在硅转接板内制作大量的微针肋,热量通过微针肋周围腔体上下表面传输到冷却液,与传统微流道相比,大大提高了散热能力。同时,微针肋内部制作的TSV阵列,既实现了流体的传输,又保障了电信号的高密度传输。然而,大部分基于芯片或板级微流道的冷却系统需要与外界有冷却介质的接口,这种接口的体积和尺寸可能远超过芯片的尺寸,这些问题仍需要在未来进行研究解决。

3. 高稳定测试

相控阵微系统在研制及生产过程中,需要进行分层测试、三维叠层后测试。系统产品工作频率高、互联间距小、输入/输出端口多,为保证后续正常装配使用,对无损测试要求极高,因此对测试治具的设计带来了极大的挑战,具体体现在以下4个方面:首先,工装夹具设计需保证三层对位精度控制、探针阵列、连接器的位置精度控制要求高;其次,测试过程转接头、转接电缆引入的损耗及驻波如何去除,需要开展去嵌入技术及TRL等校准技术的研究;再次,需要更小间距的弹性射频连接器、PO-GO_PIN、毛纽扣等;最后,单层基板装配后,不具备完整功能,需要设计测试过程中附带的功能电路。全硅基三维异构集成特征的微系统焊盘间距更小(数十微米级别),集成度更高,测试夹具加工精度难以满足要求,需要借助探针台晶圆测试的技术和理念。由于微系统三维异构集成产品正反两面都存在射频输入/输出端口,现有成熟圆片测试方法仍不能满足要求,尤其在毫米波频段,国内外都没有成熟的解决方案。

4. 三维堆叠工艺和高可靠性

在微系统产品全生命周期中,面临着诸多的问题与挑战,其中加工过程中的工艺问题和应用过程中的可靠性问题是必须要考虑的部分。当前面临的主要工艺问题包括三维集成微系统中硅通孔的良率问题、圆片的减薄和传送问题、多层芯片的堆叠、低弧度引线键合等,面临的可靠性问题包括工艺加工可靠性、热失配可靠性、抗干扰可靠性等。堆叠工艺是整个微系统三维集成工艺中的核心之一,也是实现微系统高密度集成不可或缺的工艺。通过堆叠工艺,不仅需要实现微系统的物理固定,还需要实现优良的电学互联。保证堆叠工艺的质量是实现微系统集成的重中之重。一些微纳制造工艺使得微系统在加工过程中就需要考虑可靠性的问题,特别是随着微系统集成度和复杂度的提高,工艺制造流程也变得更加复杂,诸工艺流程给工艺可靠性带来了很大的挑战。

参 考 文 献

[1] 张跃平.封装天线技术最新进展[J].中兴通讯技术,2018,24(5):47-53.

[2] HOLZWARTH S,LITSCHKE O,SIMON W,et al. Highly integrated 8 × 8 antenna array demonstrator on LTCC with integrated RF circuitry and liquid cooling[C]//Proceedings of the 4th European Conference on Antennas and Propagation. Barcelona:IEEE,2010:1-4.

[3] DONWORTH J,KU B H,OU Y C,et al. 28 GHz phased array transceiver in 28nm bulk CMOS for 5G prototypei user equipment and base stations[C]//Proceedings of 2018 IEEE/MTT-S International Microwave Symposium. Philadelphia,PA:IEEE,2018:1330-1333.

[4] LEE K W,NORIKI A,KIYOYAMA K,et al. Three-dimensional hybrid integration technology of CMOS,MEMS,and photonics circuits for optoelectronic heterogeneous integrated systems [J]. IEEE Transactions on Electron Devices,2011,58(3):748-757.

[5] 孙磊.毫米波相控阵封装天线技术综述[J].现代雷达,2020,42(9):1-7.

[6] KIBAROGLU K,SAYGINER M,PHELPS T,et al. A 64-element 28GHz phased-array transceiver with 52dBm EIRP and 8-12Gb/s 5G link at 300 meters without any calibration[J]. IEEE Transactions on Microwave Theory and Techniques,2018,66(12):5796-5811.

[7] SHAHRAMIAN S,HOLOYOAK M J,SINGH A,et al. A fully integrated 384-element,16 tile, W-band phased array with self-alignment and self-test[J]. IEEE Journal of Solid-State Circuits,2019,54(9):2419-2434.

[8] SHIN W,KU B H,INAC O,et al. A 108-114 GHz 4×4 Wafer-Scale Phased Array Transmitter

With High-Efficiency On-Chip Antennas[J]. IEEE Journal of Solid-State Circuits,2013,48(9):2041-2055.

[9] 胡长明,魏涛,钱吉裕,等.射频微系统冷却技术综述[J].现代雷达,2020,42(3):1-11.

[10] 钟升.基于SIMD PE阵列的DCT数据并行实现方法研究[N].电子学报,2009,37(7):1546-1553.

第6章　未来发展展望

经过近二十年的不断发展，开放式相控阵系统已实现规模应用。未来电子装备所处的物理环境和电磁环境愈发复杂，执行任务和适装平台愈发多样，尤其在军事应用方面，作战域向电磁、网络、认知等多域扩展，马赛克战、无人战等新兴作战概念不断提出，极度隐身目标、临近空间高超声速飞行器、智能无人集群等新质目标威胁不断涌现，未来战争的形态已发生翻天覆地的变化。这要求开放式相控阵系统的灵活性和自适应能力持续提升，即可根据实际场景，通过自主学习、自适应配置等手段提升系统性能，通过资源的灵活配置、功能的动态扩展等手段灵活切换工作模式，具备多功能一体化能力，并适应不同平台的适装要求。同时，要求开放式相控阵系统的研发周期大幅缩短，系统体积、重量和功耗大幅降低。

作为新一代相控阵系统形态，开放式相控阵系统将进一步向一体化、智能化、网络化、共形化以及频段扩展等方向发展：通过一体化实现单个系统的能力拓展和多个装备的体系赋能；通过智能化提升开放式相控阵系统的性能提升；通过网络化突破单节点性能极限；通过共形化实现开放式相控阵系统的灵活适装；通过频谱向微波光子和亚毫米波/太赫兹拓展，实现开放式相控阵系统的超宽带、多功能以及高环境适应等能力。

1. 一体化

电磁波是探测、通信、侦察、干扰等功能共用的信息载体，探测重点关注回波信号提取与处理；通信重点关注信号编码与传输；侦察重点关注信号参数提取与识别；干扰重点关注信号能量与欺骗。随着信息技术进一步发展，电子系统数量激增、电磁资源人为割裂、相互挤占干扰、性能逼近理论极限等问题逐渐凸显，进一步发展面临技术瓶颈。实现探测、通信、侦察、干扰等多功能的一体化，可高效利用电磁频谱资源，避免自扰互扰，大幅提高电子系统反应速度和抗干扰能力。这是电磁空间利用方式的大势所趋，也是开放式相控阵发展的重要方向。

多功能一体化要求开放式相控阵在可重构、超宽带、自适应资源调度的基础上，整合探测、通信、侦察、干扰等多种功能，通过信号一体、信道一体、处理一体、应用一体，实现智能化、网络化、动态自组织。

具体而言，一体化要求开放式相控阵具有以下能力：一是单平台上，在空、时、频、能、极化等多维信号空间获得更大的系统自由度,有效拓展可利用的资源,达到平台资源共享和空间的最充分利用;二是体系层面,通过跨平台多功能一体化综合集成,根据作战场景、任务规划等,动态配置地域、空域、时域的各平台的应用模式及电磁资源,实现侦察、探测、干扰、通信总体效能的最优组合,利用不同维度观测的优势,实现体系化对抗能力,提升对抗综合效能。

2. 智能化

以"硬件积木化、资源虚拟化、功能软件化"为基础,开放式相控阵性能的进一步提升依赖智能化系统架构和智能化处理、决策以及协同技术的应用。

面对未来战场环境下复杂时变电磁环境、地理环境和目标环境导致系统性能下降的重大挑战,智能化相控阵系统必须具有高复杂实战环境下的动态自主适应能力、不完整战场信息的协同感知能力、不确定探测边界的在线学习增强能力、强干扰博弈的干扰主动对抗能力以及动态环境高实时性决策的及时响应能力。这要求在硬件模块化、功能软件化的基础上,构建开放式相控阵智能化系统架构,实时精准地感知环境特征,深度融合跨域多维的探测信息,且可根据干扰机策略预测实现主动抗干扰措施自主生成,可根据任务需求实现资源自主调度优化。

除此之外,面对传统模型驱动的信号与信息处理框架存在模型失配、信息损失的局限,需要采用高性能智能化后端处理系统,融合大数据处理分析、智能信息处理、自主决策与博弈对抗、自适应环境感知与资源调度等智能化技术,使开放式相控阵系统具备自适应闭环的智能发射能力和端到端的信息处理能力,以及随回波数据积累和使用时限增长而自我进化的能力,在复杂杂波和电磁环境中实现精准化、层次化和自动化的目标探测感知。

3. 网络化

随着新战法、新目标的不断出现和升级,开放式相控阵系统将面临越来越严峻的挑战,当单个节点的能力逐渐接近物理"极限"时,系统必须从"强单节点"向"强节点+组网协同"发展。以开放式相控阵雷达为例,网络化雷达由多个可异构的单装雷达节点组成,多节点联合检测、跟踪、识别和抗干扰,从"点"感知向"网"感知迈进,其主要的技术特征包括结构可重构、空间/频率分集、有源/无源多手段融合以及信号/数据灵活处理等。典型的网络化雷达形态包括双/多基地雷达、MIMO 雷达以及分布式相参雷达。双/多基地雷达利用不同散射角目标 RCS 的起伏特性获得空间的分集增益;MIMO 雷达每个发射单元可以发射不同的信号,散射信号由多个接收单元接收,形成一种多输入多输出形式,能够从多个相互独立的角度对目标进行观测,从而平滑目标 RCS 起伏,改善检测性能,获得分集增益,它相比双/多基地雷达系统更注重信号级的融合处理;分布式相参雷达采用多个天线孔径相对较小的雷达,结合先进信号处理手段获得逼近单个大孔径天线雷达的探测性能。

4. 共形化

为适应天基卫星、临近空间飞行器、浮空平台、下一代隐身飞机等新型平台适装要求,在特定约束条件下,共形化成为开放式相控阵发展的重要趋势。传统平面相控阵天线的波束宽度随扫描角的变化而变化,这会使雷达的角度分辨率与测角精度变差,同时天线增益会随着扫描角的增大而减小,导致扫描区域内发射功率空间分布不均匀,并且平面相控阵天线的瞬时带宽存在限制。另外,对于飞机等平台,安装在机身内部的天线需要配套天线罩,安装在外部的天线会破坏飞机的整体外形特征,都会对飞机的气动特性和隐身性能造成不利的影响。相较于平面相控阵天线,共形天线具有低剖面性,对飞行平台的气动性影响较小,几乎不破坏平台的整体外形结构,更利于隐身设计,同时共形天线可以利用平台的大表面积增大天线孔径,从而提高天线性能,降低平台载荷,并且通过对共形天线的精细设计,可以一定程度上解决波束宽度、天线增益以及带宽受限的问题。

5. 频段扩展

未来开放式相控阵将充分利用电磁频谱资源向更高频段拓展,亚毫米波/太赫兹频段的利用能够大幅拓展开放式相控阵的信息容量,从而提升通信带宽和探测分辨率,而微波光子技术的应用是开放式相控阵向高频段、大带宽发展的重要关键技术。

随着硬件技术的不断提升,太赫兹/毫米波相控阵技术在空间目标探测、行星着陆、视频级雷达成像、机场异物检测、高分辨安检、无人驾驶与避障等方面具有广阔的发展前景。目前,国内外学者在太赫兹/毫米波相控阵方面已经开展了大量的研究工作,涵盖了系统、器件、集成和测试等各个方面,满足未来军事应用需求的太赫兹/毫米波相控阵技术也必将呈现快速乃至跨越式发展。

微波光子技术是在光波上承载和处理微波信号的技术,具有超宽带、可重构、低损耗,以及带内一致性好、并行度高、复用维度广、抗电磁干扰等特点,在射频光传输、光波束形成网络、超宽带信号产生与接收、光处理与光计算等领域得到了发展和运用。近年来,微波光子相控阵系统正逐步向一体化和分布式两个方向发展。通过共享时间、频率、空间和能量等多维资源,使微波光子相控阵系统兼具探测、侦察、干扰、通信等功能,提升系统一体化作战能力。通过微波光子技术,构建分布式前端、集中式处理的系统架构,将传统的航迹融合、点迹融合等数据级融合拓展到信号级融合,从而提升平台的全频全域态势感知能力。